新时代
配套参考书

概率论
与数理统计

学习辅导与习题全解

主 编 何书元

中国教育出版传媒集团

高等教育出版社·北京

内 容 提 要

本书是 "新时代大学数学系列教材"《概率论与数理统计》的配套参考书, 由教材主编编写。书中归纳了概率论与数理统计课程的主要知识点, 对主教材中的全部习题提供了参考解答, 并结合考研知识点对近年考研题进行了分析。

本书可作为高等学校非数学类专业本科生概率论与数理统计课程的参考书, 也可供感兴趣的读者参考。

前言

近日, 统计学期刊《国际统计回顾》(*International Statistical Review*) 发表了纪念著名统计学家拉奥 (C. R. Rao) 的文章《拉奥: 统计学一百年》, 使许多人再次回忆起拉奥的名言: "在终极的分析中, 一切知识都是历史; 在抽象的意义下, 一切科学都是数学; 在理性的世界里, 所有的判断都是统计学。" 由此可见统计学和我们的现实生活密切相关。

概率论是统计学的基础。学习好概率论与数理统计不仅能为未来的工程师、科学家等提供一套研究处理他们各自问题的有效方法和工具, 通过正确理解和消化概率论与数理统计的基本知识和定理还可以提高科学素养。

多做习题可以帮助读者进一步理解主要定理和结论。书中的许多习题还是课本正文的重要补充。但是, 概率论与数理统计的习题解答和高等数学的习题解答常有不同的思路。如果将概率论与数理统计的习题解答完全按解数学题的方式完成, 可能对定理的理解起不到应有的帮助。

因此, 除了完成出版社的邀稿任务, 能够为读者提供本人的解题思路也是出版这本习题集的目的之一。

任何一道习题都会有不同的解法, 本书的解法尽量体现概率论与数理统计的思想方法, 避免数学方面的烦琐, 同时兼顾数学的严谨性。

除了《概率论与数理统计》一书的习题解答, 责任编辑李茜女士为本书提供了和考研相关的内容, 特表感谢。

编 者

2022 年 4 月

目录

第一章　概率模型

基本内容

古典概率模型　设试验 S 的样本空间 Ω 是有限集合, $A \subset \Omega$. 如果 Ω 的每个样本点发生的可能性相同, 则称

$$P(A) = \frac{{}^{\#}A}{{}^{\#}\Omega}$$

第一章复习要点

为试验 S 下 A 发生的概率, 简称为事件 A 的概率.

能够用以上定义描述的模型称为古典概率模型, 简称为古典概型.

几何概率模型　设样本空间 Ω 的面积 $m(\Omega)$ 是正数, 样本点等可能地落在 Ω 中 (指 Ω 的面积相同的子集发生的可能性相同). 对于 $A \subset \Omega$, 称

$$P(A) = \frac{m(A)}{m(\Omega)}$$

为事件 A 发生的概率, 简称为 A 的概率.

概率的公理化条件　下面的条件 (1), (2), (3) 称为概率的公理化条件:

(1) 非负性: 对于任何事件 A, $P(A) \geqslant 0$;

(2) 完全性: $P(\Omega) = 1$;

(3) 可列可加性: 对于互不相容的事件 $A_1, A_2, \cdots$, 有

$$P\Big(\bigcup_{j=1}^{\infty} A_j\Big) = \sum_{j=1}^{\infty} P(A_j).$$

概率的基本性质　概率 P 有如下的性质:

(1) 空集 $\varnothing$ 是事件, 且 $P(\varnothing) = 0$;

(2) 有限可加性: 如果 $A_1, A_2, \cdots, A_n$ 互不相容, 则

$$P\Big(\bigcup_{j=1}^{n} A_j\Big) = \sum_{j=1}^{n} P(A_j);$$

(3) $P(\overline{A}) = 1 - P(A)$;

(4) 可减性: 如果 $A \supset B$, 则 $P(A - B) = P(A) - P(B)$;

(5) 单调性: 如果 $B \subset A$, 则 $P(B) \leqslant P(A) \leqslant 1$;

(6) 次可加性: 对于任何事件 $A_1, A_2, \cdots$, 有

$$P(\bigcup_{j=1}^{n} A_j) \leqslant \sum_{j=1}^{n} P(A_j), \quad P(\bigcup_{j=1}^{\infty} A_j) \leqslant \sum_{j=1}^{\infty} P(A_j);$$

(7) 如果 $P(A) = 0$, 则对任何事件 B, 有 $P(A \cup B) = P(B)$;

(8) 如果 $P(A) = 1$, 则对任何事件 B, 有 $P(AB) = P(B)$;

(9) 如果事件 $A_1, A_2, \cdots$ 发生的概率都是 0: $P(A_j) = 0$, 则

$$P(\bigcup_{j=1}^{\infty} A_j) = 0, \quad P(\bigcup_{j=1}^{n} A_j) = 0;$$

(10) 如果事件 $A_1, A_2, \cdots$ 发生的概率都是 1: $P(A_j) = 1$, 则

$$P(\bigcap_{j=1}^{\infty} A_j) = 1, \quad P(\bigcap_{j=1}^{n} A_j) = 1.$$

抽签问题　n 个签中有 m 个标有 "中", 无放回依次随机抽签时, 第 j 次抽到 "中" 的概率是 m/n.

概率与频率　设 A 是试验 S 的事件. 在相同的条件下将试验 S 独立地重复 N 次, 称

$$f_N = \frac{N \text{ 次试验中 } A \text{ 发生的次数}}{N}$$

是 N 次独立重复试验中, 事件 A 发生的**频率**. 理论和试验都证明, 当 $N \to \infty$ 时, f_N 的极限存在. 用 $P(A)$ 表示 f_N 的极限时, 称 $P(A)$ 为事件 A 在试验 S 下发生的概率, 简称为 A 的概率.

■ 习题一参考解答

1.1　重复地投掷一枚硬币 100 次, 用 1, 0 分别表示得到正、反面. 依次记录下正、反面出现的情况, 给出正面出现的频率和正面连续出现的最大次数.

解　类似下面的记录 1 和 2 应当判错 (因为大概率是虚构的记录, 详见教材 13 页资源 "游程与运气")

试验记录 1:

1001110100100110110110001101001011011011110001100

10110110001011000101100100011011101000101110101010

试验记录 2:

100101010010100110100110010101011001001001111001010

010101011000110001001001001010101011010110011101 10

类似下面的记录 3, 4 和 5 应当判对.

试验记录 3:

110010000101001000101000001101001111110001111010000

001001100000011111011010001010101000110010111011

试验记录 4:

100000001000010110000010100000001110101001011111110

11101001011100110011011110010001000000111101111010

试验记录 5:

010100111110100010101110110101010000100011110010 10

010100000011111001100000101100100000010010101 11110

注 可以在课上请学生当场完成掷硬币试验, 并和部分学生的作业比较.

1.2 验证事件的运算公式:

(1) $A = AB + A\overline{B}$;

(2) $A - B = A - AB$;

(3) $A \cup B = A + \overline{A}B = B + \overline{B}A = \overline{A}B + \overline{B}A + AB$.

解 (1) 因为 $B + \overline{B} = \Omega$, 所以 $A = A\Omega = A(B + \overline{B}) = AB + A\overline{B}$.

另解 1 因为 A 发生, 则 AB 发生时 $AB + A\overline{B}$ 发生, AB 不发生时必有 $A\overline{B}$ 发生, 所以 A 发生导致 $AB + A\overline{B}$ 发生. 设 $AB + A\overline{B}$ 发生, 则无论 AB 还是 $A\overline{B}$ 发生都导致 A 发生.

(2) 因为 $A - B = A\overline{B}$, $AB \subset A$, 所以从 (1) 的结论得到

$$A - B = A\overline{B} = A - AB.$$

另解 2 设 $A - B$ 发生, 则 A 发生, B 不发生. 既有 AB 不发生, 所以 $A - AB$ 发生. 设 $A - AB$ 发生, 则 A 发生, AB 不发生. 既有 B 不发生, 所以 $A - B$ 发生.

(3) 如果 $A \cup B$ 发生, 则 A 发生时 $A + \overline{A}B$ 发生, A 不发生时 $\overline{A}B$ 发生, 从而 $A + \overline{A}B$ 发生. 如果 $A + \overline{A}B$ 发生, 则 A 发生时 $A \cup B$ 发生, A 不发生时 $\overline{A}B$ 发生, 从而 $A \cup B$ 发生. 于是 $A \cup B = A + \overline{A}B$.

同理可得到 $A \cup B = B + \overline{B}A$.

下面证明 $A \cup B = \overline{A}B + \overline{B}A + AB$. 因为 $A \cup B$ 发生时, 当且仅当 $\overline{A}B$, $\overline{B}A$, AB 之一发生, 所以结论成立.

1.3 100 件产品中有 3 件次品.

(a) 从中任取 2 件, 求至少得一件次品的概率;

(b) 从中任取 10 件, 再从这 10 件中任取 2 件, 求至少得一件次品的概率.

解 (a) 用 A 表示任取的 2 件都是正品, 则 $\overline{A}$ 表示至少得一件次品. 因为

$$P(A) = C_{97}^2/C_{100}^2,$$

所以要计算的概率是

$$P(\overline{A}) = 1 - P(A) = 1 - C_{97}^2/C_{100}^2.$$

(b) 因为这 2 件也是从 100 件产品中随机抽取的 (参考教材中例 1.2.5 后面的解释), 所以结论也是 $1 - C_{97}^2/C_{100}^2$.

1.4 从一副扑克的 52 张牌中任取出 13 张, 再从这 13 张中任取出 3 张. 求这 3 张牌同花色的概率和花色互不相同的概率.

解 等价于从 52 张牌中任取 3 张, 求这 3 张牌同花色的概率和花色互不相同的概率 (参考教材例 1.2.5 后面的解释). 在 52 张牌中任取 3 张等可能的不同结果数是 C_{52}^3.

典型题解析1.4

同花色的总数是在 4 种花色中任选一种, 有 4 种选法, 再在选定花色中的 13 张牌中任选 3 张, 有 C_{13}^3 种选法. 所以同花色的总数是 $4C_{13}^3$, 要计算的概率是 $4C_{13}^3/C_{52}^3$.

花色互不相同的总数是从第一种花色的 13 张牌中任选一张, 有 13 种选法; 从第二种花色的 13 张牌中任选一张, 有 13 种选法; 从第三种花色的 13 张牌中任选一张, 有 13 种选法. 又因为需要在 4 种花色中选 3 种, 有 C_4^3 种选法, 因而不同花色的总数是 $13^3C_4^3$, 要求的概率为 $13^3C_4^3/C_{52}^3$.

1.5 设每个人的生日随机落在 365 天中的任一天, 求 n 个人的生日互不相同的概率和至少有两个人生日相同的概率.

解 因为每个人的生日可以是 365 天中的任一天, 所以样本空间的等可能总数为 365^n. n 个人的生日互不相同总数是先从 365 天中任选出 n 天, 有 C_{365}^n 种选法, 再将这 n 个人的生日在这 n 天中全排列, 得到生日互不相同总数 $n!C_{365}^n$. 于是要求的概率为 $n!C_{365}^n/365^n$.

至少有两个人生日相同的概率为 $1 - n!C_{365}^n/365^n$.

注 当 $n > 365$, 已经规定 $C_{365}^n = 0$. (见教材例 1.2.2 后的注意)

1.6 从标有 1 至 n 的 n 个球中任取 m 个, 记下号码后放回. 再从这 n 个球中任取 k 个, 记下号码. 求两组号码中恰有 c 个号码相同的概率.

解 将被记下号码的球视为次品, 其余视为正品, 得到结论

$$C_m^c C_{n-m}^{k-c}/C_n^k.$$

1.7 向区间 $(0,1)$ 中随机投掷一个质点 ω, 用 A_n 表示 $\omega \in [1/(n+1), 1/n)$, 对正整数 m 直接验证

$$P\left(\bigcup_{n=m}^{\infty} A_n\right) = \sum_{n=m}^{\infty} P(A_n).$$

解 $A_1, A_2, \cdots$ 互不相交. 对正整数 m 有

$$(0, 1/m) = \bigcup_{n=m}^{\infty} A_n.$$

按照古典概型的定义, 有 $P(A_n) = \dfrac{1}{n} - \dfrac{1}{n+1}$,

典型题解析1.7

$$\sum_{n=m}^{\infty} P(A_n) = \sum_{n=m}^{\infty} \left(\frac{1}{n} - \frac{1}{n+1} \right) = \frac{1}{m} = P\left(\bigcup_{n=m}^{\infty} A_n \right).$$

注 说明几何概率的可加性可以推广至可列项.

1.8 一只蜻蜓将要落在半径为 $10\,\mathrm{m}$ 的圆形花坛 Ω 上, A 是 Ω 内半径为 $5\,\mathrm{m}$ 的圆形花圃.

(a) 若蜻蜓随机地落在花坛内, 求它落在花圃内的概率;

(b) 若蜻蜓随机地落在花坛和花圃的边沿上, 求蜻蜓落在花圃边沿的概率;

(c) 若蜻蜓随机地落在花坛内, 求蜻蜓落在花圃边缘的概率.

解 花坛的面积是 $100\,\pi\mathrm{m}^2$, 周长是 $20\,\pi\mathrm{m}$. 花圃的面积是 $25\,\pi\mathrm{m}^2$, 周长是 $10\,\pi\mathrm{m}$. 在条件 (a) 下, 蜻蜓落在花圃内的概率是

$$P(A) = \frac{A \text{ 的面积}}{\Omega \text{ 的面积}} = \frac{25\,\pi}{100\,\pi} = \frac{1}{4}.$$

(b) 蜻蜓落在花圃边沿的概率

$$P = \frac{A \text{ 的周长}}{\Omega \text{ 的周长} + A \text{ 的周长}} = \frac{10\,\pi}{20\,\pi + 10\,\pi} = \frac{1}{3}.$$

(c) 因为花圃边缘的面积是 0, 所以蜻蜓落在花圃边缘的概率是

$$P = \frac{0}{\Omega \text{ 的面积}} = 0.$$

1.9 如果一枚硬币能被连续掷出 6 次正面便被称为幸运硬币. 有无可能在 200 枚硬币中找到一枚幸运硬币? 如果能, 如何得到?

典型题解析1.9

解 大概率可以:

将这 200 枚硬币全部投掷一次, 大约有 100 枚为正面.

将这 100 枚正面的再投掷一次, 大约有 50 枚出现正面.

将这 50 枚正面的再投掷一次, 大约有 25 枚出现正面.

将这 25 枚正面的再投掷一次, 大约有 12 枚出现正面.

将这 12 枚正面的再投掷一次, 大约有 6 枚出现正面.

将这 6 枚正面的再投掷一次, 大约有 3 枚出现正面.

这 3 枚就是要找的幸运硬币.

1.10 重复地投掷一枚硬币 n 次, 用 S_n 表示正面出现的次数, 对于 $n = 2, 3, \cdots, 100$, 总结出 S_n 等于几的概率最大.

解 设硬币均匀. 对 $n = 1, 2, \cdots, n$ 用举例方法启发学习最好.

当 $n = 1$ 时, $S_1 = 0, 1$ 的概率都是 $1/2$.

当 $n = 2$ 时, $S_2 = 1$ 的概率最大.

当 $n = 3$ 时, $S_3 = 1, 2$ 的概率最大,

$\cdots\cdots$

结论: 当 n 是奇数时, 掷出 $(n-1)/2, (n+1)/2$ 的概率最大; 当 n 是偶数时, 掷出 $n/2$ 的概率最大.

注 详解可参考教材中例 3.2.1 或杨辉三角

$$1$$
$$1 \quad 2 \quad 1$$
$$1 \quad 3 \quad 3 \quad 1$$
$$1 \quad 4 \quad 6 \quad 4 \quad 1$$
$$1 \quad 5 \quad 10 \quad 10 \quad 5 \quad 1$$
$$1 \quad 6 \quad 15 \quad 20 \quad 15 \quad 6 \quad 1$$

其中的第 n 行依次是 $(1+x)^n$ 的展开式中 $x^0, x^1, \cdots, x^n$ 的系数.

1.11 如果事件 $B_1, B_2, \cdots$ 发生的概率都是 1, 证明

$$P\left(\bigcap_{j=1}^{n} B_j\right) = 1, \quad P\left(\bigcap_{j=1}^{\infty} B_j\right) = 1.$$

证 利用教材中例 1.4.2. 因为 $P(\overline{B_j}) = 0$, 所以

$$P\left(\bigcap_{j=1}^{n} B_j\right) = 1 - P\left(\bigcup_{j=1}^{n} \overline{B_j}\right) = 1 - 0 = 1.$$

$$P\left(\bigcap_{j=1}^{\infty} B_j\right) = 1 - P\left(\bigcup_{j=1}^{\infty} \overline{B_j}\right) = 1 - 0 = 1.$$

1.12 对于事件 A, B, C, 验证以下结论.

(1) 如果 $\overline{A} \subset A$, 则 $A = \Omega$;

(2) 如果 $AB = \overline{A}\overline{B}$, 则 $A \cup B = \Omega$;

(3) 如果 $P(A) + P(B) = 1$, 则 $P(A \cup B) = 1$ 与 $P(\overline{A} \cup \overline{B}) = 1$ 等价;

(4) $P(A) = P(B)$ 的充分必要条件是 $P(A\overline{B}) = P(\overline{A}B)$;

(5) $P(A - B) = P(A) - P(B)$ 与 $P(B - A) = 0$ 等价;

(6) $P(AB) + P(\overline{A}B) + P(A\overline{B}) + P(\overline{A}\,\overline{B}) = 1$.

证 (1) $A = A \cup \overline{A} = \Omega$.

(2) 因为 $AB = \overline{A}\,\overline{B} \subset \overline{A} \cup \overline{B} = \overline{AB}$, 所以从结论 (1) 得到 $\overline{AB} = \Omega$. 而从 $AB = \overline{A}\,\overline{B}$ 又得到 $\overline{AB} = A \cup B$, 所以 $A \cup B = \Omega$.

(3) 因为 $P(A) + P(B) = 1$, 所以 $P(A \cup B) = P(A) + P(B) - P(AB) = 1$ 与 $P(AB) = 0$ 等价, 也与 $P(\overline{A} \cup \overline{B}) = 1 - P(AB) = 1$ 等价.

(4) 因为 $P(A) = P(AB) + P(A\overline{B})$, $P(B) = P(BA) + P(B\overline{A})$, $P(AB) = P(BA)$, 所以 $P(A) = P(B)$ 的充分必要条件是

$$P(AB) + P(A\overline{B}) = P(BA) + P(B\overline{A}),$$

即 $P(A\overline{B}) = P(\overline{A}B)$.

(5) 因为 $A\overline{B} = A - B$ 和 $P(A) = P(AB) + P(A\overline{B})$ 总成立. 所以 $P(A - B) = P(A) - P(B)$ 等价于

$$P(A) = P(AB) + P(A - B) = P(AB) + P(A) - P(B),$$

等价于 $P(B) - P(AB) = 0$, 等价于 $P(B - A) = P(B - AB) = P(B) - P(AB) = 0$.

(6) 用 $\Omega = (A + \overline{A}) \cup (B + \overline{B})$ 展开得到

$$\Omega = AB + \overline{A}B + A\overline{B} + \overline{A}\,\overline{B},$$

而右面的 4 个事件互不相交, 所以 $P(AB) + P(\overline{A}B) + P(A\overline{B}) + P(\overline{A}\,\overline{B}) = 1$.

1.13 一枚硬币的一面标有 1, 另一面标有 2. 重复地投掷该硬币 n 次, 用 T_n 表示掷出的数字之和, 对于 $n = 2, 3, \cdots$, 总结出 T_n 等于几的概率最大?

解 将标有 1 或 2 分别视为正面或反面, 从习题 1.10 知道:

当 n 是奇数时, 掷出 $(n-1)/2$ 或 $(n+1)/2$ 个 1 的概率最大. 也就是说

$$T_n = 1 \cdot (n-1)/2 + 2 \cdot (n+1)/2 = 1.5n + 0.5$$

或

$$T_n = 1 \cdot (n+1)/2 + 2 \cdot (n-1)/2 = 1.5n - 0.5$$

的概率最大.

当 n 是偶数时,

$$T_n = 1 \cdot n/2 + 2 \cdot n/2 = 1.5n$$

的概率最大.

注 硬币不均匀的情况可参考教材中例 3.2.1.

▬ 考研复习

基本内容 样本空间、事件与集合、完备事件组、古典概型、概率的可加性.

基本概念 概率与比例、抽签问题 (原理)、独立重复试验序列、概率与频率.

常用公式

$$A = AB + A\overline{B} \Rightarrow P(A) = P(AB) + P(A\overline{B});$$

$$A - B = A - AB \implies P(A - B) = P(A) - P(AB);$$

$$A \cup B = A + \overline{A}B \implies P(A \cup B) = P(A) + P(\overline{A}B).$$

特别注意 "⇒" 的方向不能变: 由事件的关系式可以得到概率的相应关系式. 反之不然. 举例如下:

从 $P(A) = P(B)$ 不能得出 $A = B$. 从 $P(A) \leqslant P(B)$ 不能得出 $A \subset B$.

试题参考解答

本书后面标为 "试题" 的内容是为报考研究生的读者预备的.

试题 1.1 设 A 与 B 为随机事件, 则 $P(A) = P(B)$ 的充分必要条件是 (   ).

A. $P(A \cup B) = P(A) + P(B)$　　　　B. $P(AB) = P(A)P(B)$

C. $P(A\overline{B}) = P(\overline{A}B)$　　　　　　D. $P(AB) \doteq P(\overline{A}\overline{B})$

答 C.

因为 $P(A) = P(A\overline{B}) + P(AB), P(B) = P(\overline{A}B) + P(AB)$.

试题 1.2 如果 $P(A) = 1 - P(B) > 0, P(A \cup B) = 1$, 则有 (   ).

A. $A \cup B = \Omega$　　　B. $AB = \varnothing$　　　　C. $P(\overline{A} \cup \overline{B}) = 1$　　　D. $P(A - B) = 0$

答 C.

因为由 $P(A \cup B) = P(A) + P(B) - P(AB) = 1 - P(AB) = 1$ 得到 $P(AB) = 0$, 所以 $P(\overline{A} \cup \overline{B}) = 1 - P(AB) = 1$.

因为选项 A, B 是事件的关系式, 所以不必考虑选项 A, B.

试题解析一

第二章　概率公式

基本内容

加法公式　(1) 对事件 A, B, 有
$$P(A \cup B) = P(A) + P(B) - P(AB);$$
(2) 对事件 A_1, A_2, A_3, 有
$$P\left(\bigcup_{j=1}^{3} A_j\right) = P(A_1) + P(A_2) + P(A_3) - P(A_1 A_2)$$
$$- P(A_1 A_3) - P(A_2 A_3) + P(A_1 A_2 A_3);$$

第二章复习要点

(3) 如果 $p_k = P(A_{j_1} A_{j_2} \cdots A_{j_k}) = P(A_1 A_2 \cdots A_k)$ 对所有的 $k \geqslant 1$ 和 $1 \leqslant j_1 < j_2 < \cdots < j_k \leqslant n$ 成立, 则有

$$P\left(\bigcup_{i=1}^{n} A_i\right) = \mathrm{C}_n^1 p_1 - \mathrm{C}_n^2 p_2 + \cdots + (-1)^{n-1} \mathrm{C}_n^n p_n.$$

事件的独立性　(1) 如果 $P(AB) = P(A)P(B)$, 则称事件 A, B 相互独立, 简称为独立;

(2) 如果对任何 $1 \leqslant j_1 < j_2 < \cdots < j_k \leqslant n$, 有 $P(A_{j_1} A_{j_2} \cdots A_{j_k}) = P(A_{j_1}) P(A_{j_2}) \cdots P(A_{j_k})$, 则称事件 A_1, A_2, $\cdots$, A_n 相互独立;

(3) 如果对任何 $n \geqslant 2$, 事件 A_1, A_2, $\cdots$, A_n 相互独立, 则称事件 A_1, A_2, $\cdots$ 相互独立, 这时也称 $\{A_n\}$ 是独立事件列.

独立事件的性质　事件 A, B 独立当且仅当 $\overline{A}$, B 独立.

如果事件 A_1, A_2, $\cdots$, A_n 相互独立, 则有以下结论:

(1) 对 $1 \leqslant j_1 < j_2 < \cdots < j_k \leqslant n$, A_{j_1}, A_{j_2}, $\cdots$, A_{j_k} 相互独立;

(2) 用 B_i 表示 A_i 或 $\overline{A}_i$, 则 B_1, B_2, $\cdots$, B_n 相互独立;

(3) $(A_1 A_2)$, A_3, $\cdots$, A_n 相互独立;

(4) $(A_1 \cup A_2)$, A_3, $\cdots$, A_n 相互独立.

条件概率 如果 $P(A) > 0$, 则有

(1) $P(B|A) = \dfrac{P(AB)}{P(A)}$;

(2) $P(AB) = P(A)P(B)$ 和 $P(B|A) = P(B)$ 等价;

(3) 定义 $P_A(B) = P(B|A)$, 则 P_A 也是概率.

乘法公式 设 $P(A) > 0$, $P(A_1 A_2 \cdots A_{n-1}) > 0$, 则

(1) $P(AB) = P(A)P(B|A)$;

(2) $P(A_1 A_2 \cdots A_n) = P(A_1)P(A_2|A_1) \cdots P(A_n|A_1 A_2 \cdots A_{n-1})$.

全概率公式 (1) 设 A, B 是事件, 则有
$$P(B) = P(A)P(B|A) + P(\overline{A})P(B|\overline{A});$$

(2) 如果事件 $A_1, A_2, \cdots, A_n$ 互不相容, $B \subset \bigcup\limits_{j=1}^{n} A_j$, 则

$$P(B) = \sum_{j=1}^{n} P(A_j)P(B|A_j).$$

贝叶斯公式 (1) 设 A, B 是事件, 如果 $P(B) > 0$, 则有
$$P(A|B) = \frac{P(A)P(B|A)}{P(A)P(B|A) + P(\overline{A})P(B|\overline{A})}.$$

(2) 如果事件 $A_1, A_2, \cdots, A_n$ 互不相容, $B \subset \bigcup\limits_{j=1}^{n} A_j$, $P(B) > 0$, 则

$$P(A_j|B) = \frac{P(A_j)P(B|A_j)}{\sum\limits_{i=1}^{n} P(A_i)P(B|A_i)}, \quad 1 \leqslant j \leqslant n.$$

习题二参考解答

2.1 公司 A 和公司 B 负责公司 C 的元件供应. 根据经验, 公司 A 和公司 B 正常供货的概率分别为 0.8 和 0.9. 只要公司 A 和公司 B 之一正常供货, 公司 C 就会正常开工. 如果公司 C 正常开工的概率为 0.99.

(a) 计算公司 A 和公司 B 都能够正常供货的概率;

(b) 计算公司 A 和公司 B 都不能正常供货的概率.

解 用 A, B 分别表示公司 A, B 可正常供货, 用 C 表示公司 C 正常开工.

(a) 由
$$P(C) = P(A \cup B) = P(A) + P(B) - P(AB)$$
$$= 0.9 + 0.8 - P(AB) = 0.99$$

得到 $P(AB) = 0.9 + 0.8 - 0.99 = 0.71$.

(b) 因为 $\overline{A \cup B}$ 表示公司 A 和公司 B 都不能正常供货, 所以
$$P(\overline{A \cup B}) = 1 - P(A \cup B) = 1 - 0.99 = 0.01.$$

2.2 铸件的表面经常出现气孔. 当 9 个气孔随机落在 3 个同型号的铸件上.

(a) 计算至少有一个铸件无气孔的概率;

(b) 计算每个铸件至少有一个气孔的概率.

解 用 A_i 表示第 i 个 $(i=1,2,3)$ 铸件无气孔, 则

$$p_1 = P(A_i) = (2/3)^9,$$
$$p_2 = P(A_iA_j) = (1/3)^9, \ i \neq j,$$
$$p_3 = P(A_1A_2A_3) = 0.$$

(a) $B = \bigcup_{j=1}^{3} A_j$ 表示至少有一个铸件无气孔. 用加法公式 (3) 得到

$$P(B) = C_3^1 p_1 - C_3^2 p_2 + C_3^3 p_3$$
$$= 3\left(\frac{2}{3}\right)^9 - 3\left(\frac{1}{3}\right)^9$$
$$= \frac{2^9 - 1}{3^8}.$$

(b) 因为 $\overline{B}$ 表示每个铸件至少有一个气孔, 所以 $P(\overline{B}) = 1 - P(B) = \dfrac{3^8 - 2^9 + 1}{3^8}$.

2.3 如果快递员将 $n(n \geqslant 7)$ 个不同地址的包裹随机投放, 计算至少投对一件的概率和一件都没投对的概率.

解 设想包裹和地址有相对应的编号, 从 1 到 n, 则随机投递的不同结果有 $n!$ 个. 用 A_j 表示第 j 个 $(j=1,2,\cdots,n)$ 包裹投递正确, 则

$$B = \bigcup_{j=1}^{n} A_j$$

表示至少投对一件. 对于互不相同的 $j_1 < j_2 < \cdots < j_k$, 有

$$p_1 = P(A_j) = (n-1)!/n!, \qquad C_n^1 p_1 = 1,$$
$$p_2 = P(A_{j_1}A_{j_2}) = (n-2)!/n!, \qquad C_n^2 p_2 = 1/2!,$$
$$p_3 = P(A_{j_1}A_{j_2}A_{j_3}) = (n-3)!/n!, \quad C_n^3 p_3 = 1/3!,$$
$$\cdots\cdots\cdots\cdots$$
$$p_{n-1} = P(A_1A_2\cdots A_{n-1}) = 1/n!, \quad C_n^{n-1}p_{n-1} = 1/(n-1)!,$$
$$p_n = P(A_1A_2\cdots A_n) = 1/n!, \qquad C_n^n p_n = 1/n!.$$

代入加法公式 (3), 得到至少投对一件的概率

$$p = P(B) = 1 - \frac{1}{2!} + \cdots + (-1)^{n-1}\frac{1}{n!} = \sum_{k=1}^{n}(-1)^{k-1}\frac{1}{k!} \approx 0.632.$$

一件都没投对的概率为 $1 - P(B) \approx 0.368.$

2.4 开学时老师声明本学期要点名 m 个人, 每次都是有放回的随机点名. 当全班有 n 个学生, 计算你在本学期不被点到的概率.

解 用 A_i 表示第 i 次 $(i = 1, 2, \cdots, m)$ 没被点到, 则 $A_1, A_2, \cdots,$ 典型题解析2.4
A_m 相互独立,

$$P(A_i) = 1 - P(\overline{A_i}) = 1 - 1/n,$$

$$p = P(A_1 A_2 \cdots A_m) = P(A_1) P(A_2) \cdots P(A_m) = (1 - 1/n)^m.$$

2.5 如果事件 A, B, C 两两独立, $P(A) = P(B) = P(C) = p$, $P(ABC) = p^2$, $P(A \cup B \cup C) = 1$, 求 p.

解 因为事件 A, B, C 两两独立, 所以

$$P(AB) + P(AC) + P(BC)$$

$$= P(A)P(B) + P(A)P(C) + P(B)P(C) = 3p^2.$$

由

$$P(A \cup B \cup C)$$

$$= P(A) + P(B) + P(C) - P(AB) - P(AC) - P(BC) + P(ABC)$$

$$= 3p - 3p^2 + p^2 = 3p - 2p^2 = 1.$$

解出 $p = 1/2$ 或 1.

2.6 6 个人独立破译同一个密码. 当第 j 个人能成功破译密码的概率为 p_j, 计算密码被破译的概率.

解 用 A_j 表示第 j 个人能成功破译密码, 则 $P(A_j) = p_j$, $P(\overline{A_j}) = 1 - p_j$. 因为 A_j 相互独立, 所以密码被破译的概率

$$P(A_1 \cup A_2 \cup \cdots \cup A_6)$$

$$= 1 - P(\overline{A_1} \overline{A_2} \cdots \overline{A_6})$$

$$= 1 - P(\overline{A_1}) P(\overline{A_2}) \cdots P(\overline{A_6})$$

$$= 1 - (1 - p_1)(1 - p_2) \cdots (1 - p_6).$$

2.7 迷路在旷野后, 甲每隔一小时发出一个求救信号. 如果每个信号被搜救队发现的概率是 0.1, 要以 0.95 的概率保证搜索队能发现信号, 甲至少要发送多少个信号?

解 用 A_i 表示第 i 个信号被发现, 则 A_i 相互独立, $P(\overline{A_i}) = $ 典型题解析2.7
0.9. 要求 n 使得

$$P\left(\bigcup_{j=1}^{n} A_j \right) = 1 - P\left(\bigcap_{j=1}^{n} \overline{A_j} \right) = 1 - 0.9^n \geqslant 0.95,$$

于是

$$n \geqslant \ln 0.05 / \ln 0.9 = 28.433.$$

甲至少要发送 29 个信号.

2.8 通常认为产品的名称会影响其销量. 对一种新产品现在有两种起名方案备选. 方案 1 是邀请 4 名相关专家起名, 厂家向起名成功者支付 2 万元奖励, 对其余 3 名各支付 5 000 元的酬金. 方案 2 是悬赏 2 万元在互联网上征名. 如果所请的每名专家能独立想出满意名称的概率为 60%, 互联网上的每个人能独立想出满意名称的概率为 1%.

(a) 计算方案 1 成功的概率;

(b) 如果有 500 人在网上参与起名, 计算方案 2 成功的概率.

解 (a) 用 A_i 表示第 i 名相关专家起名成功, 则 A_i 相互独立, $P(\overline{A_i}) = 0.4$. 要计算的概率是

$$P\left(\bigcup_{j=1}^{4} A_j\right) = 1 - P\left(\bigcap_{j=1}^{4} \overline{A_j}\right) = 1 - 0.4^4 = 97.44\%.$$

(b) 用 B_i 表示第 i 名网上人员独立想出满意名称, 则 B_i 相互独立, $P(\overline{B_i}) = 1 - 0.01 = 0.99$. 设 $n = 500$, 要计算的概率是

$$P\left(\bigcup_{j=1}^{n} B_j\right) = 1 - P\left(\bigcap_{j=1}^{n} \overline{B_j}\right) = 1 - 0.99^n = 99.34\%.$$

2.9 一部手机第一次落地摔坏的概率是 0.5. 若第一次没摔坏, 第二次落地摔坏的概率是 0.7. 若第二次没摔坏, 第三次落地摔坏的概率是 0.9. 求该手机三次落地没有摔坏的概率.

解 用 A_i 表示手机第 i 次落地没有摔坏, 则 $A_1 A_2 A_3$ 表示手机三次落地还没有摔坏. 其概率为

$$P(A_1 A_2 A_3) = P(A_1) P(A_2 | A_1) P(A_3 | A_1 A_2)$$

$$= (1 - 0.5)(1 - 0.7)(1 - 0.9)$$

$$= 0.015.$$

2.10 某官员第 1 次受贿没被查处的概率是 $q_1 = 98/100 = 0.98$. 第 1 次没被查处后, 第 2 次受贿没被查处的概率是 $q_2 = 96/98 = 0.979\,6, \cdots$, 前 $j - 1$ 次没被查处后, 第 j 次受贿没被查处的概率是 $q_j = (100 - 2j)/[100 - 2(j-1)], \cdots$.

(a) 计算他受贿 n 次还没被查处的概率;

(b) 假设 $q_1 = q_2 = \cdots = 0.98$ 时, 计算他受贿 n 次还没被查处的概率.

解 用 A_i 表示该官员第 i 次受贿没被查处, 则 $P(A_1 A_2 \cdots A_n)$ 表示他受贿 n 次还没被查处的概率.

(a) 要计算的概率为

$$p_n = P(A_1 A_2 \cdots A_n)$$

$$= P(A_1)P(A_2|A_1)\cdots P(A_n|A_1A_2\cdots A_{n-1})$$

$$= q_1q_2\cdots q_n$$

$$= \frac{98}{100}\times\frac{96}{98}\times\cdots\times\frac{100-2(n-1)}{100-2(n-2)}\times\frac{100-2n}{100-2(n-1)}$$

$$= 1-\frac{n}{50}.$$

(b) 要计算的概率为

$$p_n = P(A_1A_2\cdots A_n)$$

$$= P(A_1)P(A_2|A_1)\cdots P(A_n|A_1A_2\cdots A_{n-1})$$

$$= q_1q_2\cdots q_n = 0.98^n.$$

2.11 尽管通常都假设男女婴儿的出生率是相同的, 但是大量的统计资料表明男婴的出生率一般高于女婴的出生率. 现在假设男婴的出生率是 $p = 0.51$, 女婴的出生率是 $q = 0.49$. 如果新同事家有两个年龄不同的小孩, 且已知他家至少有一个女孩, 计算另一个也是女孩的概率.

解 用 A_1, A_2 分别表示老大、老二是女孩, 则 A_1, A_2 独立,

$$P(A_1) = P(A_2) = 0.49.$$

已知至少有一个女孩等价于已知 $B = A_1\cup A_2$ 发生. 用 C 表示另一个也是女孩, 则要计算的概率是

$$P(C|B) = \frac{P(A_1A_2)}{P(B)} = \frac{P(A_1A_2)}{P(A_1\cup A_2)}$$

$$= \frac{P(A_1)P(A_2)}{P(A_1)+P(A_2)-P(A_1)P(A_2)}$$

$$= \frac{0.49^2}{0.49+0.49-0.49^2}$$

$$= 0.324\,5.$$

2.12 老板有一个不很负责的秘书. 当要秘书通知张经理 5 h 后见面时, 秘书马上办理, 但是只用某种方式通知一次. 设秘书用传真通知的概率是 0.3, 用短信通知的概率是 0.2, 用电子邮件通知的概率是 0.5, 而张经理在 5 h 内能收到传真的概率是 0.8, 能看到短信的概率是 0.9, 能看到电子邮件的概率是 0.4.

(a) 计算张经理收到通知的概率;

(b) 如果收到通知的张经理也有 5% 的概率不能前来见老板, 计算老板不能按时见到张经理的概率.

解 用 A_1, A_2, A_3 分别表示秘书用传真、短信、电子邮件通知, 则 $P(A_1) = 0.3$, $P(A_2) = 0.2$, $P(A_3) = 0.5$, 用 B 表示张经理收到通知.

(a) $P(B) = P(A_1)P(B|A_1)+P(A_2)P(B|A_2)+P(A_3)P(B|A_3)$

$$= 0.3 \times 0.8 + 0.2 \times 0.9 + 0.5 \times 0.4 = 0.62.$$

(b) 用 C 表示张经理不能按时前来见老板, 则

$$P(C) = P(B)P(C|B) + P(\overline{B})P(C|\overline{B})$$

$$= 0.62 \times 0.05 + 0.38 \times 1 = 0.411.$$

2.13 如果 $P(A \cup B) = P(A) + P(B)$, 以下哪些结论成立.

$$AB = \varnothing; \quad P(AB) = 0; \quad P(\overline{A} \cup \overline{B}) = 1; \quad P(A - B) = P(A).$$

解 因为 $P(A \cup B) = P(A) + P(B) - P(AB)$,

所以 $P(A \cup B) = P(A) + P(B)$ 等价于 $P(AB) = 0$.

$P(\overline{A} \cup \overline{B}) = 1 - P(AB)$ 等价于 $P(AB) = 0$.

$P(A - B) = P(A\overline{B}) + P(AB) = P(A)$ 等价于 $P(AB) = 0$.

于是, 仅有 $AB = \varnothing$ 不必成立, 因为从概率的关系式不能得到事件的关系式.

2.14 一枚鱼雷击沉、击伤和不能击中一艘战舰的概率分别是 1/3, 1/2 和 1/6. 设击伤两次也使该战舰沉没, 求用 4 枚鱼雷击沉该战舰的概率.

解 用 C 表示没击沉, 用 A_i 表示 4 枚中恰有 i 枚击伤且其余的未击中, 则

> 典型题解析2.14

$$P(C) = P(A_0 + A_1) = P(A_0) + P(A_1)$$

$$= (1/6)^4 + \mathrm{C}_4^1(1/2)^1(1/6)^3$$

$$= 0.01.$$

于是击沉的概率

$$P(\overline{C}) = 1 - 0.01 = 0.99.$$

2.15 两人下棋, 每局获胜者得一分, 累积多于对手两分者获胜. 设甲每局获胜的概率是 p, 求甲最终获胜的概率.

解 用 A 表示最终甲胜. 用 A_i 表示第 i 局甲胜, A_1, A_2 相互独立, 并且

> 典型题解析2.15

$$A_1A_2, \ A_1\overline{A_2}, \ \overline{A_1}A_2, \ \overline{A_1}\overline{A_2}$$

构成完备事件组 (参考习题 1.12(6)). 用全概率公式 (2) 得到

$$P(A) = P(A|A_1A_2)P(A_1A_2) + P(A|\overline{A_1}A_2)P(\overline{A_1}A_2)$$

$$+ P(A|A_1\overline{A_2})P(A_1\overline{A_2}) + P(A|\overline{A_1}\overline{A_2})P(\overline{A_1}\overline{A_2})$$

$$= p^2 + 2P(A)pq.$$

于是解出 $P(A) = p^2/(1 - 2pq), q = 1 - p$.

2.16 医生甲有 A, B 两种方案治疗疾病 C. 甲采用方案 A, B 的概率分别为 0.6, 0.4. 方案 A, B 的治愈率分别是 0.8, 0.9. 对于疾病 C 的患者 H,

(a) 计算 H 被治愈的概率;

(b) 现在 H 已被治愈, 计算医生采用的是方案 A 的概率.

解 用 A, B 分别表示用方案 A, B 治疗, 用 H 表示患者 H 被治愈, 则

(a) $P(H) = P(A)P(H|A) + P(B)P(H|B)$

$$= 0.6 \times 0.8 + 0.4 \times 0.9 = 0.84.$$

(b) $P(A|H) = \dfrac{P(AH)}{P(H)} = \dfrac{P(A)P(H|A)}{P(H)}$

$$= \frac{0.6 \times 0.8}{0.84} = 0.57.$$

2.17 一台机床工作状态良好时, 产品的合格率是 99%, 机床发生故障时的产品合格率是 50%. 设每次新开机器时机床处于良好状态的概率是 95%. 如果新开机器后生产的第一件产品是合格品, 判断机器处于良好状态的概率.

解 用 B 表示机床状态良好, A 表示产品合格. 则

$$P(B|A) = \frac{P(A|B)P(B)}{P(A|B)P(B) + P(A|\overline{B})P(\overline{B})}$$

$$= \frac{0.99 \times 0.95}{0.99 \times 0.95 + 0.50 \times 0.05}$$

$$= 0.974.$$

2.18 用一种新方法检测出患某种疾病的概率是百分之百, 但是把没患病的人判定患病的概率达到百分之五. 设群体中该病的发病率是万分之一.

(a) 甲在身体普查中被判定患病时, 甲的确患病的概率是多少?

(b) 甲再次复查又被判定患病时, 甲的确患病的概率是多少?

解 (a) 用 A 表示甲患病, B 表示诊断甲患病. 根据题意,

$$P(A) = 0.000\,1, \quad P(B|A) = 1, \quad P(B|\overline{A}) = 0.05,$$

用贝叶斯公式得到

$$P(A|B) = \frac{P(A)P(B|A)}{P(A)P(B|A) + P(\overline{A})P(B|\overline{A})}$$

$$= \frac{0.000\,1}{0.000\,1 + 0.999\,9 \times 0.05}$$

$$= 0.019\,6.$$

(b) 用 B_2 表示第二次被查出患病, $P_B(\cdot) = P(\cdot|B)$. 再用贝叶斯公式得到

$$P_B(A|B_2) = \frac{P_B(A)P_B(B_2|A)}{P_B(A)P_B(B_2|A) + P_B(\overline{A})P_B(B_2|\overline{A})}$$

$$= \frac{0.019\,6}{0.019\,6 + (1 - 0.019\,6) \times 0.05}$$

$$= 0.285\,6.$$

2.19 设元件 A 和 B 在一年内烧断的概率分别是 p_1 和 p_2. 设它们是否烧断是相互独立的. 在一年内,

(a) 当 A, B 并联时, 求 A, B 构成的系统断电的概率;

(b) 当 A, B 串联时, 求 A, B 构成的系统断电的概率.

解 (a) 当 A, B 并联时, A, B 构成的系统断电的充分必要条件是 A, B 都烧断, 于是

$$P(AB) = p_1 p_2.$$

(b) 当 A, B 串联时, A, B 构成的系统断电的充分必要条件是 A 或 B 烧断, 于是

$$P(A \cup B) = p_1 + p_2 - p_1 p_2.$$

2.20 比赛中, 如果你每局取胜的概率为 0.501, 为保证比赛的最终取胜, 你期望三局两胜的比赛规则还是五局三胜的比赛规则?

解 设 $p = 0.501, q = 1 - p$. 用 A_i 表示你第 i 局取胜, $B_i = \overline{A_i}$, 用 C 表示最终取胜. 三局两胜时,

$$\begin{aligned} P(C) &= P(A_1 A_2) + P(B_1 A_2 A_3) + P(A_1 B_2 A_3) \\ &= p^2 + C_2^1 p^2 q^1 = 50.15\%. \end{aligned}$$

五局三胜时,

$$\begin{aligned} P(C) &= P(A_1 A_2 A_3) \\ &\quad + P(B_1 A_2 A_3 A_4) + P(A_1 B_2 A_3 A_4) + P(A_1 A_2 B_3 A_4) \\ &\quad + P(B_1 B_2 A_3 A_4 A_5) + P(B_1 A_2 B_3 A_4 A_5) + \cdots + P(A_1 A_2 B_3 B_4 A_5) \\ &= p^3 + C_3^1 p^3 q^1 + C_4^2 p^3 q^2 = 50.19\%. \end{aligned}$$

所以答案是五局三胜.

2.21 某城市 A 牌出租车占 85%, B 牌出租车占 15%. 这两种出租车的外观略有区别, 但是每辆车肇事的概率相同. 在一次出租车的交通肇事逃逸案件中, 有证人指证是 B 牌车肇事. 为了确定是否 B 牌车肇事, 在肇事地点和相似的能见度下警方对证人辨别出租车的能力进行了测验, 发现证人正确识别 B 牌车的概率是 90%, 正确识别 A 牌车的概率是 80%. 如果证人没有撒谎, 计算本次是 B 牌车肇事的概率.

解 用 B 表示 B 牌车肇事, C 表示证人指证 B 牌车肇事. 根据题意,

$$P(B) = 0.15, \quad P(C|B) = 0.9, \quad P(C|\overline{B}) = 0.2.$$

用贝叶斯公式得到

$$\begin{aligned} P(B|C) &= \frac{P(B)P(C|B)}{P(B)P(C|B) + P(\overline{B})P(C|\overline{B})} \\ &= \frac{0.15 \times 0.9}{0.15 \times 0.9 + (1 - 0.15) \times 0.2} \\ &= 44.26\%. \end{aligned}$$

2.22 证明全概率公式: 如果事件 $A_1, A_2, \cdots$ 互不相容, $B \subset \bigcup_{j=1}^{\infty} A_j$, 则

(a) $P(B) = \sum_{j=1}^{\infty} P(A_j)P(B|A_j)$;

(b) $P(A_j|B) = P(A_j)P(B|A_j)\big/\sum\limits_{j=1}^{\infty} P(A_j)P(B|A_j).$

解 (a) 用概率的可加性和条件概率公式得到

$$P(B) = P\Big(B\bigcup_{j=1}^{\infty} A_j\Big) = P\Big(\bigcup_{j=1}^{\infty} BA_j\Big)$$

$$= \sum_{j=1}^{\infty} P(BA_j) = \sum_{j=1}^{\infty} P(A_j)P(B|A_j).$$

(b) 用条件概率公式和 (a) 得到

$$P(A_j|B) = \frac{P(A_jB)}{P(B)} = \frac{P(A_j)P(B|A_j)}{\sum\limits_{j=1}^{\infty} P(A_j)P(B|A_j)}.$$

2.23 一颗陨石等可能地坠落在区域 A_1, A_2, A_3, A_4 后, 有关部门千方百计地要找到它. 根据现有的搜索条件, 如果陨石坠落在区域 A_j, 则在该区域被找到的概率是 p_j. 这里的 p_j 是由区域 A_j 的地貌条件决定的. 现在对区域 A_1 搜索后没有发现这块陨石, 计算陨石坠落在区域 A_j 的概率.

解 就用 A_j 表示陨石坠落在区域 A_j, 则 $P(A_j) = 1/4$. 用 B_1 表示在区域 A_1 没有找到这块陨石. 下面用贝叶斯公式 (2) 计算 $P(A_j|B_1)$. 设 $q_1 = 1 - p_1$. 因为

$$P(B_1|A_1) = 1 - p_1 = q_1,$$
$$P(B_1|A_j) = 1, \quad 2 \leqslant j \leqslant 4,$$
$$\sum_{i=1}^{4} P(A_i)P(B_1|A_i) = P(A_1)P(B_1|A_1) + \sum_{i=2}^{4} P(A_i)P(B_1|A_i)$$
$$= \frac{q_1}{4} + \frac{3}{4} = \frac{q_1+3}{4},$$

所以用贝叶斯公式得到

$$P(A_1|B_1) = \frac{P(A_1)P(B_1|A_1)}{\sum\limits_{i=1}^{4} P(A_i)P(B_1|A_i)} = \frac{q_1/4}{(q_1+3)/4} = \frac{q_1}{q_1+3}.$$

对于 $j = 2, 3, 4$, 用 $P(B_1|A_j) = 1$ 得到

$$P(A_j|B_1) = \frac{P(A_j)P(B_1|A_j)}{\sum\limits_{i=1}^{4} P(A_i)P(B_1|A_i)} = \frac{1/4}{(q_1+3)/4} = \frac{1}{q_1+3} = \frac{1}{4-p_1}.$$

可以看出, 只要 $q_1 < 1$, 则 $P(A_j|B_1) > P(A_1|B_1)$. 说明在区域 A_1 没有找到陨石后, 它更可能是坠落在其他区域了.

2.24 下学期将为全系的 m 个学生开设 $n(n \leqslant m)$ 个讨论班, 每个讨论班可以接纳足够多的学生. 当每人独立地随机选修一个讨论班时, 计算

(a) 至少一个讨论班无学生的概率 $P(B)$;

(b) 每个讨论班至少有一个学生的概率 q_m.

解 用 A_j 表示第 j 个讨论班没有学生, 用 B 表示至少有一个讨论班没有学生, 则

$$B = \bigcup_{j=1}^{n} A_j.$$

先计算 $P(B)$. 对于互不相同的 j_1, j_2, j_3, 有

$$P(A_j) = (n-1)^m/n^m, \qquad p_1 = C_n^1(n-1)^m/n^m,$$
$$P(A_{j_1}A_{j_2}) = (n-2)^m/n^m, \qquad p_2 = C_n^2(n-2)^m/n^m,$$
$$P(A_{j_1}A_{j_2}A_{j_3}) = (n-3)^m/n^m, \quad p_3 = C_n^3(n-3)^m/n^m,$$
$$\cdots\cdots\cdots\cdots$$
$$P(A_1A_2\cdots A_{n-1}) = 1/n^m, \qquad p_{n-1} = C_n^{n-1}/n^m,$$
$$P(A_1A_2\cdots A_n) = 0, \qquad p_n = 0.$$

再用加法公式 (3) 得到

$$P(B) = \sum_{k=1}^{n}(-1)^{k-1}p_k = \sum_{k=1}^{n}(-1)^{k-1}C_n^k\frac{(n-k)^m}{n^m}.$$

最后得到每个讨论班至少有一个学生概率

$$q_m = 1 - P(B) = \sum_{k=0}^{n}(-1)^k C_n^k\frac{(n-k)^m}{n^m}.$$

2.25 计算机将一副扑克的 52 张等可能地分为 4 组, 每秒钟分牌 1 万次, 连续分牌 100 年, 估算遇到同花色的概率.

解 按教材例 1.2.4, 每次发牌得到 4 组同花色的概率 $p = 4!(13!)^4/52! = 4.474 \times 10^{-28}$. 100 年约有 $100 \times 365 \times 24 \times 60^2 = 3.153\,6 \times 10^9$ 秒, 共分牌 $n = 3.153\,6 \times 10^9 \times 10^4 = 3.153\,6 \times 10^{13}$ 次. 用 X 表示分牌 100 年获得 4 组同花色的次数, 则

典型题解析2.25

$$P(X \geqslant 1) = 1 - P(X = 0) = 1 - (1-p)^n.$$

因 $p = 4.474 \times 10^{-28}$ 太小了, n 太大, 所以只能做近似计算,

$$P(X \geqslant 1) = 1 - \left(1 - \frac{np}{n}\right)^n \approx 1 - e^{-np} \approx 1.41 \times 10^{-14}.$$

这样的小概率事件是极不可能遇到的.

考研复习

基本内容

加法公式 $P(A \cup B) = P(A) + P(B) - P(AB)$,

$P(A \cup B \cup C) = P(A) + P(B) + P(C) - P(AB) - P(AC) - P(BC) + P(ABC)$.

乘法公式 $P(AB) = P(A)P(B\,|\,A)$,

$$P(A_1 A_2 \cdots A_n) = P(A_1)P(A_2 \mid A_1) \cdots P(A_n \mid A_1 A_2 \cdots A_{n-1}).$$

独立事件的概率公式　如果 $A_1, A_2, \cdots, A_n$ 相互独立, 则

$$P(A_1 A_2 \cdots A_n) = P(A_1)P(A_2) \cdots P(A_n).$$

全概率公式　$P(B) = P(A)P(B \mid A) + P(\overline{A})P(B \mid \overline{A}).$

$$P(B) = \sum_{j=1}^{n} P(A_j)P(B \mid A_j), \ 若 B \subset \bigcup_{j=1}^{n} A_j, \ A_j \ 互不相容.$$

贝叶斯公式　$P(A \mid B) = \dfrac{P(A)P(B \mid A)}{P(A)P(B \mid A) + P(\overline{A})P(B \mid \overline{A})}.$

$$P(A_j \mid B) = \dfrac{P(A_j)P(B \mid A_j)}{\displaystyle\sum_{i=1}^{n} P(A_i)P(B \mid A_i)}, \ 若 B \subset \bigcup_{j=1}^{n} A_j, \ A_j \ 互不相容.$$

■ 试题参考解答

试题 2.1　如果 A, B 是事件, 则有 (　　).

A. $AB \neq \varnothing$, 则 A, B 独立　　　　　　B. $AB \neq \varnothing$, 则 A, B 可能独立

C. $AB = \varnothing$, 则 A, B 独立　　　　　　D. $AB = \varnothing$, 则 A, B 不独立

答　B.

$A = B$ 时, 选项 A 不必对. $B = \overline{A}$ 时, 选项 C 不必对. $A = \varnothing$ 时, 选项 D 错.

试题 2.2　将一枚硬币独立掷两次, 引入

$A_1 = \{$第一枚正面$\}$, $A_2 = \{$第二枚正面$\}$,

$A_3 = \{$正、反面各一次$\}$, $A_4 = \{$正面两次$\}$,

则有 (　　).

A. A_1, A_2, A_3 相互独立　　　　　　B. A_1, A_2, A_4 相互独立

C. A_1, A_2, A_3 两两独立　　　　　　D. A_2, A_3, A_4 两两独立

答　C.

选项 A 错: 因为 A_1, A_2 发生导致 A_3 不能发生.

选项 B 错: 因为 A_1, A_2 发生导致 A_4 发生.

选项 D 错: 因为 A_3, A_4 互斥.

只有选项 C 可能对.

验证选项 C 如下. A_1, A_2 明显独立, 由 $P(A_1) = P(A_3) = 1/2$ 得到

$$P(A_1 A_3) = P(A_1 \overline{A_2}) = \frac{1}{2} \times \frac{1}{2} = P(A_1)P(A_3),$$

所以 A_1, A_3 独立. 同理由 $P(A_2 A_3) = P(A_2)P(A_3)$ 得到 A_2, A_3 独立.

试题 **2.3** 设 A, B 独立, A, C 独立, BC 是空集, $P(A) = P(B) = 1/2$, $P(AC \mid AB \cup C) = 1/4$, 计算 $P(C)$.

解 由条件概率公式得到

$$
\begin{aligned}
P(AC \mid AB \cup C) &= \frac{P(AC(AB \cup C))}{P(AB \cup C)} \\
&= \frac{P(ACB \cup ACC)}{P(AB) + P(C) - P(ABC)} \\
&= \frac{P(A)P(C)}{P(A)P(B) + P(C)} \\
&= \frac{P(C)/2}{1/4 + P(C)}.
\end{aligned}
$$

再由

$$
P(AC \mid AB \cup C) = \frac{P(C)/2}{1/4 + P(C)} = 1/4,
$$

解出 $P(C) = 1/4$.

试题 **2.4** 设 $0 < P(A), P(B) < 1$, 则 $P(A \mid B) > P(A \mid \overline{B})$ 的充分必要条件是 ( ).

A. $P(B \mid A) > P(B \mid \overline{A})$ B. $P(B \mid A) < P(B \mid \overline{A})$

C. $P(\overline{B} \mid A) > P(B \mid \overline{A})$ D. $P(\overline{B} \mid A) > P(B \mid \overline{A})$

答 A.

原条件 $P(A \mid B) > P(A \mid \overline{B})$ 等价于

$$
\frac{P(AB)}{P(B)} > \frac{P(A\overline{B})}{P(\overline{B})},
$$

等价于

$$
P(AB)(1 - P(B)) > (P(A) - P(AB))P(B),
$$

等价于 $P(AB) > P(A)P(B)$.

而选项 A 等价于

$$
\frac{P(AB)}{P(A)} > \frac{P(B\overline{A})}{P(\overline{A})},
$$

等价于

$$
P(AB)(1 - P(A)) > (P(B) - P(AB))P(A),
$$

也等价于 $P(AB) > P(A)P(B)$.

试题 **2.5** 设 A, B 独立, $C = \varnothing$, 则 A, B, C ( ).

A. 相互独立   B. 两两独立, 不相互独立

C. 不一定两两独立   D. 仅两两独立

答 A.

注 1 不可能事件 $\varnothing$ 或必然事件 Ω 与任何事件独立. 故答案选 A.

注 2 条件 $C = \varnothing$ 可以改为 $C = \Omega$.

试题解析二

第三章 　随机变量

基本内容

分布函数 　设 $F(x) = P(X \leqslant x)$ 是随机变量 X 的分布函数,
则

第三章复习要点

(1) F 是单调不减的右连续函数;

(2) $\lim\limits_{x \to \infty} F(x) = F(\infty) = 1$, $\lim\limits_{x \to -\infty} F(x) = F(-\infty) = 0$;

(3) F 在点 x 连续的充分必要条件是 $P(X = x) = 0$;

(4) 当 $F(x)$ 有不连续点时, X 不是连续型随机变量.

概率密度 　设 $F(x) = P(X \leqslant x)$ 是连续函数, 且在任何有限区间 (a, b) 中除去有限个点外有连续的导数, 则 X 的概率密度为

$$f(x) = \begin{cases} F'(x), & \text{当 } F'(x) \text{ 存在}, \\ 0, & \text{其他}. \end{cases}$$

求概率密度的方法

方法 1　如果开集 D 使得 $P(X \in D) = 1$, 非负函数 $g(x)$ 在 D 中连续, 使得

$$P(X = x) = g(x)\,\mathrm{d}x, \ x \in D,$$

则 X 有概率密度

$$f(x) = g(x), \ x \in D.$$

方法 2　先计算随机变量 Y 的分布函数 $G(x)$, 如果 $G(x)$ 连续, 则 Y 的概率密度为

$$g(x) = \begin{cases} G'(x), & \text{当 } G'(x) \text{ 存在}, \\ 0, & \text{其他}. \end{cases}$$

常用分布

(1) 伯努利分布 $\mathcal{B}(1, p)$: $P(X = 1) = p$, $P(X = 0) = q$, $p + q = 1$;

(2) 二项分布 $\mathcal{B}(n, p)$: $P(X = k) = \mathrm{C}_n^k p^k q^{n-k}$, $k = 0, 1, \cdots, n$;

(3) 泊松分布 $\mathcal{P}(\lambda)$: $P(X=k)=\dfrac{\lambda^k}{k!}\mathrm{e}^{-\lambda}$, $k=0,1,\cdots$;

(4) 超几何分布 $H(N,M,n)$: $P(X=m)=\dfrac{C_M^m C_{N-M}^{n-m}}{C_N^n}$, $m=0,1,\cdots,M$;

(5) 几何分布: $P(X=k)=q^{k-1}p$, $p+q=1$, $k=1,2,\cdots$;

(6) 均匀分布 $U(a,b)$: $f(x)=\begin{cases}\dfrac{1}{b-a}, & x\in(a,b),\\ 0, & x\notin(a,b);\end{cases}$

(7) 指数分布 $Exp(\lambda)$: $f(x)=\begin{cases}\lambda\mathrm{e}^{-\lambda x}, & x\geqslant 0,\\ 0, & x<0;\end{cases}$

(8) 正态分布 $N(\mu,\sigma^2)$: $f(x)=\dfrac{1}{\sqrt{2\pi\sigma^2}}\exp\left[-\dfrac{(x-\mu)^2}{2\sigma^2}\right]$, $x\in\mathbf{R}$.

习题三参考解答

3.1 某投资公司的三年期理财项目限定 200 个投资客户. 根据经验, 有 65% 的潜在客户愿意投资 300 万以上. 用 X 表示本次投资 300 万以上的客户数,

(a) X 取何值的概率最大?

(b) (a) 中事件发生的概率是多少?

解 用 X 表示投资 300 万以上的客户数, 则 $X\sim\mathcal{B}(200,0.65)$. 用 $[x]$ 表示 x 的整数部分.

(a) 按教材中例 3.2.1 的结论, $X=[(n+1)p]=[201\times 0.65]=130$ 发生的概率最大.

(b) $P(X=130)=C_{200}^{130}0.65^{130}0.35^{70}=5.91\%$.

3.2 在习题 3.1 中, 如果投资额只有 200 万和 300 万两个档次,

(a) 该投资公司募集到多少钱的概率最大?

(b) 如果投资 300 万的年利率是 9%, 投资 200 万的年利率是 8%, 第一年到期时, 投资公司支付多少利息的概率最大?

解 用 X 表示投资 300 万的客户数, 则 $Y=300X+200(200-X)$ 是募集到的资金数.

(a) 因为 $Y=100X+200^2$, 而且 $X=130$ 发生的概率最大, 所以
$$Y=100\times 130+200^2=53\,000\ (\text{万})$$
发生的概率最大.

(b) 由 (a) 知道, 支付
$$0.09\times 130\times 300+0.08\times 70\times 200=4\,630\ (\text{万})$$
利息的概率最大.

3.3 设某手机一天收到了 8 个微信, 每个微信是公事的概率为 0.2, 是私事的概率

是 0.8. 用 X 表示这天收到的公事微信数, 计算 X 的概率分布和 $P(X \geqslant 3)$.

解 用 X 表示该手机一天收到的公事微信数. 因为每个微信不是公事就是私事, 所以 $X \sim \mathcal{B}(8, 0.2)$. 并且,

$$P(X \geqslant 3) = 1 - P(X \leqslant 2)$$

$$= 1 - P(X = 0) - P(X = 1) - P(X = 2)$$

$$= 0.203\ 1.$$

3.4 甲、乙击中目标的概率分别是 0.6, 0.7, 各射击 3 次.

(a) 计算他们击中次数相同的概率;

(b) 计算甲击中的次数多的概率;

(c) 甲击中目标几次的概率最大;

(d) 甲、乙一共击中目标几次的概率最大.

解 用 X, Y 分别表示甲、乙击中目标的次数, 则 $X \sim \mathcal{B}(3, 0.6)$, $Y \sim \mathcal{B}(3, 0.7)$.

(a) 他们击中次数相同的概率为

$$P(X = Y) = \sum_{j=0}^{3} P(X = Y = j)$$

$$= \sum_{j=0}^{3} P(X = j)P(Y = j)$$

$$= \sum_{j=0}^{3} \mathrm{C}_3^j 0.6^j 0.4^{3-j} \mathrm{C}_3^j 0.7^j 0.3^{3-j}$$

$$= 0.320\ 8.$$

(b) 甲击中次数多的概率为

$$P(X > Y) = \sum_{j=1}^{3} P(X = j, Y < j)$$

$$= \sum_{j=1}^{3} \mathrm{C}_3^j 0.6^j 0.4^{3-j} P(Y < j)$$

$$= 0.243.$$

(c) 由 $X \sim \mathcal{B}(3, 0.6)$ 和教材中例 3.2.1 的结论知道甲击中目标

$$[(n+1)p] = [4 \times 0.6] = 2 \ (次)$$

的概率最大.

(d) 因为 $Y = [4 \times 0.7] = 2$ 发生的概率最大, 而 $X + Y$ 是甲、乙一共击中目标的次数, 所以猜测甲、乙一共击中目标 4=2+2 次的概率最大. 经计算:

$$P(X + Y = 4) = 0.336\ 0,$$

$$P(X + Y = 3) = 0.236\,4,$$

$$P(X + Y = 5) = 0.243\,4.$$

所以甲、乙一共击中目标 4 次的概率最大.

3.5 甲每天收到的电子邮件数服从泊松分布 $\mathcal{P}(\lambda)$, 且每封电子邮件被随机过滤掉的概率是 0.2.

(a) 当有 n 封电子邮件发给甲, 计算其中有 k 封被过滤掉的概率 h_k;

典型题解析3.5

(b) 计算每天被过滤掉的电子邮件数的分布;

(c) 已知甲看到了自己的 k 封电子邮件, 计算他有 m 封被过滤掉的概率;

(d) 甲每天看到的邮件数和被过滤掉的邮件数是否独立?

(e) 已知甲看到了自己的 k 封电子邮件, 他有多少封被过滤掉的概率最大?

解 用 X 表示甲看到的邮件数, 用 Y 表示被过滤的邮件数, 则 $Z = X + Y$ 是甲每天收到的电子邮件总数, 并且 $Y \sim \mathcal{P}(\lambda)$.

(a) 每收到一封电子邮件相当于作一次试验. 视被过滤掉为试验成功, 于是

$$h_k = P(Y = k | Z = n) = C_n^k 0.2^k 0.8^{n-k}, \quad 0 \leqslant k \leqslant n.$$

(b) 设 $p = 0.2, q = 0.8$. 因为 $\{Z = j\}, j = 0, 1, \cdots$ 是完备事件组, 所以用全概率公式得到

$$
\begin{aligned}
P(Y = k) &= \sum_{n=k}^{\infty} P(Z = n) P(Y = k | Z = n) \\
&= \sum_{n=k}^{\infty} \frac{\lambda^n}{n!} e^{-\lambda} C_n^k p^k q^{n-k} \\
&= \sum_{n=k}^{\infty} \frac{(\lambda q)^{n-k}}{k!(n-k)!} e^{-\lambda} (\lambda p)^k \\
&= \frac{(\lambda p)^k}{k!} e^{-\lambda} \sum_{j=0}^{\infty} \frac{(\lambda q)^j}{j!} \\
&= \frac{(\lambda p)^k}{k!} e^{-\lambda} e^{\lambda q} \\
&= \frac{(\lambda p)^k}{k!} e^{-\lambda p}, \quad k = 0, 1, \cdots.
\end{aligned}
$$

说明被过滤掉的邮件数 Y 服从泊松分布 $\mathcal{P}(0.2\lambda)$.

(c) 从 (b) 的推导知道甲看到的邮件数 X 服从泊松分布 $\mathcal{P}(0.8\lambda)$, 于是由条件概率公式得到

$$
\begin{aligned}
P(Y = m | X = k) &= \frac{P(Y = m, X = k)}{P(X = k)} \\
&= \frac{P(Y = m, X = k)}{P(Z = m + k)} \frac{P(Z = m + k)}{P(X = k)}
\end{aligned}
$$

$$= P(Y = m, X = k | Z = m + k) \frac{P(Z = m + k)}{P(X = k)}$$

$$= P(Y = m | Z = m + k) \frac{P(Z = m + k)}{P(X = k)}$$

$$= C_{m+k}^m 0.2^m 0.8^k \frac{\lambda^{m+k}}{(m+k)!} e^{-\lambda} \bigg/ \frac{(0.8\lambda)^k}{k!} e^{-0.8\lambda}$$

$$= \frac{(0.2\lambda)^m}{m!} e^{-0.2\lambda}.$$

(d) 从 (c) 的结论知道 $P(Y = m | X = k)$ 与 k 无关, 即

$$P(Y = m | X = k) = P(Y = m),$$

所以 $\{X = k\}$ 和 $\{Y = m\}$ 独立. 由此得到 X, Y 独立.

(e) 因为看到的邮件数与被过滤掉的邮件数独立, 且被过滤掉的邮件数 $Y \sim \mathcal{P}(0.2\lambda)$, 所以从教材中例 3.2.2 的结论知道被过滤掉 $[0.2\lambda]$ 封邮件的概率最大.

3.6 设车间有 100 台型号相同的机床相互独立地工作着, 每台机床在时间段 $(0, t]$ 内发生故障的概率是 0.01. 发生故障的机床只需要一人维修, 且一人在 $(0, t]$ 内也只能维修一台机床. 考虑两种配备维修工人的方法:

典型题解析3.6

(a) 五个工人每人分工负责 20 台机床;

(b) 三个工人同时负责这 100 台机床.

在以上两种情况下计算机床在 $(0, t]$ 内发生故障时不能及时维修的概率, 比较哪种方案的效率更高.

解 (a) 用 A_i 表示第 i 个人负责的机床不能及时维修, 假设他有 X_i 台机床发生故障, 则 $A_i = \{X_i \geqslant 2\}$, $X_i \sim \mathcal{B}(20, 0.01)$. A_i 相互独立.

$$P(A_i) = 1 - P(X_i \leqslant 1) = 1 - 0.99^{20} - 20 \times 0.01 \times 0.99^{19} = 0.016\ 9.$$

要计算的概率是

$$P\Big(\bigcup_{j=1}^5 A_j\Big) = 1 - [P(\overline{A_1})]^5 = 0.081\ 5.$$

(b) 设 100 台机床中有 Y 台在 $(0, t]$ 内发生故障, 则 $Y \sim \mathcal{B}(100, 0.01)$, 要计算的概率是

$$P(Y > 3) = 1 - \sum_{j=0}^3 C_{100}^j 0.01^j 0.99^{100-j} = 0.018\ 4.$$

所以, 方案 (b) 的工作效率明显高.

3.7 全班有 40 名学生, 本课程的期末成绩在 85 分之上的人数服从什么分布? 如果本学期全校有若干门相同的课程, 期末成绩在 85 分以上的总人数应当用什么分布描述?

解 每个人期末成绩是相互独立的. 设每个人的成绩在 85 分之上的概率为 p.

(a) 认为一个人成绩在 85 分之上是试验成功, 则成绩在 85 分之上的人数 $X \sim \mathcal{B}(40, p)$.

(b) 人数较大, 又不知道具体是多少, 所以用泊松分布描述更合适.

3.8 侦察卫星每 24 h 一次地通过 K21 地区, 具体时间未知. 如果在 K21 地区随机选取时间开始一次 6 h 的军事活动, 计算该活动不被监测的概率.

解 设卫星的通过时间为 $t_k = a + 24k$, $k = 0, 1, \cdots$, 用 T 表示军事活动的开始时间, 则 T 在某 $(t_k, t_k + 24]$ 内均匀分布. 当且仅当 $T \in (t_k, t_k + 18)$ 时活动不被监测. 不被监测的概率为

$$P(t_k < T < t_k + 18) = \frac{18}{24} = 0.75.$$

3.9 在习题 3.8 中, 若卫星通过 K21 地区的间隔时间服从指数分布 $Exp(1/24)$, 在条件 (a) 和 (b) 下, 分别计算上述军事活动不被监测的概率.

(a) 卫星刚通过就开始军事活动;

(b) 随机选取时间开始军事活动.

解 用 Y 表示卫星通过 K21 地区的间隔时间, 则 $Y \sim Exp(1/24)$.

(a) 不被监测的概率

$$P(Y > 6) = \int_6^\infty \frac{1}{24} e^{-x/24} \, dx = e^{-6 \times (1/24)} = e^{-1/4} = 0.778\,8;$$

(b) 从指数分布的无记忆性知道, 从开始活动到卫星到来这段时间的长度仍然服从参数为 $\lambda = 1/24$ 的指数分布. 所以要求的概率仍然是 $e^{-1/4} = 0.778\,8$.

3.10 求救者每间隔 2 min 发出一次瞬时呼叫, 随机到达的救援者在收到呼叫信号的范围内至少停留多长时间才能以 0.95 的概率收到呼叫.

典型题解析3.10

解 用 X 表示救援者的到达时间, 从题意知道 X 在 $(0, 2]$ 中均匀分布. 设需要停留 t min, 则 $t \leqslant 2$, 且使得

$$P(X + t > 2) = P(X > 2 - t) = 1 - \frac{2 - t}{2} \geqslant 0.95.$$

由此解出 $t \geqslant 1.9$.

3.11 一个使用了 t 小时的热敏电阻在 Δt 内失效的概率是 $\lambda \Delta t + o(\Delta t)$, 设该热敏电阻的使用寿命是连续型随机变量, 求该热敏电阻的寿命的分布.

典型题解析3.11

解 用 X 表示该热敏电阻的使用寿命, 要求的是 $F(x) = P(X \leqslant x)$. 由题意得到

$$\frac{P(t < X \leqslant t + \Delta t)}{P(X > t)} = P(t < X \leqslant t + \Delta t | X > t) = \lambda \Delta t + o(\Delta t),$$

即

$$\frac{F(t+\Delta t)-F(t)}{\overline{F}(t)}=\lambda\Delta t+o(\Delta t),\quad t\geqslant 0.$$

其中 $\overline{F}(x)=1-F(x)$ 被称为 X 的生存函数 (survival function). 完全类似地对 $t>0$, 当 $s=t-\Delta t>0$ 时, 有

$$\frac{F(t)-F(t-\Delta t)}{\overline{F}(t-\Delta t)}=P(t-\Delta t<X\leqslant t|X>t-\Delta t)$$

$$=P(s<X\leqslant s+\Delta t|X>s)$$

$$=\lambda\Delta t+o(\Delta t).$$

于是, 在上面两式的两边除以 Δt, 再令 $\Delta t\to 0$, 得到

$$\frac{F'(t)}{\overline{F}(t)}=\lambda,\ t\geqslant 0.$$

即有 $\mathrm{d}\ln\overline{F}(t)=-\lambda\,\mathrm{d}t$, 积分后得到 $\overline{F}(t)=ce^{-\lambda t}$, c 是常数. 再利用 $\overline{F}(0)=c=1$, 得到 $\overline{F}(t)=\mathrm{e}^{-\lambda t}$. 于是, $F(t)=1-\mathrm{e}^{-\lambda t}$, $t\geqslant 0$. 求导数后知道 $X\sim Exp(\lambda)$.

3.12 一台机床加工的部件长度服从正态分布 $N(8,36\times 10^{-8})$. 当部件的长度在 $[8-0.0015,8+0.0015]$ 内为合格品, 求一个部件是合格品的概率.

解 用 X 表示生产的一个部件的长度, 则 $X\sim N(8,36\times 10^{-8})$. 事件

$$\{8-0.0015\leqslant X\leqslant 8+0.0015\}$$

表示这个部件是合格品. 利用教材中 (3.3.10) 式得到

$$P(8-0.0015\leqslant X\leqslant 8+0.0015)$$

$$=\Phi\left(\frac{0.0015}{6\times 10^{-4}}\right)-\Phi\left(\frac{-0.0015}{6\times 10^{-4}}\right)$$

$$=\Phi(2.5)-\Phi(-2.5)$$

$$=2\Phi(2.5)-1$$

$$=2\times 0.9938-1$$

$$=0.9876.$$

3.13 设 $X\sim\mathcal{P}(\lambda)$, 计算 $Y=\sqrt{X}$ 的概率分布.

解 因为 Y 的取值为 $\sqrt{k}$, $k=0,1,2\cdots$, 所以 Y 的概率分布为

$$P(Y=\sqrt{k})=P(X=k)=\lambda^k\mathrm{e}^{-\lambda}/k!,\ k=0,1,2\cdots.$$

3.14 设电流 I 在 $8\sim 9\,\mathrm{A}$ 服从均匀分布. 当电流通过 $2\,\Omega$ 的电阻时, 消耗的功率 (单位: W) 是 $W=2I^2$, 求 W 的概率密度.

解 W 在 $(2\times 8^2,2\times 9^2)=(128,162)$ 中取值. 电流 I 的概率密度是 $f_I(x)=1$, $x\in(8,9)$. 对 $w\in(128,162)$,

$$P(W=w)=P(2I^2=w)=P(I=\sqrt{w/2})=\mathrm{d}\sqrt{w/2}=(1/\sqrt{8w})\mathrm{d}w.$$

所以从教材中定理 3.4.1 得到 W 的概率密度 $f(w) = 1/\sqrt{8w}, \ w \in (128, 162)$.

3.15 设 $X \sim Exp(\lambda), Y = aX + b, a > 0$, 求 Y 的概率密度.

解 因为 $P(Y > b) = 1$, X 有概率密度 $f_X(x) = \lambda e^{-\lambda x} \ (x > 0)$, 所以对 $y > b$, 有

$$P(Y = y) = P\Big(X = \frac{y-b}{a}\Big)$$

$$= f_X\Big(\frac{y-b}{a}\Big)\mathrm{d}\Big(\frac{y-b}{a}\Big)$$

$$= \frac{1}{a}f_X\Big(\frac{y-b}{a}\Big)\mathrm{d}y.$$

用教材中定理 3.4.1 得到

$$f_Y(y) = \frac{\lambda}{a}\exp\Big(-\lambda\frac{y-b}{a}\Big), \ y > b.$$

3.16 设 X 有概率密度

$$f(x) = \frac{c}{\pi(1+x^2)}, \ x \geqslant 0.$$

确定常数 c, 并求 $Y = \ln X$ 的概率密度.

解 由 $\displaystyle\int_0^\infty f(x)\mathrm{d}x = \int_0^\infty \frac{c}{\pi(1+x^2)}\mathrm{d}x = \frac{c}{\pi}\arctan x\Big|_0^\infty = \frac{c}{2} = 1$ 得 $c = 2$. 由

$$P(Y = y) = P(\ln X = Y)$$

$$= P(X = e^y) = f(e^y)\,\mathrm{d}e^y$$

$$= \frac{2e^y}{\pi(1+e^{2y})}\mathrm{d}y$$

得到 Y 的概率密度 $g(y) = 2e^y/[\pi(1+e^{2y})], \ y \in (-\infty, \infty)$.

3.17 车间 A 和车间 B 组装相同的产品. 从这两个车间随机选出的 n 件产品中有 m 件来自车间 A. 如果车间 A 的主任知道本车间一共组装了 M 件, 他应当猜测车间 B 组装了多少件?

解 设车间 B 组装了 N 件, 则从这两个车间随机选出的 n 件产品中有 m 件来自车间 A 的比例 m/n 应当接近比例 $M/(M+N)$, 由此解出

$$N \approx \frac{Mn}{m} - M.$$

应当猜测车间 B 大约组装了 $(Mn/m - M)$ 件.

3.18 设 X 服从二项分布 $\mathcal{B}(n, p)$.

(a) 已知 $n = 19, p = 0.7$, 求 $p_k = P(X = k)$ 的最大值点 k;

(b) 已知 $n = 19, X = 9$, 求使得 $P(X = 9)$ 达到最大的 p.

解 (a) 按照教材中例 3.2.1, 最大值点为 $k = [(n+1)p] = 14$. 其中 $[x]$ 是 x 的整数部分.

注: 因为当 $(n+1)p$ 是整数时, $k = (n+1)p$ 或 $(n+1)p-1$ 都是最大值点, 所以 $k = 13$ 也是正确答案.

(b) 设 $g(p) = P(X = 9) = C_n^9 p^9 (1-p)^{n-9}$, $g(p)$ 是 p 的可微函数, 由

$$g'(p) = C_n^9 [9p^8(1-p)^{n-9} - (n-9)p^9(1-p)^{n-9-1}]$$
$$= C_n^9 p^8 (1-p)^{n-9-1}[9(1-p) - (n-9)p]$$
$$= C_n^9 p^8 (1-p)^{n-9-1}(9 - np)$$
$$= 0,$$

得到 $g(p)$ 的最大值点 $p = 9/19$. ($p = 0$, $p = 1$ 不合题意.)

3.19 全班有 95 个学生, 每个学生上课迟到的概率为 p. 假设每个学生是否迟到是相互独立的.

(a) 当 $p = 0.05$ 时, 有多少个学生迟到的概率最大?

(b) 如果有 7 个学生迟到, 你认为 p 是多少?

解 设 $n = 95$. 用 X 表示上课迟到的人数, 则 $X \sim \mathcal{B}(n, 0.05)$.

(a) 按照教材中例 3.2.1, $p_k = P(X = k)$ 的最大值点为 $k = [(95+1) \times 0.05] = 4$, 其中 $[x]$ 是 x 的整数部分. 所以有 4 个学生迟到的概率最大.

(b) 设 $g(p) = P(X = 7) = C_n^7 p^7 (1-p)^{n-7}$, 则 $g(p)$ 是有 7 个学生迟到的概率. 之所以有 7 个学生迟到, 就是因为 7 个学生迟到的概率最大. 于是要求 p 使得 $g(p)$ 达到最大值. $g(p)$ 是 p 的可微函数, 由

$$g'(p) = C_n^7 [7p^6(1-p)^{n-7} - (n-7)p^7(1-p)^{n-7-1}]$$
$$= C_n^7 p^6 (1-p)^{n-7-1}[7(1-p) - (n-7)p]$$
$$= C_n^7 p^6 (1-p)^{n-7-1}(7 - np)$$
$$= 0,$$

得到 $g(p)$ 的最大值点 $p = 7/95$. ($p = 0$, $p = 1$ 不合题意.)

3.20 设 X 服从参数是 λ 的泊松分布.

(a) 已知 $\lambda = 23.8$, 求 $p_k = P(X = k)$ 的最大值点 k;

(b) 已知 $X = 21$, 求使得 $P(X = 21)$ 达到最大的 λ.

解 用 $[x]$ 表示 x 的整数部分.

(a) 按照教材中例 3.2.2 的结论, $p_k = P(X = k)$ 的最大值点为 $k = [23.8] = 23$.

(b) 设 $g(\lambda) = P(X = 21) = \dfrac{\lambda^{21}}{21!} e^{-\lambda}$, 由

$$g'(\lambda) = \frac{21\lambda^{20}}{21!} e^{-\lambda} - \frac{\lambda^{21}}{21!} e^{-\lambda}$$
$$= \frac{\lambda^{20}}{21!} e^{-\lambda}(21 - \lambda)$$

$$= 0,$$

得到 $g(\lambda)$ 的最大值点 $\lambda = 21$.

3.21 假设你每天收到的微信数服从参数是 λ 的泊松分布.

(a) 已知 $\lambda = 8.9$, 你今天收到多少个微信的概率最大?

(b) 如果你今天收到了 12 个微信, 你认为 λ 应当是多少?

解 (a) 按照教材中例 3.2.2 的结论, 收到 $k = [8.9] = 8$ 个微信的概率最大.

(b) 收到了 12 个微信的概率为 $g(\lambda) = P(X = 12) = \dfrac{\lambda^{12}}{12!}\mathrm{e}^{-\lambda}$. 之所以收到 12 个微信, 就是因为收到 12 个微信的概率最大. 于是要求 λ 使得 $g(\lambda)$ 达到最大值. 由

$$\begin{aligned} g'(\lambda) &= \frac{12\lambda^{11}}{12!}\mathrm{e}^{-\lambda} - \frac{\lambda^{12}}{12!}\mathrm{e}^{-\lambda} \\ &= \frac{\lambda^{11}}{12!}\mathrm{e}^{-\lambda}(12 - \lambda) \\ &= 0, \end{aligned}$$

得到 $g(\lambda)$ 的最大值点 $\lambda = 12$.

3.22 假设飞机晚点的概率为 0.15, 程老师经常乘飞机去开会.

(a) 计算他第 3 次乘飞机才遇到晚点的概率;

(b) 计算他前 3 次乘飞机都遇到晚点的概率;

(c) 计算他前 3 次乘飞机都未遇到晚点的概率;

(d) 程老师明年参加会议的次数可以用什么分布描述?

解 用 X 表示程老师第一次遇到晚点时的乘机次数, 则 X 服从几何分布. $p = 0.15$, 设 $q = 1 - p = 0.85$.

(a) $P(X = 3) = q^2 p = 0.108\,4$.

(b) 用 A_i 表示程老师第 i 次乘的飞机晚点, 则 A_1, A_2, A_3 相互独立, 前 3 次乘飞机都遇到晚点的概率为

$$P = P(A_1 A_2 A_3) = P(A_1)P(A_2)P(A_3) = p^3 = 0.003\,4.$$

(c) 用 B_i 表示程老师第 i 次乘的飞机未晚点, 则 B_1, B_2, B_3 相互独立, 前 3 次乘飞机都未遇到晚点的概率为

$$P(X > 3) = P(B_1 B_2 B_3) = P(B_1)P(B_2)P(B_3) = q^3 = 0.614\,1.$$

(d) 程老师每次都可以参加或不参加会议, 如果会议的次数为 n, 则参加会议的次数服从二项分布. 现在会议的次数 n 未知, 而程老师经常乘飞机去开会说明 n 较大, 所以用泊松分布是合适的.

3.23 将一个骰子投掷 n 次, 用 m 表示掷得的最小点数, 用 M 表示掷得的最大点数, 计算

(a) $P(m = k), 1 \leqslant k \leqslant 6$;

(b) $P(M = k), 1 \leqslant k \leqslant 6$.

典型题解析3.23

解 (a) 对 $1 \leqslant k \leqslant 6$,

$$P(m = k) = P(m \geqslant k) - P(m \geqslant k+1)$$
$$= \frac{1}{6^n}[(6-k+1)^n - (6-k)^n].$$

(b) 对 $1 \leqslant k \leqslant 6$,

$$P(M = k) = P(M \leqslant k) - P(M \leqslant k-1)$$
$$= \frac{1}{6^n}[k^n - (k-1)^n].$$

3.24 设点随机地落在中心在原点、半径为 R 的圆周上. 求落点横坐标的概率密度.

解 落点横坐标 $X = R\cos\theta, \theta \sim U(0, 2\pi)$. 当 $x \in [0, \pi)$ 时, $\cos x$ 有反函数 $\arccos x$. 对 $x \in (-R, R)$,

典型题解析3.24

$$F(x) = P(X \leqslant x) = P(R\cos\theta \leqslant x)$$
$$= P(\cos\theta \leqslant x/R)$$
$$= P(\arccos(x/R) \leqslant \theta \leqslant 2\pi - \arccos(x/R))$$
$$= 2[\pi - \arccos(x/R)]/2\pi.$$

$F(x)$ 对 $x \in (-R, R)$ 可导, 用

$$\frac{\mathrm{d}\arccos x}{\mathrm{d}x} = \frac{-1}{\sqrt{1-x^2}}$$

得到 X 的概率密度

$$f(x) = F'(x) = \frac{1}{\pi R\sqrt{1-(x/R)^2}} = \frac{1}{\pi\sqrt{R^2-x^2}}, \quad x \in (-R, R).$$

另解 落点横坐标 $X = R\cos\theta, \theta \sim U(0, 2\pi)$. 当 $x \in [0, \pi)$ 时, $\cos x$ 有反函数 $\arccos x$, 并且 $P(-R < X < R) = 1$. 对于 $x \in (-R, R)$, 有

$$P(X = x) = P(\cos\theta = x/R)$$
$$= P(\cos\theta = x/R, \theta \in (0, \pi]) + P(\cos\theta = x/R, \theta \in (\pi, 2\pi))$$
$$= P(\theta = \arccos(x/R)) + P(\cos(2\pi - \theta) = x/R, \theta \in (\pi, 2\pi))$$
$$= P(\theta = \arccos(x/R)) + P(\theta = 2\pi - \arccos(x/R))$$
$$= \frac{1}{2\pi}|\mathrm{d}\arccos(x/R)| + \frac{1}{2\pi}|\mathrm{d}[2\pi - \arccos(x/R)]|$$

$$= \frac{1}{\pi\sqrt{R^2 - x^2}}\, dx.$$

由教材中定理 3.4.1 知道 X 有概率密度

$$f_X(x) = \frac{1}{\pi\sqrt{R^2 - x^2}}, \quad |x| < R.$$

3.25 你认为以下随机变量应当用什么概率分布描述?

(a) 飞机上有 N 位乘客. 飞机遇到颠簸时, 未系安全带的乘客数; 飞机突然遇到强烈颠簸时, 已知仅有 M 个人因没来得及系安全带而受伤, 该飞机上的任意 n 位乘客中的受伤人数.

(b) 林荫大道的两边是排列整齐的高大树木. 五千米内的路边树上的鸟巢数; 路边相邻两棵树之间的距离.

(c) 铸铁件的粘砂数; 针织品面料的疵点数; 郊野公园的鸟巢数; 住宅小区中的蚁穴数; 社区医院一天内的就诊人数.

(d) 城市交通行驶缓慢时, 两辆汽车之间的距离; 高速路的车流量很低时, 两辆汽车之间的距离, 第 1 辆和第 5 辆车之间的距离.

(e) 路边打车时, 你等待上车的时间; 如果你成功地乘上了从你面前路过的第 N 辆出租车, N 的分布.

(f) 从今天开始的一年内亚洲地区发生的地震数; 对一次地震烈度的测量误差; 不限定时间时两次不同地点地震的间隔时间.

解 (a) 因为 N 个人中的每个人都可能系或不系安全带, 相互独立, 所以未系安全带的乘客数服从二项分布. 已知仅有 M 个人因没来得及系安全带而受伤, 等价于 N 个人中有 M 个受伤. 从这 N 中个人中任选 n 个, 其中受伤的人数服从超几何分布.

(b) 每只鸟都可能来这五千米内的树上筑巢或不来筑巢, 如果已知鸟巢的总数则用二项分布描述, 现在未知鸟巢的总数, 应当用泊松分布描述. 因为路边两棵树之间的距离是等间隔种植的, 随机误差导致差异, 所以应当用正态分布描述随机误差.

(c) 都用泊松分布描述. 参考教材 42 页有关泊松分布的解释.

(d) 城市交通行驶缓慢时, 距离的差异由随机误差造成, 所以可用正态分布描述. 因为车流量很低时, 各车之间的距离互不干扰, 而固定时间内通过的车辆数服从泊松分布, 所以等待下一辆的时间服从指数分布, 两车之间的距离也可用指数分布描述. 按照教材中例 3.3.4 的结论, 相互独立同分布且服从指数分布的随机变量之和服从伽马分布.

(e) 因为固定时间内路过的空闲出租车数服从泊松分布, 所以你等到第一辆空闲出租车的时间是指数分布 (参考教材中例 3.3.2). 因为每辆出租车可以已有乘客, 也可以是空车, 所以 N 服从几何分布.

(f) 从泊松分布的特性知道从今天开始的一年内亚洲地区发生的地震数服从泊松分布. 对一次地震烈度的测量误差服从正态分布. 两次不同地点地震的间隔时间服从指数

分布 (参考教材中例 3.3.2).

■ 考研复习

基本内容 离散型随机变量及其概率分布, 分布函数及其性质, 分布函数和概率密度的关系, 随机变量函数的分布, 微分法.

离散分布 伯努利分布 (0—1 分布), 二项分布, 泊松分布及其性质, 用泊松分布近似二项分布 ($np = \lambda$), 几何分布, 超几何分布, 二项分布与超几何分布的关系.

连续分布 均匀分布, 指数分布及其性质, 正态分布.

常用性质 设 X 是随机变量.

(1) $X \sim Exp(\lambda)$ 的充分必要条件是 $P(X > x) = \mathrm{e}^{-\lambda x}$ 或 $F(x) = 1 - \mathrm{e}^{-\lambda x}$;

(2) $\Phi(x) + \Phi(-x) = 1$;

(3) $X \sim f(x)$ 的充分必要条件是 $P(X = x) = f(x)\,\mathrm{d}x, \forall x$;

(4) 若 $X \sim f(x)$, 则 $P(X = h(x)) = f(h(x))\,|\mathrm{d}h(x)| = f(h(x))|h'(x)|\,\mathrm{d}x$;

(5) $F(x)$ 在 x 连续的充分必要条件是 $P(X = x) = 0$;

(6) $\forall x, P(X = x) = 0$ 当且仅当 $X \sim f(x) = F'(x)$, 其中 $F'(x)$ 不存在时定义 $f(x) = 0$.

■ 试题参考解答

试题 3.1 设 $X \sim N(\mu, \sigma^2)$, 则随 σ 增大, 概率 $P(|X - \mu| \leqslant \sigma)$ (   ).

A. 单调增大   B. 单调减少   C. 保持不变   D. 非单调变化

答 C.

因为

$$Z = \frac{X - \mu}{\sigma} \sim N(0, 1)$$

是 X 的标准化, 所以

$$P(|X - \mu| \leqslant \sigma) = P(|X - \mu|/\sigma \leqslant 1) = P(|Z| \leqslant 1).$$

试题 3.2 设 X, Y 独立, $X \sim N(\mu, \sigma^2)$, $Y \sim \mathcal{B}(1, 1/2)$, $Z = XY$. 则 Z 的分布函数 F_Z 的间断点个数为 (   ).

A. 0   B. 1   C. 2   D. 3

答 B.

因为 $P(Y = 0) = P(Y = 1) = 1/2$, 对任何 x, $P(X = x) = 0$, 所以对任何 $x \neq 0$,

$$P(Z = x) = P(XY = x, Y = 1) + P(XY = x, Y = 0)$$

$$= P(X = x, Y = 1) + P(0 = x, Y = 0) = 0.$$

所以 F_Z 在 $x(\neq 0)$ 处连续.

对 $x = 0$,

$$P(Z = x) = P(XY = 0, Y = 1) + P(XY = 0, Y = 0)$$

$$= P(X = 0, Y = 1) + P(0 = 0, Y = 0)$$

$$= 0 + P(Y = 0) = 1/2.$$

所以 F_Z 在 $x = 0$ 处有跳跃.

注 可以看出, 只要 Y 使得 $P(Y = 0) = 0$, 则 F_Z 是连续函数.

试题 3.3 设 $X \sim \mathcal{B}(2, p)$, $Y \sim \mathcal{B}(3, p)$, 如果 $P(X \geqslant 1) = 5/9$, 求 $P(Y \geqslant 1)$.

解 由

$$P(X \geqslant 1) = 1 - P(X = 0) = 1 - (1 - p)^2 = 5/9$$

得到

$$1 - p = (1 - 5/9)^{1/2} = (4/9)^{1/2} = 2/3.$$

于是

$$P(Y \geqslant 1) = 1 - P(Y = 0)$$

$$= 1 - (1 - p)^3$$

$$= 19/27.$$

试题 3.4 设随机变量 $|X| \leqslant 1$, $P(X = -1) = 1/8$, $P(X = 1) = 1/4$. 已知 $X \in (-1, 1)$ 的条件下, X 在 $(-1, 1)$ 中均匀分布, 计算

(1) X 的分布函数 $F(x)$;   (2) $X < 0$ 的概率 p.

解 (1) 因为 $X \,|\, \{|X| < 1\}$ 在 $(-1, 1)$ 中均匀分布, 所以对 $x \in (-1, 1)$, 用条件概率公式得到

$$F(x) = P(X \leqslant x) = P(X = -1) + P(X \in (-1, x])$$

$$= \frac{1}{8} + P(|X| < 1)P(X \in (-1, x] \,\big|\, |X| < 1)$$

$$= \frac{1}{8} + \left(1 - \frac{1}{8} - \frac{1}{4}\right)\frac{x + 1}{2}$$

$$= \frac{1}{8} + \frac{5}{16}(x + 1).$$

于是得到

$$F(x) = \begin{cases} 0, & x < -1; \\ \dfrac{1}{8} + \dfrac{5}{16}(x + 1), & x \in [-1, 1); \\ 1, & x \geqslant 1. \end{cases}$$

(2) $P(X < 0) = F(0) = 1/8 + 5/16 = 7/16.$

试题 3.5 设随机变量 X 的概率密度 $f(x)$ 满足 $f(1+x) = f(1-x)$, 且 $\int_0^2 f(x)\mathrm{d}x = 0.6$, 则 $P(X < 0) = ($).

A. 0.2   B. 0.3   C. 0.4   D. 0.5

答 A.

因为 $f(1+x) = f(1-x)$, 所以 $f(x)$ 关于 1 对称. 于是 $P(X < 0) = P(X > 2)$. 又因为

$$2P(X < 0) = P(X < 0) + P(X > 2)$$
$$= 1 - P(0 < X < 2)$$
$$= 1 - \int_0^2 f(x)\mathrm{d}x$$
$$= 1 - 0.6 = 0.4,$$

故 $P(X < 0) = 0.2.$

另解 用画图的方法: 从图 3–1 看出 $P(X < 0) = 0.2.$

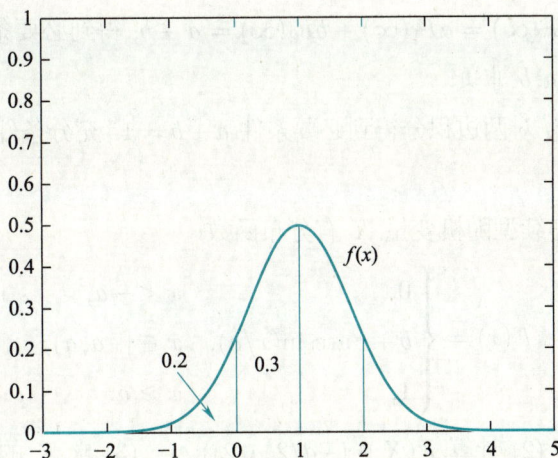

图 3–1

试题 3.6 公交车随机通过 n 个交叉路口. 这 n 个路口的交通信号灯独立工作, 若每次红灯时长 40 秒, 非红灯时长 20 秒. 用 X 表示该公交车首次遇到红灯时已通过的路口数, 求 X 的概率分布.

解 遇到红灯的概率 $p = 40/(40+20) = 2/3$. 设 $q = 1/3$, 对 $k = 0, 1, \cdots, n-1$, 有

$$P(X = k) = P\,(\text{在第 } k+1 \text{ 个路口首遇红灯}) = q^k p,$$

$$P(X = n) = P\,(\text{未遇红灯}) = q^n.$$

注 这时 $\sum_{j=0}^{n-1} q^k p + q^n = 1$. 该分布也被称为有限几何分布.

试题 3.7 甲击中目标的概率是 p. 在独立重复射击时, 用 X 表示他第二次击中目

标时的射击次数.

(1) 计算甲在 2 次击中目标前恰有 3 次射击失败的概率;

(2) 如果 $P(X = 4) = 3/16$, 求 p.

解 (1) 因为甲共射击 5 次, 第 5 次击中, 前 4 次中有 3 次击中, 所以

$$P(X = 5) = C_4^3 (1 - p)^3 p^2.$$

(2) 由 $P(X = 4) = p C_3^1 p (1 - p)^2 = 3/16$, 得到 $p = 0.5$.

试题 3.8 甲击中目标的概率是 p. 在独立重复射击时, 用 X 表示他第 k 次击中目标时的射击次数, 求 X 的概率分布.

解 因为 $X = n$ 表示第 n 次射击时击中目标, 而前 $n - 1$ 次射击中有 $k - 1$ 次击中目标, 所以得到

$$P(X = n) = p C_{n-1}^{k-1} p^{k-1} (1 - p)^{n-k} = C_{n-1}^{k-1} p^k (1 - p)^{n-k}.$$

试题 3.9 (1) 如果 F, F_1, F_2 都是概率分布函数, 且 $F = aF_1 + bF_2$, 则 a, b 满足什么条件?

(2) 如果 f, f_1, f_2 都是概率密度, 且 $f = af_1 + bf_2$, 则 a, b 满足什么条件?

解 (1) 由 $1 = F(\infty) = aF_1(\infty) + bF_2(\infty) = a + b$, 得到必要条件 $a + b = 1$. 充分条件是 $a + b = 1$ 和 a, b 非负.

(2) $f = af_1 + bf_2$ 对两边积分得到必要条件 $a + b = 1$. 充分条件是 $a + b = 1$ 和 a, b 非负.

试题 3.10 设连续型随机变量 X 有分布函数

$$F(x) = \begin{cases} 0, & x < -a, \\ b + c \arcsin(x/a), & x \in [-a, a), \\ 1, & x \geqslant a. \end{cases}$$

(1) 计算 b, c; (2) 计算 $P(X \in (-a/2, a/2))$; (3) 求 X 的概率密度.

解 因为 X 是连续型的, 所以 F 是连续函数.

(1) 由

$$F(-a) = b + c \arcsin(-1) = b - c\pi/2 = 0,$$

$$F(a) = b + c \arcsin(1) = b + c\pi/2 = 1$$

解出 $b = 1/2, c = 1/\pi$.

(2) 由概率密度的定义得到

$$P(X \in (-a/2, a/2)) = F(a/2) - F(-a/2)$$

$$= c \arcsin(1/2) - c \arcsin(-1/2)$$

$$= \frac{1}{\pi} \left(\frac{\pi}{6} + \frac{\pi}{6} \right) = \frac{1}{3}.$$

(3) $f(x) = F'(x) = \dfrac{1}{\pi a \sqrt{1 - x^2/a^2}} = \dfrac{1}{\pi \sqrt{a^2 - x^2}}, \quad x \in (-a, a).$

试题 3.11 以年为单位, 某地区在长度为 t 的时间内发生地震的次数服从泊松分布 $\mathcal{P}(\lambda t)$. 用 T 表示两次地震之间的间隔, 求

(1) T 的概率分布;

(2) 该地区两年内至少发生 2 次地震的概率;

(3) 该地区未来 5 年内无地震发生的概率;

(4) 该地区最近 3 年无地震的条件下, 未来 5 年无地震的概率.

解 用 X_t 表示长度为 t 的时间内发生地震的次数, 则

$$P(X_t = k) = \frac{(\lambda t)^k}{k!} e^{-\lambda}, \ k = 0, 1, 2, \cdots.$$

(1) 对于 $t > 0$, 因为 $\{T > t\}$ 和 $\{X_t = 0\}$ 都表示 $[0, t]$ 内没有地震发生, 所以

$$F(t) = P(T \leqslant t) = 1 - P(T > t) = 1 - P(X_t = 0) = 1 - e^{-\lambda t}$$

是 $t > 0$ 的连续函数, 且 $F(0) = 0$, 所以求导数得到 T 的密度函数 $f(t) = \lambda e^{-\lambda t}, \ t \geqslant 0.$ 说明 $T \sim Exp(\lambda)$.

(2) 因为两年内发生地震的次数 $X_2 \sim \mathcal{P}(2\lambda)$, 所以该地区两年内至少发生 2 次地震的概率为

$$\begin{aligned} P(X_2 \geqslant 2) &= 1 - P(X_2 < 2) \\ &= 1 - [P(X_2 = 0) + P(X_2 = 1)] \\ &= 1 - (1 + 2\lambda) e^{-2\lambda}. \end{aligned}$$

(3) 因为 5 年内发生地震的次数 $X_5 \sim \mathcal{P}(5\lambda)$, 所以该地区未来 5 年内无地震发生的概率为

$$P(X_5 = 0) = e^{-5\lambda}.$$

(4) $T > k$ 表示最近 k 年无地震. 因为指数分布有无记忆性, 所以该地区最近 3 年无地震的条件下, 未来 5 年无地震的概率为

$$P(T > 3 + 5 \mid T > 3) = P(T > 5) = P(X_5 = 0) = e^{-5\lambda}.$$

试题 3.12 设 X 有概率分布 $P(X = k) = c/5^k, \ k = 1, 2, \cdots$.

(1) 求 c; (2) 求 $Y = \sin(\pi X/2)$ 的概率分布.

解 因为

$$\sum_{k=1}^{\infty} \frac{c}{5^k} = \frac{c}{5} \sum_{j=1}^{\infty} \frac{1}{5^{k-1}} = \frac{c}{5(1 - 1/5)} = \frac{c}{4} = 1.$$

所以 $c = 4$.

(2) 因为 X 取正整数值, 所以 $Y = \sin(\pi X/2)$ 只能取值 $0, \pm 1$.

当 $X = 4j - 1$ 时, $Y = \sin[\pi(4j-1)/2] = \sin(-\pi/2) = -1$;

当 $X = 2j$ 时, $Y = \sin(\pi 2j/2) = 0$;

当 $X = 4j + 1$ 时, $Y = \sin(\pi(4j+1)/2) = 1$.

因为 $4j - 1, 4j + 1$ 能取遍所有的奇数, 所以

$$P(Y = 1) = \sum_{j=0}^{\infty} P(X = 4j + 1)$$

$$= \sum_{j=0}^{\infty} \frac{c}{5^{4j+1}} = \frac{4}{5(1 - 5^{-4})} = \frac{125}{156}.$$

$$P(Y = 0) = \sum_{j=1}^{\infty} P(X = 2j)$$

$$= \sum_{j=1}^{\infty} \frac{c}{5^{2j}} = \frac{4}{5^2(1 - 5^{-2})} = \frac{1}{6}.$$

$$P(Y = -1) = 1 - 125/156 - 1/6 = 5/156.$$

试题 3.13 设 $a > 0$, X 在 $[a,b]$ 中均匀分布, $P(a < X < 3) = 1/4$, $P(X > 4) = 1/2$, 计算 $P(-1 < X < 5)$.

解 因为 $P(X > 4) = 1/2$, 所以 $(a + b)/2 = 4$ 是 $[a,b]$ 的中点. 再由

$$P(a < X < 3) = (3 - a)/(b - a) = 1/4$$

得到 $a = 2, b = 6$. 最后得到

$$P(-1 < X < 5) = P(2 < X < 5) = \frac{5 - 2}{6 - 2} = \frac{3}{4}.$$

另解 由

$$P(a < X < 3) = \frac{3 - a}{b - a} = 1/4, \ P(X > 4) = \frac{b - 4}{b - a} = \frac{1}{2}$$

解出 $a = 2, b = 6$. 最后得到

$$P(-1 < X < 5) = P(2 < X < 5) = \frac{5 - 2}{6 - 2} = \frac{3}{4}.$$

试题 3.14 设 $F(x) = P(X \leqslant x)$ 有概率密度 $f(x) = af_1(x) + bf_2(x)$, 其中 $f_1(x)$ 是 $N(0,\sigma^2)$ 的密度, $f_2(x)$ 是指数分布 $Exp(\lambda)$ 的密度. 当 $F(0) = 1/4$, 计算 a, b.

解 因为 $f_1(x)$ 是 $N(0,\sigma^2)$ 的密度, 所以 $\int_{-\infty}^{0} f_1(x)\mathrm{d}x = 1/2$. 因为 $f_2(x)$ 是指数分布 $Exp(\lambda)$ 的密度, 所以 $\int_{-\infty}^{0} f_2(x)\mathrm{d}x = 0$. 于是由

$$1/4 = F(0) = \int_{-\infty}^{0} \big(af_1(x) + bf_2(x)\big)\mathrm{d}x$$

$$= \int_{-\infty}^{0} af_1(x)\mathrm{d}x = \frac{a}{2}$$

得到 $a = 1/2$. 因为 $a + b = 1$, 所以 $b = 1/2$.

试题 3.15　如果 $X \sim N(\mu, \sigma^2)$, $P(X < \sigma) > P(X > \sigma)$, 证明 $\mu < \sigma$.

解　因为 $P(X < \sigma) + P(X > \sigma) = P(X \neq \sigma) = 1$, 所以 $P(X < \sigma) > 1/2$, 利用 $P(X < \mu) = 1/2$, 得到 $\sigma > \mu$.

试题 3.16　X 有概率密度 $f(x) = \dfrac{1}{\pi(1 + x^2)}$, $x \in (-\infty, \infty)$, 求 $Y = \arctan X$ 的概率密度.

解　Y 在 $(-\pi/2, \pi/2)$ 中取值, 对 $y \in (-\pi/2, \pi/2)$, 用 $(\tan y)' = 1/\cos^2 y$ 得到

$$
\begin{aligned}
P(Y = y) &= P(\arctan X = y) \\
&= P(X = \tan y) \\
&= f(\tan y)\mathrm{d}(\tan y) \\
&= \frac{1}{\pi(1 + \tan^2 y)}\frac{1}{\cos^2 y}\mathrm{d}y \\
&= \frac{1}{\pi}\mathrm{d}y.
\end{aligned}
$$

所以 Y 有概率密度

$$
g(y) = 1/\pi, \quad y \in (-\pi/2, \pi/2).
$$

试题 3.17　$X \sim f(x) = 2x/\pi^2$, $x \in (0, \pi)$, 计算 $Y = \sin X$ 的概率密度.

解　因为 X 在 $(0, \pi)$ 中取值, 所以 $P(Y \in (0, 1)) = 1$. 对于 $y \in (0, 1)$, 由

$$
\arcsin y \in (0, \pi/2), \quad (\arcsin y)' = 1/\sqrt{1 - y^2}
$$

得到

$$
\begin{aligned}
P(Y = y) &= P(\sin X = y) \\
&= P(\sin X = y, X \in (0, \pi/2)) + P(\sin(\pi - X) = y, X \in [\pi/2, \pi)) \\
&= P(X = \arcsin y, X \in (0, \pi/2)) + P(\pi - X = \arcsin y, \pi - X \in (0, \pi/2)) \\
&= P(X = \arcsin y) + P(\pi - X = \arcsin y) \\
&= P(X = \arcsin y) + P(X = \pi - \arcsin y) \\
&= f(\arcsin y)\,\mathrm{d}(\arcsin y) + f(\pi - \arcsin y)\,\mathrm{d}(\arcsin y) \\
&= \frac{2\arcsin y}{\pi^2\sqrt{1 - y^2}}\,\mathrm{d}y + \frac{2(\pi - \arcsin y)}{\pi^2\sqrt{1 - y^2}}\,\mathrm{d}y \\
&= \frac{2}{\pi\sqrt{1 - y^2}}\mathrm{d}y.
\end{aligned}
$$

于是得到 Y 的概率密度

$$
g(y) = \frac{2}{\pi\sqrt{1 - y^2}}, \quad y \in (0, 1).
$$

试题 3.18　如果连续型随机变量 X 的分布函数在区间 (a, b) 上严格单调, 且 $P(a < X < b) = 1$, 则 $Y = F(X) \sim U(0, 1)$.

证明 对 $y \in (0,1)$, F 的反函数 $F^{-1}(y) \in (a,b)$, 并且

$$P(Y \leqslant y) = P(F(X) \leqslant y) = P(X \leqslant F^{-1}(y)) = F(F^{-1}(y)) = y.$$

所以 $Y \sim U(0,1)$.

试题 3.19 设 $X \sim U(0,1)$, $F(x)$ 是连续且严格单调的概率分布函数, 反函数是 F^{-1}.

(1) 求 $Y_1 = F^{-1}(X)$ 的分布函数 $F_1(y)$;

(2) 求 $Y_2 = -F^{-1}(X)$ 的分布函数 $F_2(y)$.

解 (1) 因为对任何 y, $F(y) \in [0,1]$, 所以有

$$F_1(y) = P(Y_1 \leqslant y) = P(F^{-1}(X) \leqslant y)) = P(X \leqslant F(y)) = F(y).$$

(2) 因为对任何 y, $F(-y) \in [0,1]$, 所以有

$$\begin{aligned} F_2(y) &= P(Y_2 \leqslant y) \\ &= P(-F^{-1}(X) \leqslant y) \\ &= P(F^{-1}(X) \geqslant -y) \\ &= P(X \geqslant F(-y)) \\ &= 1 - P(X \leqslant F(-y)) \\ &= 1 - F(-y). \end{aligned}$$

试题 3.20 设 X 在 $(-3,5)$ 内服从均匀分布, 求 Y 的分布函数, 其中

$$Y = \begin{cases} -1, & X \leqslant -1, \\ X, & -1 < X < 1, \\ 1, & X \geqslant 1. \end{cases}$$

解 Y 仅在 $[-1,1]$ 中取值. 对 $x \in (-1,1)$ 得到

$$\begin{aligned} P(Y \leqslant x) &= P(Y = -1) + P(-1 < Y \leqslant x) \\ &= P(X \leqslant -1) + P(-1 < X \leqslant x) \\ &= P(X \leqslant x) = (x+3)/8. \end{aligned}$$

因为分布函数右连续, 所以 Y 的分布函数

$$F(y) = P(Y \leqslant y) = \begin{cases} 0, & y < -1, \\ (x+3)/8, & x \in [-1,1), \\ 1, & x \geqslant 1. \end{cases}$$

试题 3.21 一大批部件中有 3/4 是一等品, 其余是二等品. 现随机取出 3 件装在一台机床上. 如果装在该机床上的 3 个部件中有 $j(j \geqslant 1)$ 件二等品, 则该机床的使用寿命 X 服从参数为 $\lambda_j = 1.2j$ 的指数分布 (单位是年). 如果装在该机床上的 3 个部件都是一等品, 则该机床的使用寿命 X 服从参数为 $\lambda_0 = 0.6$ 的指数分布.

(1) 计算该机床使用寿命的概率密度;

(2) 计算该机床至少能够使用一年的概率;

(3) 如果该机床已经使用了一年, 计算该机床被装有两个二等品的概率.

解 (1) 用 N 表示概率机床上的二等品个数, 则 $N \sim \mathcal{B}(3, p)$, $p = 1/4$. 设 $q = 1 - p = 3/4$. 对于 $j = 0, 1, 2, 3$, $X|\{N = j\}$ 有概率密度 $f_j(x) = \lambda_j e^{-\lambda_j x}$. 对于 $x > 0$, 有

$$P(X = x) = \sum_{j=0}^{3} P(N = j) P(X = x|N = j) = \sum_{j=0}^{3} C_3^j p^j q^{3-j} f_j(x) \mathrm{d}x.$$

于是得到 X 的密度函数

$$
\begin{aligned}
f(x) &= q^3 f_0(x) + \sum_{j=1}^{3} C_3^j p^j q^{3-j} 1.2 j e^{-1.2jx} \\
&= q^3 f_0(x) - \frac{\mathrm{d}}{\mathrm{d}x} \sum_{j=0}^{3} C_3^j p^j e^{-1.2jx} q^{3-j} \\
&= q^3 f_0(x) - \frac{\mathrm{d}}{\mathrm{d}x} (p e^{-1.2x} + q)^3 \\
&= q^3 f_0(x) + (3 \times 1.2)(e^{-1.2x}/4 + 3/4)^2 p e^{-1.2x} \\
&= q^3 0.6 e^{-0.6x} + (9/160)(e^{-1.2x} + 3)^2 e^{-1.2x}, \quad x \geqslant 0.
\end{aligned}
$$

(2) 从 (1) 的结论知道

$$
\begin{aligned}
P(X > 1) &= \int_1^\infty \left[q^3 f_0(x) - \frac{\mathrm{d}}{\mathrm{d}x} (p e^{-1.2x} + q)^3 \right] \mathrm{d}x \\
&= \int_1^\infty q^3 0.6 e^{-0.6x} \mathrm{d}x - (p e^{-1.2x} + q)^3 \Big|_1^\infty \\
&= q^3 e^{-0.6} + (p e^{-1.2} + q)^3 - q^3 \\
&= (e^{-1.2}/4 + 3/4)^3 + (3/4)^3 (e^{-0.6} - 1) \\
&\approx 0.371\,8.
\end{aligned}
$$

(3) 注意对 $j \geqslant 1$, 用 $P(X > 1|N = j) = \int_1^\infty 1.2 j e^{-1.2js} \mathrm{d}s = e^{-1.2j}$ 和贝叶斯公式得到

$$
\begin{aligned}
P(N = 2|X > 1) &= \frac{P(N = 2) P(X > 1|N = 2)}{P(X > 1)} \\
&= \frac{C_3^2 p^2 q^1 e^{-1.2 \times 2}}{0.371\,8} \\
&= \frac{3 \times (1/4)^2 \times (3/4) e^{-2.4}}{0.371\,8} \\
&\approx 0.034\,3.
\end{aligned}
$$

试题解析三

第四章　　随机向量

基本内容

全概率公式　如果随机变量 X 有概率分布 $p_j = P(X = x_j)$, $j \geqslant 0$, 则对事件 B 有

$$P(B) = \sum_{j=0}^{\infty} P(B|X = x_j)P(X = x_j).$$

第四章复习要点

二维联合分布　设 $F(x,y) = P(X \leqslant x, Y \leqslant y)$ 是 (X, Y) 的联合分布函数, 则

(1) X, Y 分别有分布函数 (边缘分布函数)

$$F_X(x) = F(x, \infty), \quad F_Y(y) = F(\infty, y).$$

这时, X, Y 独立的充分必要条件是 $F(x,y) = F_X(x)F_Y(y)$.

(2) 如果非负函数 $f(x,y)$ 使得对任何 x, y, 有

$$F(x,y) = \int_{-\infty}^{x} \int_{-\infty}^{y} f(s,t)\,\mathrm{d}s\mathrm{d}t,$$

则称 $f(x,y)$ 是 (X, Y) 的联合密度. 这时 X, Y 分别有概率密度 (边缘密度)

$$f_X(x) = \int_{-\infty}^{\infty} f(x,y)\mathrm{d}y, \quad f_Y(y) = \int_{-\infty}^{\infty} f(x,y)\mathrm{d}x.$$

并且 X, Y 独立的充分必要条件是 $f(x,y) = f_X(x)f_Y(y)$.

多维联合分布　设随机向量 $\boldsymbol{X} = (X_1, X_2, \cdots, X_n)$ 的联合分布函数为

$$F(x_1, x_2, \cdots, x_n) = P(X_1 \leqslant x_1, X_2 \leqslant x_2, \cdots, X_n \leqslant x_n).$$

(1) 称 X_i 的分布函数 $F_i(x) = P(X_i \leqslant x)$ 为边缘分布, 这时 $X_1, X_2, \cdots, X_n$ 相互独立的充分必要条件是

$$F(x_1, x_2, \cdots, x_n) = F_1(x_1)F_2(x_2) \cdots F_n(x_n).$$

(2) 如果非负函数 $f(\boldsymbol{x}) = f(x_1, x_2, \cdots, x_n)$ 使得

$$P(X_1 \leqslant x_1, X_2 \leqslant x_2, \cdots, X_n \leqslant x_n) = \int_{-\infty}^{x_1} \int_{-\infty}^{x_2} \cdots \int_{-\infty}^{x_n} f(\boldsymbol{s}) \mathrm{d}\boldsymbol{s},$$

则称 $f(\boldsymbol{x})$ 为 $\boldsymbol{X}$ 的联合密度函数. 这时 $X_1, X_2, \cdots, X_n$ 相互独立的充分必要条件是

$$f(x_1, x_2, \cdots, x_n) = f_1(x_1) f_2(x_2) \cdots f_n(x_n),$$

其中 $f_i(x)$ 是 X_i 的概率密度.

离散分布 设离散型随机向量 (X, Y) 的不同取值是 (x_i, y_j), $i, j \geqslant 1$, 则

(1) 称 $p_{ij} = P(X = x_i, Y = y_j)$, $i, j \geqslant 1$ 为 (X, Y) 的联合概率分布.

(2) X 和 Y 分别有概率分布 (边缘分布)

$$p_i = P(X = x_i) = \sum_{j=1}^{\infty} p_{ij}, \ i \geqslant 1, \quad q_j = P(Y = y_j) = \sum_{i=1}^{\infty} p_{ij}, \ j \geqslant 1.$$

(3) X, Y 独立的充分必要条件是对任何 (x_i, y_j),

$$P(X = x_i, Y = y_j) = P(X = x_i) P(Y = y_j),$$

即 $p_{ij} = p_i q_j$.

条件分布 设随机向量 (X, Y) 有联合密度 $f(x, y)$, Y 有边缘密度 $f_Y(y)$. 如果在 y 处 $f_Y(y) > 0$, 则称

$$F_{X|Y}(x|y) = P(X \leqslant x | Y = y) = \int_{-\infty}^{x} \frac{f(s, y)}{f_Y(y)} \mathrm{d}s, \quad x \in \mathbf{R}$$

为 $X|\{Y = y\}$ 的分布函数, 简称为条件分布函数. 称

$$f_{X|Y}(x|y) = \frac{f(x, y)}{f_Y(y)}, \quad x \in \mathbf{R}$$

为 $X|\{Y = y\}$ 的概率密度, 简称为条件密度.

随机向量函数的分布 设随机向量 (X, Y) 有联合密度 $f(x, y)$, 则

(1) $U = X + Y$, $V = X - Y$ 分别有概率密度

$$f_U(u) = \int_{-\infty}^{\infty} f(x, u - x) \mathrm{d}x, \quad f_V(v) = \int_{-\infty}^{\infty} f(x, x - v) \mathrm{d}x.$$

(2) 如果平面的开集 D 使得 $P((X, Y) \in D) = 1$, 且 D 中的连续函数 $g(x, y)$ 使得

$$P(X = x, Y = y) = g(x, y) \mathrm{d}x \mathrm{d}y, \quad (x, y) \in D,$$

则

$$f(x, y) = g(x, y), \ (x, y) \in D$$

是 (X, Y) 的联合密度.

(3) 设 (X, Y) 是随机向量. 已知 $X = x$, 如果 Y 的取值范围和 x 有关, 则 X, Y 不独立.

正态分布 如果 (X_1, X_2) 服从参数为 $(\mu_1, \mu_2; \sigma_1^2, \sigma_2^2; \rho)$ 的正态分布, 则

(1) $X_1 \sim N(\mu_1, \sigma_1^2)$, $X_2 \sim N(\mu_2, \sigma_2^2)$;

(2) X_1, X_2 独立的充分必要条件是 $\rho = 0$;

(3) 当 $a_1 a_4 - a_3 a_2 \neq 0$ 时, 随机向量 (Y_1, Y_2) 服从二维正态分布, 其中

$$\begin{cases} Y_1 = a_1 X_1 + a_2 X_2 + c_1, \\ Y_2 = a_3 X_1 + a_4 X_2 + c_2. \end{cases}$$

■ 习题四参考解答

4.1 设 (X, Y) 有联合分布函数

$$F(x, y) = \begin{cases} c(1 - \mathrm{e}^{-2x})(1 - \mathrm{e}^{-5y}), & x, y > 0, \\ 0, & \text{其他}. \end{cases}$$

确定常数 c, 并求 X, Y 的边缘分布函数. X, Y 是否独立?

解 由 $1 = F(\infty, \infty) = c$ 得到 $c = 1$. 于是,

$$F_X(x) = F(x, \infty) = 1 - \mathrm{e}^{-2x}, \ x > 0.$$

$$F_Y(y) = F(\infty, y) = 1 - \mathrm{e}^{-5y}, \ y > 0.$$

由 $F(x, y) = F_X(x) F_Y(y)$ 知道 X, Y 独立.

4.2 设离散联合分布 $p_{ij} = P(X = i, Y = j)$ 如下所示:

p_{ij}	1	2	3	4	5
1	0.06	0.05	0.04	0.01	0.02
2	0.05	0.10	0.10	0.05	0.03
3	0.07	0.05	0.01	0.02	0.02
4	0.05	0.02	0.01	0.01	0.03
5	0.05	0.06	0.05	0.02	0.02

(a) 求 X, Y 的边缘分布;

(b) 求 $U = \max(X, Y)$ 的分布;

(c) 求 $V = \min(X, Y)$ 的分布;

(d) 计算 $P(X = 2 | Y = 3)$.

解 (a) 对各行求和得到 X 的分布 p_i:

X	1	2	3	4	5
p_i	0.18	0.33	0.17	0.12	0.20

对各列求和得到 Y 的分布 q_j:

Y	1	2	3	4	5
q_j	0.28	0.28	0.21	0.11	0.12

(b) 用

$$P(U = k) = P(X = k, Y \leqslant k) + P(X < k, Y = k)$$

计算出 U 的分布

U	1	2	3	4	5
p_i	0.06	0.20	0.27	0.17	0.30

(c) 用

$$P(V = k) = P(X = k, Y \geqslant k) + P(X > k, Y = k)$$

计算出 V 的分布

V	1	2	3	4	5
p_i	0.40	0.41	0.11	0.06	0.02

(d) 用条件概率公式得到

$$P(X = 2 | Y = 3) = P(X = 2, Y = 3) / P(Y = 3) = 10/21.$$

4.3 设 X, Y 独立, $X \sim \mathcal{B}(n, p), Y \sim \mathcal{B}(m, p)$. 计算 $X + Y$ 的概率分布.

解 从教材中例 4.4.2 的结论知道 $X + Y \sim \mathcal{B}(n + m, p)$.

另解 设 $q = 1 - p$, 则

$$
\begin{aligned}
P(X + Y = k) &= \sum_{j=0}^{k} P(X + Y = k, X = j) \\
&= \sum_{j=0}^{k} P(j + Y = k, X = j) \\
&= \sum_{j=0}^{k} P(Y = k - j) P(X = j) \\
&= \sum_{j=0}^{k} C_m^{k-j} p^{k-j} q^{m-k+j} C_n^j p^j q^{n-j} \\
&= \sum_{j=0}^{k} C_m^{k-j} C_n^j p^k q^{n+m-k} \\
&= C_{n+m}^k p^k q^{n+m-k}.
\end{aligned}
$$

最后一步要用组合公式 $C_{n+m}^k = \sum_{j=0}^{k} C_m^{k-j} C_n^j$.

4.4 如果随机向量 (X,Y) 有如下的联合分布:

$$P(X=i, Y=1/j) = c, \quad i = 1, 2, \cdots, 8; j = 1, 2, \cdots, 6.$$

确定常数 c, 并求 X, Y 的概率分布.

解 利用

典型题解析4.4

$$\sum_{i=1}^{8}\sum_{j=1}^{6} P(X=i, Y=1/j) = \sum_{i=1}^{8}\sum_{j=1}^{6} c = 48c = 1$$

得到 $c = 1/48$.

$$P(X=i) = \sum_{j=1}^{6} P(X=i, Y=1/j) = \sum_{j=1}^{6} 1/48 = 1/8 \ (1 \leqslant i \leqslant 8).$$

$$P(Y=1/j) = \sum_{i=1}^{8} P(X=i, Y=1/j) = \sum_{i=1}^{8} 1/48 = 1/6 \ (1 \leqslant j \leqslant 6).$$

4.5 设随机变量 X, Y 都只取值 -1 和 1, 满足

$$P(X=1) = 1/2, \ P(Y=1|X=1) = P(Y=-1|X=-1) = 1/3.$$

(a) 求 (X,Y) 的联合分布;

(b) 求 t 的方程 $t^2 + Xt + Y = 0$ 有实根的概率.

解 (a) 从已知条件得到

$$P(Y=1, X=1) = P(X=1)P(Y=1|X=1)$$

$$= (1/2)(1/3) = 1/6,$$

由 $P(Y=-1, X=1) + P(Y=1, X=1) = P(X=1) = 1/2$ 得到

$$P(Y=-1, X=1) = 1/2 - 1/6 = 1/3,$$

由 $P(X=-1) = 1 - P(X=1) = 1 - 1/2 = 1/2$ 得到

$$P(Y=-1, X=-1) = P(X=-1)P(Y=-1|X=-1)$$

$$= (1/2)(1/3) = 1/6,$$

于是得到 $P(Y=1, X=-1) = 1 - 1/6 - 1/3 - 1/6 = 1/3.$ (X,Y) 的联合分布为

p_{ij}	-1	1
-1	1/6	1/3
1	1/3	1/6

(b) t 的方程 $t^2 + Xt + Y = 0$ 有实根的充分必要条件是判别式 $X^2 - 4Y \geqslant 0$, 即 $X^2 \geqslant 4Y$. 因为 X, Y 都只取值 -1 和 1, 所以

$$P(X^2 \geqslant 4Y) = P(Y=-1)$$

$$= P(Y=-1, X=-1) + P(Y=-1, X=1)$$

$$= 1/6 + 1/3 = 1/2.$$

4.6 设 a 是常数, (X, Y) 有联合密度

$$f(x, y) = \begin{cases} ax^2 y, & x^2 < y < 1, \\ 0, & \text{其他}. \end{cases}$$

确定常数 a, 并求 X, Y 的边缘密度, 说明 X, Y 不独立.

解 由 $x^2 < y < 1$ 知道 $x \in (-1, 1)$. 利用

$$\begin{aligned} \int_{-1}^{1} \int_{-1}^{1} f(x, y) \, \mathrm{d}y\mathrm{d}x &= \int_{-1}^{1} \Big(\int_{x^2}^{1} ax^2 y\mathrm{d}y \Big) \mathrm{d}x \\ &= \int_{-1}^{1} \frac{1}{2} ax^2 (1 - x^4) \mathrm{d}x \\ &= \frac{a}{2} \Big(\frac{2}{3} - \frac{2}{7} \Big) \\ &= \frac{4a}{21} = 1 \end{aligned}$$

得到 $a = 21/4$. X, Y 的边缘密度分别为

$$f_X(x) = \int_{-\infty}^{\infty} f(x, y) \, \mathrm{d}y = \int_{x^2}^{1} ax^2 y\mathrm{d}y = 21x^2 (1 - x^4)/8, \ |x| < 1,$$

$$f_Y(y) = \int_{-\infty}^{\infty} f(x, y) \, \mathrm{d}x = \int_{-1}^{1} ax^2 y\mathrm{I}[x^2 < y]\mathrm{d}x = 7y^{5/2}/2, \ y \in (0, 1).$$

其中 $\mathrm{I}[A]$ 是 A 的示性函数.

因为已知 $X = x$ 时, Y 的取值范围是 $x^2 < y < 1$, 和 x 有关, 所以 X, Y 不独立.

4.7 设 X, Y 独立, $X \sim Exp(\lambda)$, $Y \sim Exp(\mu)$, 计算 $P(X > Y)$.

解 因为 (X, Y) 有联合密度 $f(x, y) = \lambda\mu\mathrm{e}^{-\lambda x}\mathrm{e}^{-\mu y}$, $x, y \geqslant 0$, 所以

$$\begin{aligned} P(X > Y) &= \int_{0}^{\infty} \int_{0}^{\infty} f(x, y)\mathrm{I}[x > y]\mathrm{d}x\mathrm{d}y \\ &= \int_{0}^{\infty} \int_{0}^{\infty} \lambda\mu\mathrm{e}^{-\lambda x}\mathrm{e}^{-\mu y}\mathrm{I}[x > y]\mathrm{d}x\mathrm{d}y \\ &= \int_{0}^{\infty} \mu\mathrm{e}^{-\mu y} \Big(\int_{0}^{\infty} \lambda\mathrm{e}^{-\lambda x}\mathrm{I}[x > y]\mathrm{d}x \Big)\mathrm{d}y \\ &= \int_{0}^{\infty} \mu\mathrm{e}^{-\mu y}\mathrm{e}^{-\lambda y}\mathrm{d}y \\ &= \mu/(\lambda + \mu), \end{aligned}$$

其中 $\mathrm{I}[A]$ 是 A 的示性函数.

4.8 设 (X, Y) 有联合密度

$$f(x, y) = \begin{cases} \mathrm{e}^{-x}, & 0 < y < x, \\ 0, & \text{其他}. \end{cases}$$

求 X, Y 的边缘密度. X, Y 是否独立?

解 用示性函数得到 $f(x, y) = \mathrm{e}^{-x}\mathrm{I}[0 < y < x]$, 于是

$$f_X(x) = \int_{0}^{\infty} \mathrm{e}^{-x}\mathrm{I}[0 < y < x] \, \mathrm{d}y = \int_{0}^{x} \mathrm{e}^{-x} \, \mathrm{d}y = x\mathrm{e}^{-x}, \ x > 0.$$

$$f_Y(y) = \int_0^\infty \mathrm{e}^{-x} \mathrm{I}[0 < y < x]\, \mathrm{d}x = \int_y^\infty \mathrm{e}^{-x}\, \mathrm{d}x = \mathrm{e}^{-y}, \ y > 0.$$

因为 (X, Y) 的取值区域不是矩形, 所以 X, Y 不独立.

4.9 设 X 服从二项分布 $\mathcal{B}(n, p)$, Y 服从指数分布 $Exp(\lambda)$. 当 X, Y 独立, 求 $Z = Y - X$ 的分布函数和概率密度.

解 因为对 $y \geqslant 0$, $P(Y \leqslant y) = \int_0^y \lambda \mathrm{e}^{-\lambda x}\, \mathrm{d}x = 1 - \mathrm{e}^{-\lambda y}$, 所以 Z 的分布函数

典型题解析4.9

$$\begin{aligned}
F_Z(z) &= P(Y - X \leqslant z) \\
&= \sum_{k=0}^n P(X = k, Y \leqslant X + z) \\
&= \sum_{k=0}^n P(X = k, Y \leqslant k + z) \\
&= \sum_{k=0}^n P(X = k) P(Y \leqslant k + z) \mathrm{I}[k + z \geqslant 0] \\
&= \sum_{k=0}^n \mathrm{C}_n^k p^k q^{n-k} [1 - \mathrm{e}^{-\lambda(k+z)}] \mathrm{I}[z \geqslant -k].
\end{aligned}$$

因为 F_Z 的每一项都是连续函数, 所以求导数得到概率密度

$$f_Z(z) = \sum_{k=0}^n \mathrm{C}_n^k p^k q^{n-k} \lambda \mathrm{e}^{-\lambda(k+z)} \mathrm{I}[z \geqslant -k],$$

其中 $\mathrm{I}[A]$ 是 A 的示性函数.

4.10 设 X, Y 独立, 且都在 $(0, 1)$ 上均匀分布, 计算 $Z = X + Y$ 的分布函数和概率密度.

解 Z 在 $(0, 2)$ 中取值, $f_X(x) = f_Y(x) = \mathrm{I}[0 < x < 1]$. 利用教材中 (4.4.4) 式得到 $Z = X + Y$ 的概率密度

$$\begin{aligned}
f_Z(z) &= \int_{-\infty}^\infty f_X(x) f_Y(z - x)\, \mathrm{d}x \\
&= \int_0^1 \mathrm{I}[0 < z - x < 1]\, \mathrm{d}x \quad (\text{取变换 } z - x = t) \\
&= \int_{z-1}^z \mathrm{I}[0 < t < 1]\, \mathrm{d}t,
\end{aligned}$$

即有

$$f_Z(z) = \begin{cases} z, & z \in [0, 1), \\ 2 - z, & z \in [1, 2], \\ 0, & \text{其他}. \end{cases}$$

积分后得到 $Z = X + Y$ 的分布函数

$$F_Z(z) = \begin{cases} 0, & z < 0, \\ z^2/2, & z \in [0, 1), \\ -z^2/2 + 2z - 1, & z \in [1, 2], \\ 1, & z > 2. \end{cases}$$

4.11 二人相约在 5:00 至 6:00 之间见面, 如果两人在 5:00 至 6:00 之间独立地随机到达, 求一人至少等另一人半小时的概率.

解 认为每个人在 0 至 60 min 内等可能到达, 用 X, Y 分别表示他们的到达时间. 则 $X \sim U(0, 60), Y \sim U(0, 60), X, Y$ 独立. 利用

$$f_X(x) = \begin{cases} 1/60, & x \in (0, 60), \\ 0, & x \notin (0, 60), \end{cases} \qquad f_Y(y) = \begin{cases} 1/60, & y \in (0, 60), \\ 0, & y \notin (0, 60), \end{cases}$$

得到 (X, Y) 的联合密度

$$f(x, y) = f_X(x) f_Y(y) = \begin{cases} 1/60^2, & (x, y) \in D, \\ 0, & (x, y) \notin D, \end{cases}$$

其中 $D = \{(x, y) | 0 \leqslant x, y \leqslant 60\}$. 设

$$A = \{ (x, y) \mid |x - y| \geqslant 30, (x, y) \in D \}.$$

要计算的概率是

$$\begin{aligned} P(|X - Y| \geqslant 30) &= \iint_A f(x, y) \, \mathrm{d}x \mathrm{d}y \\ &= \frac{m(A)}{m(D)} = \frac{30^2}{60^2} = \frac{1}{4}. \end{aligned}$$

4.12 在同一个小时内有两辆汽车独立到达同一个加油站加油, 车 A 加油需要 5 min, 车 B 需要 8 min. 如果每辆车在这一个小时内等可能地到达, 计算这两辆车在加油站未相遇的概率.

解 用 X, Y 分别表示车 A, B 的到达时间. 则 (X, Y) 等可能地落在边长为 60 min 的正方形内, 有联合密度

典型题解析4.12

$$f(x, y) = f_X(x) f_Y(y) = \begin{cases} 1/60^2, & (x, y) \in D, \\ 0, & (x, y) \notin D, \end{cases}$$

其中 $D = \{(x, y) | 0 \leqslant x, y \leqslant 60\}$. 用 $A = \{X - Y > 5\}$ 表示车 A 后到时两辆车未相遇, 则

$$P(A) = \iint_{x - y > 5} f(x, y) \, \mathrm{d}x \mathrm{d}y = \frac{1}{2} \times \frac{55^2}{60^2}.$$

用 $B = \{Y - X > 8\}$ 表示车 B 后到时两辆车未相遇, 则

$$P(B) = \iint_{y-x>8} f(x,y)\,\mathrm{d}x\mathrm{d}y = \frac{1}{2} \times \frac{52^2}{60^2}.$$

$A \cup B$ 表示两辆车未相遇. A, B 不相容, 所以要求的概率是

$$P(A \cup B) = P(A) + P(B) = \frac{1}{2} \times \frac{55^2}{60^2} + \frac{1}{2} \times \frac{52^2}{60^2} \approx 0.796.$$

4.13 设 $(Y_1, Y_2) \sim f(x,y)$, 求 $X = 2Y_1 + 3Y_2$, $Y = 3Y_1 - 2Y_2$ 的联合密度.

解 从 $x = 2y_1 + 3y_2$, $y = 3y_1 - 2y_2$ 解出

$$y_1 = (2x + 3y)/13, \quad y_2 = (3x - 2y)/13,$$

并且

$$J^{-1} = \frac{\partial(x,y)}{\partial(y_1,y_2)} = \begin{vmatrix} 2 & 3 \\ 3 & -2 \end{vmatrix} = -13, \quad |J| = \left| \frac{\partial(y_1,y_2)}{\partial(x,y)} \right| = \frac{1}{13}.$$

对于 (u,v), 从

$$\begin{aligned} P(X = x, Y = y) &= P\big(2Y_1 + 3Y_2 = x, 3Y_1 - 2Y_2 = y\big) \\ &= P\big(Y_1 = (2x + 3y)/13, Y_2 = (3x - 2y)/13\big) \\ &= f\Big(\frac{2x + 3y}{13}, \frac{3x - 2y}{13}\Big)|J|\,\mathrm{d}x\mathrm{d}y \end{aligned}$$

得到 (U,V) 的联合密度

$$g(x,y) = \frac{1}{13} f\Big(\frac{2x + 3y}{13}, \frac{3x - 2y}{13}\Big).$$

4.14 设 (X,Y) 有联合密度

$$f(x,y) = \begin{cases} c(x+y)\mathrm{e}^{-(x+y)}, & x, y > 0, \\ 0, & \text{其他}. \end{cases}$$

确定常数 c, 并求 $Z = X + Y$ 的概率密度. X, Y 是否独立?

解 按定理 4.4.2, $Z = X + Y$ 的概率密度为

$$\begin{aligned} g(z) &= \int_0^\infty f(x, z - x)\mathrm{d}x \\ &= c\int_0^\infty z\mathrm{e}^{-z}\mathrm{I}[z - x > 0]\mathrm{d}x \\ &= c\int_0^z z\mathrm{e}^{-z}\mathrm{d}x \\ &= cz^2\mathrm{e}^{-z}, \; z > 0. \end{aligned}$$

由

$$c\int_0^\infty z^2\mathrm{e}^{-z}\mathrm{d}z = 2c = 1$$

得到 $c = 1/2$.

因为 $f(x,y)$ 不能写成 $f_X(x)f_Y(y)$ (变量不能分离), 所以 X, Y 不独立.

4.15 设 X, Y 独立, 都服从 $N(0,1)$ 分布, 求 $(U,V) = (X+Y, X-Y)$ 的联合密度, X, Y 是否独立?

解 从 $u = x + y$, $v = x - y$ 解出

$$x = (u+v)/2, \quad y = (u-v)/2,$$

并且

$$J^{-1} = \frac{\partial(u,v)}{\partial(x,y)} = \begin{vmatrix} 1 & 1 \\ 1 & -1 \end{vmatrix} = -2, \quad |J| = \left| \frac{\partial(x,y)}{\partial(u,v)} \right| = \frac{1}{2}.$$

对于 (u,v), 从

$$\begin{aligned} P(U = u, V = v) &= P(X+Y = u, X-Y = v) \\ &= P\Big(X = \frac{u+v}{2}, Y = \frac{u-v}{2}\Big) \\ &= f\Big(\frac{u+v}{2}, \frac{u-v}{2}\Big)|J|\, dudv \end{aligned}$$

和 (X,Y) 的联合密度

$$f(x,y) = \frac{1}{2\pi} \exp\Big(-\frac{x^2+y^2}{2}\Big)$$

得到 (U,V) 的联合密度

$$\begin{aligned} g(u,v) &= \frac{1}{2} f\Big(\frac{u+v}{2}, \frac{u-v}{2}\Big) \\ &= \frac{1}{4\pi} \exp\Big\{ -\frac{1}{2}\Big[\Big(\frac{u+v}{2}\Big)^2 + \Big(\frac{u-v}{2}\Big)^2\Big]\Big\} \\ &= \frac{1}{\sqrt{4\pi}} \exp\Big(-\frac{u^2}{4}\Big) \times \frac{1}{\sqrt{4\pi}} \exp\Big(-\frac{v^2}{4}\Big). \end{aligned}$$

因为 $g(u,v) = g_U(u)g_V(v)$, 所以 U, V 独立, 都服从 $N(0,2)$ 分布.

4.16 设 $X_1, X_2, \cdots, X_n$ 相互独立, 都服从正态分布, 则平均值

$$\overline{X} = (X_1 + X_2 + \cdots + X_n)/n$$

服从正态分布.

解 因为平均值

$$\overline{X} = (X_1 + X_2 + \cdots + X_n)/n$$

是 $X_1, X_2, \cdots, X_n$ 的线性组合, 所以按照教材中定理 4.6.1(6) 知道结论成立.

($\overline{X}$ 的具体分布留在下一章解释.)

4.17 设 X, Y 独立, $X \sim Exp(\lambda)$, $Y \sim Exp(\mu)$. 分别求 $\min(X,Y)$ 和 $\max(X,Y)$ 的概率密度.

解 X 和 Y 分别有概率密度 $f(x) = \lambda e^{-\lambda x}, x > 0$ 和 $g(y) = \mu e^{-\mu y}, y > 0$. 对于 $z > 0$, 由 $P(Y > z) = e^{-\mu z}$, $P(X \geqslant z) = e^{-\lambda z}$, 得到

$$
\begin{aligned}
P(\min(X,Y) = z) &= P(X = z, Y > z) + P(X \geqslant z, Y = z) \\
&= P(Y > z)P(X = z) + P(X \geqslant z)P(Y = z) \\
&= e^{-\mu z}\lambda e^{-\lambda z}dz + e^{-\lambda z}\mu e^{-\mu z}dz \\
&= (\lambda + \mu)e^{-(\lambda+\mu)z}dz.
\end{aligned}
$$

于是 $\min(X,Y)$ 的概率密度为

$$
f_{\min}(z) = (\lambda + \mu)e^{-(\lambda+\mu)z}, \quad z > 0.
$$

对 $z > 0$, 由

$$
\begin{aligned}
P(\max(X,Y) = z) &= P(X = z, Y < z) + P(X \leqslant z, Y = z) \\
&= P(Y < z)P(X = z) + P(X \leqslant z)P(Y = z) \\
&= (1 - e^{-\mu z})\lambda e^{-\lambda z}dz + (1 - e^{-\lambda z})\mu e^{-\mu z}dz \\
&= [\lambda e^{-\lambda z} + \mu e^{-\mu z} - (\lambda + \mu)e^{-(\lambda+\mu)z}]dz,
\end{aligned}
$$

得到 $\max(X,Y)$ 的概率密度

$$
f_{\max}(z) = \lambda e^{-\lambda z} + \mu e^{-\mu z} - (\lambda + \mu)e^{-(\lambda+\mu)z}, \quad z > 0.
$$

4.18 设 $X \sim Exp(\lambda)$, $Y \sim \mathcal{P}(\mu)$, X, Y 独立, 计算 $Z = X + Y$ 的概率密度.

解 $P(Z > 0) = 1$, 对 $z > 0$, 用全概率公式得到

$$
\begin{aligned}
P(Z = z) &= \sum_{j=0}^{\infty} P(Y = j)P(X + j = z | Y = j) \\
&= \sum_{j=0}^{\infty} \frac{\mu^j}{j!}e^{-\mu}P(X = z - j) \\
&= \sum_{j=0}^{\infty} \frac{\mu^j}{j!}e^{-\mu}f_X(X = z - j)\mathrm{I}[z \geqslant j]dz \\
&= \sum_{j=0}^{\infty} \frac{\mu^j}{j!}e^{-\mu}\lambda e^{-\lambda(z-j)}\mathrm{I}[j \leqslant z]dz \\
&= \lambda e^{-\mu - \lambda z}\sum_{j=0}^{[z]} \frac{(\mu e^{\lambda})^j}{j!}dz,
\end{aligned}
$$

其中 $[z]$ 是 z 的整数部分. 从微分法得到 $Z = X + Y$ 的概率密度

$$
f(z) = \lambda e^{-\mu - \lambda z}\sum_{j=0}^{[z]} \frac{(\mu e^{\lambda})^j}{j!}, \quad z > 0.
$$

4.19 $X \sim Exp(\lambda)$, $t > 0$. 求 $X|\{X \leqslant t\}$ 的概率密度.

解 因为 $P(0 < X < t | X \leqslant t) = 1$, 且对 $0 < x < t$,

$$
P(X = x | X \leqslant t) = \frac{P(X = x, X \leqslant t)}{P(X \leqslant t)}
$$

$$= \frac{P(X=x)}{P(X \leqslant t)}$$

$$= \frac{\lambda e^{-\lambda x} dx}{1 - e^{-\lambda t}},$$

所以得到 $X|\{X \leqslant t\}$ 的概率密度

$$g(x) = \frac{\lambda e^{-\lambda x}}{1 - e^{-\lambda t}}, \ x \in (0, t).$$

4.20 设 X 在 $(0,1)$ 中均匀分布, 已知 $X = x$ 时, Y 在 $(x,1)$ 中均匀分布. 求 (X, Y) 的联合密度 $f(x, y)$ 和 Y 的边缘密度 $f_Y(y)$.

解 因为已知 $X = x$, Y 在 $(x,1)$ 中均匀分布, 所以

$$f_{Y|X}(y|x) = 1/(1-x), \ y \in (x, 1),$$

于是用 $f_X(x) = 1, x \in (0, 1)$, 得到

$$f(x, y) = f_X(x) f_{Y|X}(y|x) = \begin{cases} 1/(1-x), & 0 < x < y < 1, \\ 0, & \text{其他}. \end{cases}$$

最后得到

$$f_Y(y) = \int_{-\infty}^{\infty} f(x, y) dx = \int_0^y \frac{1}{1-x} dx = -\ln(1-y), \ y \in (0, 1).$$

4.21 设 (X, Y) 有联合密度 $f(x, y) = ye^{-y(x+1)}$, $x > 0, y > 0$. 计算 $X|\{Y = y\}$ 和 $Y|\{X = x\}$ 的概率密度.

解 对 $y > 0$, 由

$$f_Y(y) = \int_0^{\infty} ye^{-y(x+1)} dx = e^{-y},$$

得到

$$f_{X|Y}(x|y) = \frac{f(x,y)}{f_Y(y)} = ye^{-yx}, \ x > 0.$$

对 $x > 0$, 由

$$f_X(x) = \int_0^{\infty} ye^{-y(x+1)} dy = \frac{1}{(x+1)^2},$$

得到

$$f_{Y|X}(y|x) = \frac{f(x,y)}{f_X(x)} = (x+1)^2 ye^{-y(x+1)}, \ y > 0.$$

4.22 设 $a < b < c$, X 在 (a, c) 中均匀分布, 求 $X|\{X < b\}$ 的分布.

解 X 有概率密度 $f(x) = 1/(c-a)$, $x \in (a, b)$. 对 $x \in (a, b)$, 由

$$P(X = x | X < b) = \frac{P(X = x, X < b)}{P(X < b)}$$

$$= \frac{1}{P(X < b)} P(X = x)$$

$$= \frac{c-a}{b-a} \frac{1}{c-a} \mathrm{d}x,$$

得到 $X|\{X < b\}$ 的概率密度 $g(x) = 1/(b-a), x \in (a,b)$.

4.23 设 $X \sim Exp(\lambda), a > 0$, 求 $X|\{X > a\}$ 的概率密度.

解 对 $x > a$, 由 $P(X > a) = \mathrm{e}^{-\lambda a}$ 和

$$P(X = x | X > a) = \frac{P(X = x, X > a)}{P(X > a)} = \frac{P(X = x)}{P(X > a)} = \frac{\lambda \mathrm{e}^{-\lambda x}}{\mathrm{e}^{-\lambda a}} \mathrm{d}x,$$

得到 $X|\{X > a\}$ 的概率密度 $g(x) = \lambda \mathrm{e}^{-\lambda(x-a)}, x > a$.

4.24 设 $X \sim Exp(1), Y \sim Exp(1), X, Y$ 独立, $U = X + Y$, $V = X/Y$. 求 (U, V) 的联合密度. U, V 是否独立?

解 由 $u = x + y, v = x/y$, 解出

$$x = x(u,v) = vu/(1+v), \quad y = y(u,v) = u/(1+v).$$

典型题解析4.24

由

$$\frac{\partial(u,v)}{\partial(x,y)} = \begin{vmatrix} 1 & 1 \\ 1/y & -x/y^2 \end{vmatrix} = -\frac{x+y}{y^2} = -\frac{u(1+v)^2}{u^2}, \ x, y > 0,$$

得到

$$|J| = \left| \frac{\partial(x,y)}{\partial(u,v)} \right| = \left| \frac{\partial(u,v)}{\partial(x,y)} \right|^{-1} = \frac{u}{(1+v)^2}.$$

因为 $P(U > 0, V > 0) = 1$, 且对于 $u > 0, v > 0$, 用 $P(X = x) = \mathrm{e}^{-x} \mathrm{d}x, P(Y = y) = \mathrm{e}^{-y} \mathrm{d}y$, 得到

$$\begin{aligned} P(U = u, V = v) &= P(X + Y = u, X/Y = v) \\ &= P(X = x(u,v), Y = y(u,v)) \\ &= \mathrm{e}^{-x(u,v)} \mathrm{e}^{-y(u,v)} \mathrm{d}x \mathrm{d}y \\ &= \mathrm{e}^{-uv/(1+v)} \mathrm{e}^{-u/(1+v)} |J| \mathrm{d}u \mathrm{d}v \\ &= \frac{u \mathrm{e}^{-u}}{(1+v)^2} \mathrm{d}u \mathrm{d}v. \end{aligned}$$

最后得到

$$f(u,v) = u \mathrm{e}^{-u} \frac{1}{(1+v)^2}, \ u, v > 0.$$

易见 U, V 的概率密度分别为 $f_U(u) = u \mathrm{e}^{-u}, u > 0, f_V(v) = (1+v)^{-2}, v > 0$. 从 $f(u,v) = f_U(u) f_V(v)$ 知道 U, V 独立.

4.25 设 X, Y 独立, 都服从标准正态分布 $N(0,1)$, (R, Θ) 由极坐标变换

$$\Delta: \begin{cases} X = R\cos\Theta, \\ Y = R\sin\Theta \end{cases}$$

典型题解析4.25

决定, 求 (R, Θ) 的联合密度.

解 $P(R > 0, 0 < \Theta < 2\pi) = 1$, (X, Y) 有联合密度

$$f(x, y) = \frac{1}{2\pi} \exp\left(-\frac{x^2 + y^2}{2}\right).$$

对于 $x = r\cos\theta, y = r\sin\theta$, 有

$$\frac{\partial(x, y)}{\partial(r, \theta)} = r.$$

于是对 $r > 0$, $\theta \in (0, 2\pi)$,

$$P(R = r, \Theta = \theta) = P(X = x, Y = y) = f(x, y)\,\mathrm{d}x\,\mathrm{d}y$$

$$= f(r\cos\theta, r\sin\theta)r\,\mathrm{d}r\,\mathrm{d}\theta$$

$$= \frac{1}{2\pi}r\mathrm{e}^{-\frac{r^2}{2}}\,\mathrm{d}r\,\mathrm{d}\theta.$$

所以 (R, Θ) 的联合密度是

$$g(r, \theta) = \frac{1}{2\pi}r\mathrm{e}^{-\frac{r^2}{2}}, \ r > 0, \ \theta \in (0, 2\pi).$$

4.26 设随机变量 X 和 Y 独立, X 有概率密度 $f(x)$, Y 有离散分布 $P(Y = a_j) = p_j > 0, j = 1, 2, \cdots$.

(a) 若 $a_1, a_2, \ldots$ 都不为 0, 求 $Z = XY$ 的概率密度;

(b) 若有某个 $a_i = 0$, 说明 XY 不是连续型随机变量.

解 (a) 用全概率公式和微分法得到

$$P(XY = z) = \sum_{j=1}^{\infty} P(Y = a_j)P(Xa_j = z | Y = a_j)$$

$$= \sum_{j=1}^{\infty} p_j P\left(X = \frac{z}{a_j}\right)$$

$$= \sum_{j=1}^{\infty} p_j f\left(\frac{z}{a_j}\right)\frac{1}{|a_j|}\mathrm{d}z.$$

所以 Z 有概率密度

$$h(z) = \sum_{i=1}^{\infty} \frac{p_i}{|a_i|}f\left(\frac{z}{a_i}\right).$$

(b) 当 $a_j = 0$ 时, $P(XY = 0) \geqslant P(Y = 0) = p_j > 0$, 说明 $Z = XY$ 的分布函数在 0 处不连续. 因而 $Z = XY$ 不是连续型随机变量.

考研复习

基本内容 二维离散型随机变量的概率分布、边缘分布、条件分布. 二维连续型随机变量的联合密度、边缘密度、条件密度. 随机向量函数的分布. 二维正态分布.

随机变量独立的条件

(1) $F(x,y) = F_X(x)F_Y(y)$.

(2) $F(x_1, x_2, \cdots, x_n) = F_1(x_1)F_2(x_2)\cdots F_n(x_n)$.

(3) $P(X = x_i, Y = y_j) = P(X = x_i)P(Y = y_j)$.

(4) $f(x,y) = f_X(x)f_Y(y)$.

(5) 已知 $X = x$, 如果 Y 的取值范围和 x 有关, 则 X, Y 不独立.

分布和密度 设 (X,Y) 有联合分布 $F(x,y)$, 或 $p_{ij} = P(X = x_i, Y = y_j)$, 或有联合密度 $f(x,y)$, 则有以下结论:

(1) $F_X(x) = F(x, \infty)$, $F_Y(y) = F(\infty, y)$.

(2) $p_i \equiv P(X = x_i) = \sum_{j=1}^{\infty} p_{ij}$, $q_j \equiv P(Y = y_j) = \sum_{i=1}^{\infty} p_{ij}$.

(3) $f_X(x) = \int_{-\infty}^{\infty} f(x,y)\mathrm{d}y$, $f_Y(y) = \int_{-\infty}^{\infty} f(x,y)\mathrm{d}x$.

(4) $P(X = x_i | Y = y_j) = \dfrac{p_{ij}}{q_j}$, $P(Y = y_j | X = x_i) = \dfrac{p_{ij}}{p_i}$,

(5) $f_{X|Y}(x|y) = \dfrac{f(x,y)}{f_Y(y)}$.

随机向量函数的密度计算

(1) 如果平面的开集 D 使得 $P((X,Y) \in D) = 1$, 且 D 中的连续函数 $g(x,y)$ 使得

$$P(X = x, Y = y) = g(x,y)\,\mathrm{d}x\mathrm{d}y, \ (x,y) \in D,$$

则

$$f(x,y) = g(x,y), \ (x,y) \in D$$

是 (X,Y) 的联合密度.

(2) 如果 $x = x(u,v)$, $y = y(u,v)$ 在平面的开集 D 内有连续的偏导数, 并且雅可比行列式

$$J = \frac{\partial(x,y)}{\partial(u,v)} = \begin{vmatrix} \partial x/\partial u & \partial x/\partial v \\ \partial y/\partial u & \partial y/\partial v \end{vmatrix} \neq 0,$$

则有

$$\mathrm{d}x\mathrm{d}y = \left| \frac{\partial(x,y)}{\partial(u,v)} \right| \mathrm{d}u\mathrm{d}v = |J|\,\mathrm{d}u\mathrm{d}v, \ (u,v) \in D.$$

■ 试题参考解答

试题 4.1 用 (X, Y) 的联合分布函数 $F(x, y)$ 表达 (Y, X) 的联合分布函数 $G(y, x)$.

解 直接计算得到

$$G(y, x) = P(Y \leqslant y, X \leqslant x) = P(X \leqslant x, Y \leqslant y) = F(x, y).$$

试题 4.2 设 X, Y 独立, 有共同的分布函数 $F(x)$, 验证 $Z = X + Y$ 的分布函数 $G(z)$ 满足 $G(2z) \geqslant F^2(z)$.

解 直接计算得到

$$
\begin{aligned}
G(2z) &= P(X + Y \leqslant 2z) \\
&\geqslant P(X \leqslant z, Y \leqslant z) \\
&= P(X \leqslant z)P(Y \leqslant z) \\
&= F^2(z).
\end{aligned}
$$

试题 4.3 设 (X, Y) 有联合分布函数

$$
F(x, y) = \begin{cases}
0, & \min(x, y) < 0, \\
\min(x, y), & \min(x, y) \in [0, 1), \\
1 & \min(x, y) \geqslant 1.
\end{cases}
$$

求 X, Y 的边缘分布函数 $F(x), G(y)$.

解 直接计算得到

$$
F(x) = F(x, \infty) = \begin{cases}
0, & x < 0, \\
x, & x \in [0, 1), \\
1, & x \geqslant 1,
\end{cases}
\qquad
G(y) = F(\infty, y) = \begin{cases}
0, & y < 0, \\
y, & y \in [0, 1), \\
1, & y \geqslant 1.
\end{cases}
$$

试题 4.4 已知 Y, X 有条件密度 $f_{X|Y}(x|y) = 3x^2/y^3$, $0 < x < y < 1$, Y 有概率密度 $f_Y(y) = 5y^4$, $0 < y < 1$.

(1) 求 (X, Y) 的联合密度;　　　　(2) 求 X 的概率密度 $f_X(x)$;

(3) 求 $P(X > 1/2)$;　　　　(4) X, Y 是否独立.

解 (1) 由条件密度公式得到

$$
\begin{aligned}
f(x, y) &= f_{X|Y}(x|y)f_Y(y) \\
&= (3x^2/y^3)5y^4 \\
&= 15x^2 y, \ 0 < x < y < 1.
\end{aligned}
$$

(2) 由边缘密度计算公式得到

$$
f_X(x) = \int_0^1 15x^2 y \mathrm{I}[x < y] \, \mathrm{d}y = 15x^2(1 - x^2)/2, \ x \in (0, 1).
$$

(3) $P(X > 1/2) = \int_{1/2}^{1} 15x^2(1-x^2)/2\,\mathrm{d}x = 47/64.$

(4) 已知 $Y = y$, $f_{X|Y}(x|y)$ 和 y 有关, 故不独立.

试题 4.5 设 (X, Y) 有联合分布函数

$$F(x, y) = 1 - \mathrm{e}^{-\lambda x} - \mathrm{e}^{-\mu y} + \mathrm{e}^{-(\lambda x + \mu y)}, \ x, y \geqslant 0.$$

(1) 求 X, Y 的边缘分布; (2) 计算 $P(X > 5, Y > 5)$.

解 因为

$$F(x, y) = (1 - \mathrm{e}^{-\lambda x})(1 - \mathrm{e}^{-\mu y}), x, y \geqslant 0,$$

所以 X, Y 独立, 分别有分布函数

$$F_1(x) = 1 - \mathrm{e}^{-\lambda x}, x > 0; \quad F_2(y) = 1 - \mathrm{e}^{-\mu y}, y > 0.$$

(2) $P(X > 5, Y > 5) = P(X > 5)P(Y > 5) = \mathrm{e}^{-5(\lambda+\mu)}.$

试题 4.6 设 X, Y 分别服从正态分布, 以下哪个结论准确 ( ).

A. X, Y 独立   B. X, Y 不必独立

C. (X, Y) 服从二维正态分布   D. $X + Y$ 服从正态分布

答 B.

因为若 $X = Y$ 可否定选项 A 和 C. 若 $Y = -X$ 可否定选项 D.

试题 4.7 如果 X, Y 独立, 都服从指数分布, 以下哪个随机变量服从指数分布 ( ).

A. $X + Y$ B. XY C. $\min(X, Y)$ D. $\max(X, Y)$

答 C.

因为 $P(X > z) = \mathrm{e}^{-\lambda z}$, $P(Y > z) = \mathrm{e}^{-\mu z}$, 所以

$$P(\min(X, Y) > z) = P(X > z)P(Y > z) = \mathrm{e}^{-\lambda z}\mathrm{e}^{-\mu z} = \mathrm{e}^{-(\lambda+\mu)z}.$$

试题 4.8 设 $X_1, X_2, \cdots, X_n$ 相互独立, 有共同的分布函数 $F(x)$, 计算

(1) $Y = \min\{X_1, X_2, \cdots, X_n\}$ 的分布函数 $G_1(y)$;

(2) $Z = \max\{X_1, X_2, \cdots, X_n\}$ 的分布函数 $G_2(z)$;

(3) (Y, Z) 的联合分布函数 $G(y, z)$.

解 计算得到

$$\begin{aligned}
G_1(y) &= 1 - P(Y > y) \\
&= 1 - P(X_1 > y, X_2 > y, \cdots, X_n > y) \\
&= 1 - P(X_1 > y)P(X_2 > y)\cdots P(X_n > y) \\
&= 1 - \prod_{j=1}^{n}[1 - P(X_j \leqslant y)] \\
&= 1 - [1 - F(y)]^n.
\end{aligned}$$

$$G_2(z) = P(Z \leqslant z)$$
$$= P(X_1 \leqslant z, X_2 \leqslant z, \cdots, X_n \leqslant z)$$
$$= P(X_1 \leqslant z)P(X_2 \leqslant z)\cdots P(X_n \leqslant z)$$
$$= [F(z)]^n.$$

因为 $Y \leqslant Z$, 所以对 $y \leqslant z$, 有

$$G(y, z) = P(Y \leqslant y, Z \leqslant z)$$
$$= P(Z \leqslant z) - P(Y > y, Z \leqslant z)$$
$$= [F(z)]^n - \prod_{j=1}^{n} P(y < X_j \leqslant z)$$
$$= [F(z)]^n - \prod_{j=1}^{n} [F(z) - F(y)]$$
$$= [F(z)]^n - [F(z) - F(y)]^n, \quad y \leqslant z.$$

试题解析四

第五章　数学期望和方差

基本内容

数学期望和方差的定义

(1) 设 $p_j = P(X = x_j)$, $j = 0, 1, \cdots$. 如果 $\sum_{j=0}^{\infty} |x_j| p_j < \infty$, 则 $EX = \sum_{j=0}^{\infty} x_j p_j$.

第五章复习要点

(2) 设 X 有概率密度 $f(x)$. 如果 $\int_{-\infty}^{\infty} |x| f(x)\, dx < \infty$, 则

$$EX = \int_{-\infty}^{\infty} x f(x)\, dx.$$

(3) 设 $\mu = EX$, 如果 $E(X - \mu)^2 < \infty$, 则 $\text{Var}(X) = E(X - \mu)^2 = EX^2 - \mu^2$.

常用的数学期望和方差

(1) 设 $X \sim \mathcal{B}(1, p)$, 则 $EX = p$, $\text{Var}(X) = pq$, $q = 1 - p$.

(2) 设 $X \sim \mathcal{B}(n, p)$, 则 $EX = np$, $\text{Var}(X) = npq$, $q = 1 - p$.

(3) 设 $X \sim \mathcal{P}(\lambda)$, 则 $EX = \lambda$, $\text{Var}(X) = \lambda$.

(4) 设 X 服从参数为 p 的几何分布, 则 $EX = 1/p$, $\text{Var}(X) = q/p^2$, $q = 1 - p$.

(5) 设 $X \sim U(a, b)$, 则 $EX = (a + b)/2$, $\text{Var}(X) = (b - a)^2/12$.

(6) 设 $X \sim Exp(\lambda)$, 则 $EX = 1/\lambda$, $\text{Var}(X) = 1/\lambda^2$.

(7) 设 $X \sim N(\mu, \sigma^2)$, 则 $EX = \mu$, $\text{Var}(X) = \sigma^2$.

数学期望的计算　设 $Eg(X)$, $Eh(X, Y)$ 存在, 则有

(1) 若 X 有概率密度 $f(x)$, 则

$$Eg(X) = \int_{-\infty}^{\infty} g(x) f(x)\, dx.$$

若 (X, Y) 有联合密度 $f(x, y)$, 则

$$Eh(X, Y) = \iint_{\mathbf{R}^2} h(x, y) f(x, y)\, dx dy.$$

(2) 若 X 有离散分布 $p_j = P(X = x_j)$, $j \geqslant 1$, 则

$$\mathrm{E}g(X) = \sum_{j=1}^{\infty} g(x_j)p_j.$$

若 (X, Y) 有离散分布 $p_{ij} = P(X = x_i, Y = y_j)$, $i, j \geqslant 1$, 则

$$\mathrm{E}h(X, Y) = \sum_{i=1}^{\infty} \sum_{j=1}^{\infty} h(x_i, y_j)p_{ij}.$$

(3) 若 X 是非负随机变量, 则 $\mathrm{E}X = \displaystyle\int_0^{\infty} P(X > x)\,\mathrm{d}x$.

(4) 若概率密度 $f(x)$ 关于 c 对称, 则 $\mathrm{E}X = c$.

数学期望的性质　设 $\mathrm{E}|X_j| < \infty$ $(1 \leqslant j \leqslant n)$, $c_0, c_1, \cdots, c_n$ 是常数, 则有

(1) 线性组合 $Y = c_0 + c_1 X_1 + c_2 X_2 + \cdots + c_n X_n$ 的数学期望存在, 而且

$$\mathrm{E}(c_0 + c_1 X_1 + c_2 X_2 + \cdots + c_n X_n)$$
$$= c_0 + c_1 \mathrm{E}X_1 + c_2 \mathrm{E}X_2 + \cdots + c_n \mathrm{E}X_n.$$

(2) 如果 $X_1, X_2, \cdots, X_n$ 相互独立, 则乘积 $Z = X_1 X_2 \cdots X_n$ 的数学期望存在, 并且

$$\mathrm{E}(X_1 X_2 \cdots X_n) = (\mathrm{E}X_1)(\mathrm{E}X_2) \cdots (\mathrm{E}X_n).$$

(3) 如果 $P(X_1 \leqslant X_2) = 1$, 则 $\mathrm{E}X_1 \leqslant \mathrm{E}X_2$.

方差的性质　设 a, b, c 是常数, $\mathrm{E}X = \mu$, $\mathrm{Var}(X) < \infty$, $\mu_j = \mathrm{E}X_j$, $\mathrm{Var}(X_j) < \infty$, $j = 1, 2, \cdots, n$, 则有

(1) $\mathrm{Var}(a + bX) = b^2 \mathrm{Var}(X)$;

(2) $\mathrm{Var}(X) = \mathrm{E}(X - \mu)^2 < \mathrm{E}(X - c)^2$, 只要常数 $c \neq \mu$;

(3) $\mathrm{Var}(X) = 0$ 的充分必要条件是 $P(X = \mu) = 1$;

(4) 当 $X_1, X_2, \cdots, X_n$ 相互独立时, $\mathrm{Var}\Big(\displaystyle\sum_{j=1}^{n} X_j\Big) = \sum_{j=1}^{n} \mathrm{Var}(X_j)$.

内积不等式　设 $\mathrm{E}X^2 < \infty$, $\mathrm{E}Y^2 < \infty$, 则有

$$|\mathrm{E}(XY)| \leqslant \sqrt{\mathrm{E}X^2 \, \mathrm{E}Y^2},$$

并且等号成立的充分必要条件是有不全为零的常数 a, b, 使得 $P(aX + bY = 0) = 1$.

相关系数的性质　设 ρ_{XY} 是 X, Y 的相关系数, 则有

(1) $|\rho_{XY}| \leqslant 1$;

(2) $|\rho_{XY}| = 1$ 的充分必要条件是有常数 a, b 使得

$$P(Y = a + bX) = 1;$$

(3) 如果 X, Y 独立, 则 X, Y 不相关;

(4) 当方差有限的 $X_1, X_2, \cdots, X_n$ 两两不相关时, $\mathrm{Var}\Big(\displaystyle\sum_{j=1}^{n} X_j\Big) = \sum_{j=1}^{n} \mathrm{Var}(X_j)$.

协方差矩阵的性质　设 $\boldsymbol{X} = (X_1, X_2)$ 有协方差矩阵 $\boldsymbol{\Sigma}$, $\mathrm{E}\boldsymbol{X} = (\mu_1, \mu_2)$, 则有

(1) Σ 是半正定矩阵;

(2) Σ 退化的充分必要条件是有不全为零的常数 a_1, a_2 使得

$$P\Big(\sum_{i=1}^{2} a_i(X_i - \mu_i) = 0\Big) = 1;$$

(3) 如果 $(X_1, X_2) \sim N(\mu_1, \mu_2; \sigma_1^2, \sigma_2^2; \rho)$, 则

$$\begin{cases} \mathrm{E}X_1 = \mu_1, & \mathrm{E}X_2 = \mu_2, \\ \mathrm{Var}(X_1) = \sigma_1^2, & \mathrm{Var}(X_2) = \sigma_2^2, \\ \rho(X_1, X_2) = \rho, \end{cases}$$

并且 X_1, X_2 独立的充分必要条件是 X_1, X_2 不相关.

■ 习题五参考解答

5.1 设 $X_1, X_2, \cdots, X_n$ 是独立同分布的随机变量, 有概率分布 $P(X = a_j) = p_j$, $j = 1, 2, \cdots, m$. 用频率和概率的关系验证 $\dfrac{1}{n}\sum_{i=1}^{n} X_i \to \mathrm{E}X$.

解 用 $\hat{p}_j$ 表示这 n 个随机变量中取值 a_j 的频率, 则按概率的频率定义, 有

$$\hat{p}_j = \frac{\#\{i \mid X_i = a_j\}}{n} \to p_j, \ n \to \infty.$$

于是

$$\frac{1}{n}\sum_{i=1}^{n} X_i = \frac{1}{n}\sum_{j=1}^{m} a_j \,{}^{\#}\{i \mid X_i = a_j\} = \sum_{j=1}^{m} a_j \hat{p}_j \to \sum_{j=1}^{m} a_j p_j = \mathrm{E}X.$$

5.2 在例 5.1.4 中, 如果不是使用 6 副扑克, 而是使用 1 副扑克, 你押 100 元时, 期望获利多少?

解 用 X 表示你在一局中的获利, $a = 100$. 则

$$p = P(X = 10a) = \frac{13\mathrm{C}_4^2}{\mathrm{C}_{52}^2}, \quad P(X = -a) = 1 - p,$$

于是, 你期望赢利

$$\mathrm{E}X = 10ap - a(1 - p) \approx -35.29 \ (\text{元}).$$

5.3 在例 5.1.3 中, 如果甲赢前两局时因故停止赌博, 甲期望分多少法郎?

解 设想赌博可以继续下去, 再赌三局必出结果, 这三局的结果只能是以下 8 个事件之一:

甲甲甲, 甲甲乙, 甲乙甲, 乙甲甲, 甲乙乙, 乙甲乙, 乙乙甲, 乙乙乙.

这 8 个事件发生的可能性相同. 因为甲在前 2 局中赢了 2 局, 所以只有 "乙乙乙" 发生时, 甲获得 0 法郎, 否则甲获得 100 法郎. 用 X 表示甲应当分到的赌资, 按照以上分析有

$$P(X = 0) = P(\text{乙乙乙}) = \frac{1}{8}, \quad P(X = 100) = 1 - \frac{1}{8} = \frac{7}{8}.$$

于是甲期望分得的赌资是

$$\mathrm{E}X = 0 + 100 \times \frac{7}{8} = 87.5 \ (\text{法郎}).$$

5.4 一部手机收到的短信中有 2% 是广告, 你期望相邻的两次广告短信中有多少条不是广告短信?

解 用 X 表示相邻两次广告短信中的非广告短信数, 则对 $q = 2\%, p = 1 - q$, 有 $P(X = k) = p^k q, \ k = 0, 1, \cdots$. 于是 (参考教材 97 页几何分布的数学期望的计算)

典型题解析5.4

$$\mathrm{E}X = \sum_{k=1}^{\infty} k p^{k-1} p q = \Big(\sum_{k=1}^{\infty} k p^{k-1}\Big) p q$$

$$= p q \frac{\mathrm{d}}{\mathrm{d}p} \Big(\sum_{k=0}^{\infty} p^k\Big) = p q \frac{\mathrm{d}}{\mathrm{d}p} \Big(\frac{1}{1-p}\Big)$$

$$= \frac{p}{q} = 49.$$

5.5 假设一本书稿中每页的打印错误数服从参数为 $\lambda = 2$ 的泊松分布. 假设编辑审稿时以概率 0.85 校对出每一个打印错误. 如果该书有 290 页, 计算校对后全书打印错误数的数学期望.

解 设 $p = 0.85$, 按照教材中例 3.2.4(c), 每页被校对出的打印错误数服从泊松分布 $\mathcal{P}(\lambda p)$, 遗留的打印错误数 X 服从泊松分布 $\mathcal{P}(\lambda q)$, $q = 1 - p = 0.15$. 于是, 校对后每页期望留下 $\mathrm{E}X = \lambda q = 2 \times 0.15 = 0.3$ 个打印错误. 全书 290 页遗留打印错误数的数学期望为 $290 \times 0.3 = 87$ 个.

5.6 甲每天收到的电子邮件数服从泊松分布 $\mathcal{P}(\lambda)$, 且每封电子邮件被过滤掉的概率是 0.2.

(a) 计算一天平均被过滤掉的电子邮件数;

(b) 今天甲看到了 24 h 内的 12 封电子邮件, 计算这 24 h 内平均被过滤掉的电子邮件数.

解 (a) 按照习题 3.5(b) 的结论, 每天被过滤掉的电子邮件数 X 服从泊松分布 $\mathcal{P}(0.2\lambda)$, 于是平均被滤掉的电子邮件数 $\mathrm{E}X = 0.2\lambda$.

(b) 按照习题 3.5(d) 的结论, 每天被过滤掉的电子邮件数 X 和甲看到的电子邮件数 Y 独立. 所以已知 $Y = 12$ 时, X 仍然服从泊松分布 $\mathcal{P}(0.2\lambda)$, $\mathrm{E}X = 0.2\lambda$.

5.7 设 X, Y 独立, 都服从标准正态分布 $N(0,1)$, 求脱靶量 $R = \sqrt{X^2 + Y^2}$ 的数学期望.

解 (X, Y) 有联合密度

$$f(x, y) = \frac{1}{2\pi} \exp\Big(-\frac{x^2 + y^2}{2}\Big).$$

用教材中公式 (5.3.2), 且在积分中采用变换 $x = r\cos\theta$, $y = r\sin\theta$, 得到

$$
\begin{aligned}
ER &= E(X^2 + Y^2)^{1/2} \\
&= \iint_{\mathbf{R}^2} (x^2 + y^2)^{1/2} f(x,y)\mathrm{d}x\mathrm{d}y \\
&= \frac{1}{2\pi} \int_0^{2\pi} \mathrm{d}\theta \int_0^\infty r^2 \exp(-r^2/2)\mathrm{d}r \\
&= \int_0^\infty r^2 \exp(-r^2/2)\,\mathrm{d}r \qquad [\text{取 } t = r^2/2] \\
&= \sqrt{2} \int_0^\infty t^{1/2} \exp(-t)\mathrm{d}t \\
&= \sqrt{\pi/2}.
\end{aligned}
$$

5.8 设 X 在 $(0, \pi/2)$ 上均匀分布, 计算 $E(\sin X)$.

解 X 有概率密度 $f(x) = 2/\pi$, $x \in (0, \pi/2)$, 用教材中 (5.3.1) 式得到

$$
E(X) = \int_{-\infty}^\infty \sin x\, f(x)\,\mathrm{d}x = \frac{2}{\pi} \int_0^{\pi/2} \sin x\,\mathrm{d}x = \frac{2}{\pi}.
$$

5.9 设 (X, Y) 有联合密度

$$
f(x,y) = \begin{cases} \dfrac{3}{2x^3 y^2}, & x > 1, 1 < xy < x^2, \\ 0, & \text{其他}. \end{cases}
$$

计算 EY, $E(XY)^{-1}$.

解 用教材中定理 5.3.1 得到

$$
\begin{aligned}
EY &= \iint_{\mathbf{R}^2} y f(x,y)\mathrm{d}x\mathrm{d}y \\
&= \int_1^\infty \left(\int_{1/x}^x \frac{3}{2x^3 y}\mathrm{d}y \right)\mathrm{d}x \\
&= \int_1^\infty \frac{3}{2x^3}(\ln x + \ln x)\mathrm{d}x \\
&= 3 \int_0^\infty t e^{-2t}\mathrm{d}t \qquad [\text{取 } x = e^t] \\
&= \frac{3}{4}. \\
E(XY)^{-1} &= \iint_{\mathbf{R}^2} (xy)^{-1} f(x,y)\mathrm{d}x\mathrm{d}y \\
&= \int_1^\infty \left(\int_{1/x}^x \frac{3}{2x^4 y^3}\mathrm{d}y \right)\mathrm{d}x \\
&= \int_1^\infty \frac{3}{4x^4}\left(x^2 - \frac{1}{x^2} \right)\mathrm{d}x \\
&= \frac{3}{4}\left(1 - \frac{1}{5} \right) \\
&= \frac{3}{5}.
\end{aligned}
$$

5.10 设 (X, Y) 有联合密度

$$f(x, y) = \begin{cases} 2(3x^3 + xy)/5, & 0 < x < 1, 0 < y < 2, \\ 0, & \text{其他}. \end{cases}$$

计算 $\mathrm{E}X$.

解 用教材中定理 5.3.1 得到

$$\begin{aligned}
\mathrm{E}X &= \iint_{\mathbf{R}^2} x f(x, y) \mathrm{d}x \mathrm{d}y \\
&= \int_0^1 \Big(\int_0^2 [2(3x^4 + x^2 y)/5] \mathrm{d}y \Big) \mathrm{d}x \\
&= \frac{1}{5} \int_0^1 (12x^4 + 4x^2) \mathrm{d}x \\
&= \frac{1}{5} \Big(\frac{12}{5} + \frac{4}{3} \Big) \\
&= \frac{56}{75}.
\end{aligned}$$

5.11 机场巴士从机场运送 38 位乘客离开, 途经 9 个车站. 设每个乘客的行动相互独立, 且在各车站下车的可能性相同, 问平均有多少个车站有人下车?

解 用 $X_i = 1, 0$ 分别表示第 i 站有人和无人下车, 则

$$\mathrm{E}X_i = P(X_i = 1) = 1 - P(X_i = 0) = 1 - (8/9)^{38}.$$

典型题解析5.11

一共有 $Y = \sum_{j=1}^{9} X_j$ 个车站有人下车, 故

$$\mathrm{E}Y = \sum_{j=1}^{9} \mathrm{E}X_j = 9[1 - (8/9)^{38}].$$

5.12 设办公室的 5 台计算机独立工作, 每台计算机等待感染病毒的时间都服从参数是 λ 的指数分布 $Exp(\lambda)$.

(a) 你对首台计算机被病毒感染前的时间期望是多少?

(b) 你对 5 台计算机都被病毒感染前的时间期望是多少?

典型题解析5.12

解 用 X_i 表示第 i 台计算机等待感染病毒的时间, 则它们相互独立.

(a) $Y = \min\{X_j\}$ 是首台计算机被病毒感染的时间, 用教材中公式 (5.3.3), 得到

$$\begin{aligned}
\mathrm{E}Y &= \int_0^\infty P(Y > t) \mathrm{d}t = \int_0^\infty [P(X_i > t)]^5 \mathrm{d}t \\
&= \int_0^\infty \mathrm{e}^{-5\lambda t} \mathrm{d}t = 1/(5\lambda).
\end{aligned}$$

(b) $Z = \max\{X_j\}$ 是 5 台计算机都被病毒感染的时间. 用教材中公式 (5.3.3), 得到

$$\mathrm{E}Z = \int_0^\infty P(Z > t) \mathrm{d}t = \int_0^\infty [1 - P(Z \leqslant t)] \mathrm{d}t$$

$$= \int_0^\infty [1 - P(Z \leqslant t)] \mathrm{d}t$$

$$= \int_0^\infty [1 - P(X_1 \leqslant t)P(X_2 \leqslant t) \cdots P(X_5 \leqslant t)] \mathrm{d}t$$

$$= \int_0^\infty \left[1 - (1 - \mathrm{e}^{-\lambda t})^5\right] \mathrm{d}t$$

$$= \int_0^\infty \left[1 - \sum_{j=0}^5 \mathrm{C}_5^j (-1)^{5-j} \mathrm{e}^{-(5-j)\lambda t}\right] \mathrm{d}t$$

$$= \int_0^\infty \sum_{j=0}^4 \mathrm{C}_5^j (-1)^j \mathrm{e}^{-(5-j)\lambda t} \mathrm{d}t$$

$$= \sum_{j=0}^4 \mathrm{C}_5^j (-1)^j \frac{1}{(5-j)\lambda}$$

$$= \left(\frac{1}{5} - \frac{5}{4} + \frac{10}{3} - \frac{10}{2} + 5\right) \frac{1}{\lambda}$$

$$= \frac{137}{60\lambda}.$$

5.13 设一点随机地落在中心在原点, 半径为 R 的圆周上. 求落点横坐标的数学期望.

解 由对称性直接得到 $\mathrm{E}X = 0$.

另解 横坐标 $X = R\cos\theta$, 其中 $\theta \sim U[0, 2\pi)$. 于是得到

$$\mathrm{E}X = \int_0^{2\pi} \frac{1}{2\pi} R \cos\theta \, \mathrm{d}\theta = 0.$$

5.14 设 (X, Y) 在单位圆 $D = \{(x, y)|x^2 + y^2 \leqslant 1\}$ 内均匀分布, 计算 $\mathrm{E}\sqrt{X^2 + Y^2}$.

解 (X, Y) 有联合密度 $f(x, y) = 1/\pi$, $(x, y) \in D$, 用教材中公式 (5.3.2), 且在积分中采用变换 $x = r\cos\theta$, $y = r\sin\theta$, 得到

$$\mathrm{E}(X^2 + Y^2)^{1/2}$$

$$= \iint_{\mathbf{R}^2} (x^2 + y^2)^{1/2} f(x, y) \, \mathrm{d}x\mathrm{d}y$$

$$= \frac{1}{\pi} \int_0^{2\pi} \mathrm{d}\theta \int_0^1 r^2 \mathrm{d}r = \frac{2}{3}.$$

5.15 设 $X_1, X_2, \cdots, X_n$ 是两两不相关的随机变量, 有相同的数学期望 μ 和方差 σ^2, 计算

(a) $S_n = X_1 + X_2 + \cdots + X_n$ 的数学期望和方差;

(b) S_n/n 的数学期望和方差;

(c) $T_n = X_1 - X_2 + \cdots + (-1)^{n-1} X_n$ 的数学期望和方差.

解 (a) 用教材中定理 5.4.1 得到 $\mathrm{E}S_n = \mathrm{E}X_1 + \mathrm{E}X_2 + \cdots + \mathrm{E}X_n = n\mu$.

用教材中定理 5.6.2(4) 得到

$$\mathrm{Var}(S_n) = \mathrm{Var}(X_1) + \mathrm{Var}(X_2) + \cdots + \mathrm{Var}(X_n) = n\sigma^2.$$

(b) $\mathrm{E}S_n/n = (\mathrm{E}S_n)/n = \mu$.

用教材中定理 5.5.2(1) 得到 $\mathrm{Var}(S_n/n) = \mathrm{Var}(S_n)/n^2 = \sigma^2/n$.

(c) $\mathrm{E}T_n = \mathrm{E}X_1 - \mathrm{E}X_2 + \cdots + (-1)^{n-1}\mathrm{E}X_n = 0$, 当 $n = 2m$ 是偶数时.

$\mathrm{E}T_n = \mathrm{E}X_1 - \mathrm{E}X_2 + \cdots + (-1)^{n-1}\mathrm{E}X_n = \mu$, 当 $n = 2m+1$ 是奇数时.

用教材中定理 5.6.2(4) 得到

$$\mathrm{Var}(T_n) = \mathrm{Var}(X_1) + \mathrm{Var}(X_2) + \cdots + \mathrm{Var}(X_n) = n\sigma^2.$$

5.16 一个公交车站有 1 路, 2 路, $\cdots$, 5 路汽车停靠. 早 7:00 至 8:00 之间到达的乘客数服从参数为 $\lambda = 90$ 的泊松分布. 若其中有 $i/15$ 的人乘 i 路车, 且每个人的行为相互独立, 计算乘各路车的人数的数学期望和方差.

解 按照教材中例 3.2.4(c) 或者习题 3.5(b) 的结论知道乘 i 路车人数 $X_i \sim \mathcal{P}(i\lambda/15)$, 故 $\mathrm{E}X_i = i\lambda/15 = 6i$. 泊松分布的方差等于数学期望: $\mathrm{Var}(X_i) = 6i$.

5.17 设一种电子产品的使用寿命服从指数分布 $Exp(\lambda)$, 该产品工作了 20 h 后, 计算剩余寿命的数学期望和方差.

解 因为服从指数分布 $Exp(\lambda)$ 的随机变量 X 有无记忆性, 所以剩余寿命 $X|\{X > 20\}$ 仍然服从指数分布 $Exp(\lambda)$. 因而剩余寿命的数学期望和方差分别为指数分布 $Exp(\lambda)$ 的数学期望和方差. 记作

$$\mathrm{E}(X|X > 20) = 1/\lambda, \quad \mathrm{Var}(X|X > 20) = 1/\lambda^2.$$

5.18 设 (X, Y) 有概率密度

$$f(x,y) = \begin{cases} x + y, & x \in (0,1), y \in (0,1), \\ 0, & 其他. \end{cases}$$

计算 $\mathrm{Cov}(X, Y)$.

解 用教材中公式 (5.3.2) 得到

$$\begin{aligned}
\mathrm{E}X &= \iint_{\mathbf{R}^2} x f(x,y)\mathrm{d}x\mathrm{d}y \\
&= \int_0^1 \left(\int_0^1 x(x+y)\mathrm{d}y \right) \mathrm{d}x \\
&= \int_0^1 (x^2 + x/2)\mathrm{d}x \\
&= 1/3 + 1/4 = 7/12.
\end{aligned}$$

同理得到 $\mathrm{E}Y = 7/12$.

$$\begin{aligned}
\mathrm{E}(XY) &= \iint_{\mathbf{R}^2} xy f(x,y)\mathrm{d}x\mathrm{d}y \\
&= \int_0^1 \left(\int_0^1 xy(x+y)\mathrm{d}y \right) \mathrm{d}x
\end{aligned}$$

$$= \int_0^1 (x^2/2 + x/3)\mathrm{d}x$$

$$= 1/6 + 1/6 = 1/3.$$

利用教材中公式 (5.6.5) 得到

$$\mathrm{Cov}(X, Y) = \mathrm{E}(XY) - (\mathrm{E}X)(\mathrm{E}Y) = 1/3 - 49/144 = -1/144.$$

5.19 设 X, Y, Z 相互独立, $X \sim N(\mu_X, \sigma_X^2)$, $Y \sim N(\mu_Y, \sigma_Y^2)$, $Z \sim N(\mu_Z, \sigma_Z^2)$, a, b, c 不全为零. 求 $U = aX + bY + cZ + d$ 的概率分布.

解 由教材中定理 4.6.1(6) 知道线性组合 $U = aX + bY + cZ + d$ 服从正态分布. 因为

$$\mathrm{E}U = a\mu_X + b\mu_Y + c\mu_Z + d,$$

$$\mathrm{Var}(U) = a^2\sigma_X^2 + b^2\sigma_Y^2 + c^2\sigma_Z^2,$$

所以 $U \sim N(a\mu_X + b\mu_Y + c\mu_Z + d, \ a^2\sigma_X^2 + b^2\sigma_Y^2 + c^2\sigma_Z^2)$.

5.20 设 $X_1, X_2, \cdots, X_n$ 相互独立, $X_j \sim N(\mu_j, \sigma_j^2)$, $a_1, a_2, \cdots, a_n$ 是不全为零的常数, 求 $V = a_1X_1 + a_2X_2 + \cdots + a_nX_n$ 的概率分布.

解 由教材中定理 4.6.1(6) 知道线性组合 V 服从正态分布. 因为

$$\mathrm{E}V = \sum_{j=1}^n a_j\mu_j, \quad \mathrm{Var}(V) = \sum_{j=1}^n a_j^2\sigma_j^2,$$

所以 $V \sim N\Big(\sum_{j=1}^n a_j\mu_j, \sum_{j=1}^n a_j^2\sigma_j^2\Big)$.

5.21 设活塞 X 的平均直径 (单位: cm) 是 20.00, 标准差是 0.02; 气缸 Y 的平均直径是 20.10, 标准差是 0.02. 设 X, Y 独立且都服从正态分布, 计算活塞能装入气缸的概率.

解 因为 $\mathrm{E}(X - Y) = -0.10$, $\mathrm{Var}(X - Y) = 2 \times 0.02^2 = 0.028\,3^2$, 所以 $X - Y \sim N(-0.10, 0.028\,3^2)$. 于是活塞能装入气缸的概率

$$P(X < Y) = P(X - Y < 0)$$

$$= P\Big(\frac{X - Y + 0.10}{0.028\,3} < \frac{0.10}{0.028\,3}\Big)$$

$$\approx \Phi(3.53) = 0.999\,8.$$

5.22 设 $X_1, X_2, \cdots, X_n$ 相互独立, 都在 $(0, 1)$ 上均匀分布. 计算 $\mathrm{E}\min\{X_1, X_2, \cdots, X_n\}$, $\mathrm{E}\max\{X_1, X_2, \cdots, X_n\}$.

解 因为 X_i 在 $(0, 1)$ 上均匀分布, 所以 $P(X_i > x) = 1 - x$, $P(X_i \leqslant x) = x$, 设 $U = \min(X_1, X_2, \cdots, X_n)$, 用教材中公式

典型题解析5.22

(5.3.3) 得到

$$\mathrm{E}U = \int_0^\infty P(U > x)\mathrm{d}x = \int_0^1 [P(X_i > x)]^n\mathrm{d}x = \int_0^1 (1 - x)^n\mathrm{d}x = \frac{1}{n+1}.$$

设 $V = \max(X_1, X_2, \cdots, X_n)$, 用教材中公式 (5.3.3) 得到

$$
\begin{aligned}
\mathrm{E}V &= \int_0^\infty P(V > x)\mathrm{d}x \\
&= \int_0^1 [1 - P(V \leqslant x)]\mathrm{d}x \\
&= \int_0^1 \{1 - [P(X_i \leqslant x)]^n\}\mathrm{d}x \\
&= \int_0^1 (1 - x^n)\mathrm{d}x = \frac{n}{n+1}.
\end{aligned}
$$

5.23　假设你的手机接到短信的时间间隔是相互独立的随机变量, 都服从参数为 $\lambda = 1/2$ 的指数分布. 当你在等一个老朋友的短信时, 如果每个短信以概率 $p = 0.1$ 来自你的这位朋友, 从 $t = 0$ 开始, 用 Y 表示等待时间的长度. 计算

(a) 等待时间 Y 的概率分布;

(b) 等待时间 Y 的数学期望和方差.

解　(a) 先说明 Y 服从指数分布. 已知 $\{Y > t\}$ 时, 因为 $\{Y > t+y\}$ 表示在 $[t, t+y)$ 内 (再等 y 时) 没有收到老朋友的短信. 所以 $\{Y > t+y\}|\{Y > t\}$ 是你从 t 开始重新等老朋友的短信, 并且短信的到达间隔是相互独立的随机变量, 都服从参数为 $\lambda = 1/2$ 的指数分布, 每个短信以概率 $p = 0.1$ 来自你的这位朋友. 从指数分布的无记忆性知道, 这和从 $t = 0$ 开始等的情况是一样的. 于是得到

$$
P(Y > t+y | Y > t) = P(Y > y).
$$

说明 Y 有无记忆性, 即服从指数分布.

用 $X_1, X_2, \cdots,$ 表示依次到达的短信的间隔时间, 则 $\mathrm{E}X_i = 1/\lambda = 2$. 用 $N = i$ 表示第 i 个到达的短信才是来自这位老朋友的短信, 则

$$
\mathrm{E}(Y | N = i) = \mathrm{E}(X_1 + X_2 + \cdots + X_i) = i\mathrm{E}X_1 = i/\lambda = 2i.
$$

用教材中公式 (5.3.3) 得到

$$
\int_0^\infty P(Y > y | N = i)\mathrm{d}y = \mathrm{E}(Y | N = i) = 2i.
$$

设 $p = 0.1$, $q = 0.9$, 用教材中公式 (5.3.3) 和全概率公式得到

$$
\begin{aligned}
\mathrm{E}Y &= \int_0^\infty P(Y > y)\mathrm{d}y \\
&= \int_0^\infty \sum_{i=1}^\infty P(N = i)P(Y > y | N = i)\mathrm{d}y \\
&= \sum_{i=1}^\infty P(N = i) \int_0^\infty P(Y > y | N = i)\mathrm{d}y \\
&= \sum_{i=1}^\infty p^{i-1}q(2i)
\end{aligned}
$$

$$= 2 \sum_{i=1}^{\infty} i p^{i-1} q$$

$$= 2/p = 20.$$

说明 $Y \sim Exp(1/20)$.

(b) 由 (a) 的结论知道 $EY = 20$, $\text{Var}(Y) = 20^2 = 400$.

另解 从关于泊松分布的性质, 教材中例 3.3.2 的解答可以猜测 $(0, t)$ 内收到的短信数 $N(t)$ 服从泊松分布 $\mathcal{P}(\lambda t)$, 且 $\lambda = 1/2$. 我们先解决这个问题.

用 S_k 表示第 k 个短信的到达时刻, 则 $S_k = X_1 + X_2 + \cdots + X_k$, 其中 $X_1, X_2, \cdots, X_k$ 相互独立, 都服从指数分布 $Exp(\lambda)$.

参考教材中例 3.3.4, 需要用数学归纳法证明 S_n 服从 $\Gamma(k, \mu)$ 分布, 有概率密度 (见例 3.3.4)

$$f_k(t) = \frac{\lambda^k}{\Gamma(k)} t^{k-1} \mathrm{e}^{-\lambda t}, \quad t > 0.$$

$n = 1$ 时 $f_1(t) = \lambda \mathrm{e}^{-\lambda t}, t > 0$, 结论成立.

设结论对 $n - 1$ 成立, 即 S_{n-1} 有概率密度

$$f_{k-1}(t) = \frac{\lambda^{k-1}}{\Gamma(k-1)} t^{k-2} \mathrm{e}^{-\lambda t} \mathrm{I}[t > 0].$$

X_k 有概率密度 $f_1(x) = \lambda \mathrm{e}^{-\lambda x} \mathrm{I}[x > 0]$. 按照公式 (4.4.4), $S_k = S_{k-1} + X_k$ 有概率密度

$$\begin{aligned}
f_k(t) &= \int_0^{\infty} f_1(x) f_{k-1}(t-x) \mathrm{d}x \\
&= \int_0^{\infty} \lambda \mathrm{e}^{-\lambda x} \frac{\lambda^{k-1}}{\Gamma(k-1)} (t-x)^{k-2} \mathrm{e}^{-\lambda(t-x)} \mathrm{I}[t-x > 0] \mathrm{d}x \\
&= \frac{\lambda^k \mathrm{e}^{-\lambda t}}{\Gamma(k-1)} \int_0^t (t-x)^{k-2} \mathrm{d}x \\
&= \frac{\lambda^k \mathrm{e}^{-\lambda t}}{\Gamma(k-1)} \frac{t^{k-1}}{k-1} \\
&= \frac{\lambda^k}{\Gamma(k)} t^{k-1} \mathrm{e}^{-\lambda t}, \quad t > 0.
\end{aligned}$$

于是证明了 S_n 服从 $\Gamma(k, \mu)$ 分布. 按照例 3.3.4 的结论, S_k 有分布函数

$$F_k(t) = P(S_k \leqslant t) = 1 - \sum_{j=0}^{k-1} \frac{(\lambda t)^j}{j!} \mathrm{e}^{-\lambda t}.$$

因为 $\{S_k \leqslant t\}$ 和 $\{N(t) \geqslant k\}$ 都表示 $(0, 1)$ 内至少收到了 k 个短信, 所以

$$\begin{aligned}
P(N(t) = k) &= P(N(t) \geqslant k) - P(N(t) \geqslant k+1) \\
&= P(S_k \leqslant t) - P(S_{k+1} \leqslant t) \\
&= F_k(t) - F_{k+1}(t) = \frac{(\lambda t)^k}{k!} \mathrm{e}^{-\lambda t}.
\end{aligned}$$

(a) 以上结论表明 $(0, t)$ 内收到的短信数服从泊松分布 $\mathcal{P}(\lambda t)$. 按例 3.2.4(c) 的结论知道 $(0, t)$ 内收到那个老朋友的短信数服从泊松分布 $\mathcal{P}(0.1\lambda)$. 再用例 3.3.2 的结论等待时间 Y 服从指数分布 $Exp(0.1\lambda)$.

(b) 由 (a) 知道 $EY = 1/(0.1\lambda) = 20$, $\mathrm{Var}(Y) = 20^2 = 400$.

5.24 如果每个人的手机对下一个呼叫的等待时间 (单位: min) 服从指数分布 $Exp(1/48)$. 在以下的情况下, 平均几分钟会听到一次电话呼叫.

(a) 开会时有 4 个人没将手机调到静音;

(b) 开会时有 24 个人没将手机调到静音;

(c) 开会时有 60 个人没将手机调到静音.

解 用 X_i 表示第 i 个人没有将手机调到静音, 则 $X_1, X_2, \cdots, X_n$ 相互独立, 都服从指数分布 $Exp(\lambda)$, $\lambda = 1/48$. 设 $Y_n = \min\{X_1, X_2, \cdots, X_n\}$, 则 Y_n 是开会时有 n 个人没将手机调到静音时到达的第一个电话呼叫时刻. 用教材中公式 (5.3.3) 得到

$$
\begin{aligned}
EY_n &= \int_0^\infty P(Y_n > y)\mathrm{d}y \\
&= \int_0^\infty P(X_1 > y, X_2 > y, \cdots, X_n > y)\mathrm{d}y \\
&= \int_0^\infty [P(X_1 > y)]^n \mathrm{d}y \\
&= \int_0^\infty (\mathrm{e}^{-\lambda y})^n \mathrm{d}y \\
&= \int_0^\infty \mathrm{e}^{-n\lambda y}\mathrm{d}y = 1/(n\lambda).
\end{aligned}
$$

于是得到 (a) $EY_4 = 1/(4\lambda) = 12$. (b) $EY_{24} = 1/(24\lambda) = 2$. (c) $EY_{60} = 1/(60\lambda) = 0.8$.

注 容易证明 Y_n 服从指数分布 $Exp(n\lambda)$.

5.25 甲有 8 万元可以投资两个项目. 项目 A 需要投资至少 5 万, 成功的概率是 0.8, 失败的概率是 0.2, 成功后收回本金并获利 50%, 失败将损失 2 万. 项目 B 需要投资至少 6 万, 成功的概率是 0.6, 失败的概率是 0.4, 成功后收回本金并获利 70%, 失败将损失 3 万. 假设甲总是将手中的资金全部用于投资, 且只能对各项目投资一次.

(a) 分别计算投资项目 A, B 的平均收益;

(b) 先投资项目 A, 然后再投资项目 B 时, 求平均收益和方差;

(c) 先投资项目 B, 然后再投资项目 A 时, 求平均收益和方差;

(d) 应当先投资项目 A 然后再投资项目 B, 还是应当先投资项目 B 然后再投资项目 A?

解 用 A, B 分别表示投资项目 A, B 成功, 则 $P(A) = 0.8$, $P(B) = 0.6$.

用 X 表示投资的收益.

(a) 投资项目 A 时, $P(X = 4) = P(A) = 0.8$, $P(X = -2) = 0.2$. 投资项目 A 的平

均收益

$$EX = 4 \times 0.8 - 2 \times 0.2 = 2.8.$$

投资项目 B 时, $P(X = 5.6) = P(B) = 0.6$, $P(X = -3) = 0.4$. 投资项目 B 的平均收益

$$EX = 5.6 \times 0.6 - 3 \times 0.4 = 2.16.$$

(b) 当投资 A, B 都成功有

$$P(X = 12 \times (1 + 0.7) - 8) = P(X = 12.4) = P(AB) = 0.48.$$

当投资 A 失败, 投资 B 成功有

$$P(X = 6 \times (1 + 0.7) - 8) = P(X = 2.2) = P(\overline{A}B) = 0.12.$$

当投资 A 成功, 投资 B 失败有

$$P(X = (12 - 3) - 8) = P(X = 1) = P(A\overline{B}) = 0.32.$$

当投资 A, B 都失败有

$$P(X = -2 - 3) = P(-5) = P(\overline{A}\,\overline{B}) = 0.08.$$

于是得到先投资项目 A, 然后再投资项目 B 时的平均收益

$$EX = 12.4 \times 0.48 + 2.2 \times 0.12 + 0.32 - 5 \times 0.08 = 6.136,$$

方差是

$$\mathrm{Var}(X) = EX^2 - (EX)^2$$

$$= 12.4^2 \times 0.48 + 2.2^2 \times 0.12 + 0.32 + 5^2 \times 0.08 - 6.136^2 = 39.055.$$

(c) 按 (b) 的方法得到先投资项目 B, 然后再投资项目 A 时的平均收益 $EX = 5.824$, 方差 $\mathrm{Var}(X) = 43.521$.

(d) 先投资 A 再投资 B 时的平均收益更高和风险 (方差) 更小.

5.26 当方差有限的 $X_1, X_2, \cdots, X_n$ 两两不相关时, 证明

$$\mathrm{Var}\Big(\sum_{j=1}^{n} X_j\Big) = \sum_{j=1}^{n} \mathrm{Var}(X_j).$$

解 设 $EX_i = \mu_i$, 则当 $i \neq j$ 时 $\mathrm{Cov}(X_i, X_j) = E(X_j - \mu_j)(X_i - \mu_i) = 0$, 于是

$$\mathrm{Var}\Big(\sum_{j=1}^{n} X_j\Big) = E\Big[\sum_{j=1}^{n}(X_j - \mu_j)\Big]^2$$

$$= E\Big[\sum_{j=1}^{n}\sum_{i=1}^{n}(X_j - \mu_j)(X_i - \mu_i)\Big]$$

$$= E\Big[\sum_{j=1}^{n}(X_j - \mu_j)^2 + \sum_{i \neq j}(X_j - \mu_j)(X_i - \mu_i)\Big]$$

$$= \sum_{j=1}^{n} E(X_j - \mu_j)^2 + \sum_{i \neq j} E(X_j - \mu_j)(X_i - \mu_i)$$

$$= \sum_{j=1}^{n} \mathrm{E}(X_j - \mu_j)^2 + 0$$

$$= \sum_{j=1}^{n} \mathrm{Var}(X_j).$$

5.27 当 X, Y, U, V 的方差有限, a, b, c, d 是常数, 证明

(a) $\mathrm{Var}(X \pm Y) = \mathrm{Var}(X) + \mathrm{Var}(Y) \pm 2\mathrm{Cov}(X, Y)$;

(b) $\mathrm{Cov}(aX + bY, cU + dV)$

$= ac\mathrm{Cov}(X, U) + ad\mathrm{Cov}(X, V) + bc\mathrm{Cov}(Y, U) + bd\mathrm{Cov}(Y, V)$.

解 (a) 设 $\mu_X = \mathrm{E}X$, $\mu_Y = \mathrm{E}Y$, 则

$$\mathrm{Var}(X + Y) = \mathrm{E}\left[(X + Y) - (\mu_X + \mu_Y)\right]^2$$

$$= \mathrm{E}\left[(X - \mu_X) + (Y - \mu_Y)\right]^2$$

$$= \mathrm{E}(X - \mu_X)^2 + \mathrm{E}(Y - \mu_Y)^2 + 2\mathrm{E}[(X - \mu_X)(Y - \mu_Y)]$$

$$= \mathrm{Var}(X) + \mathrm{Var}(Y) + 2\mathrm{Cov}(X, Y),$$

$$\mathrm{Var}(X - Y) = \mathrm{E}\left[(X - \mu_X) - (Y - \mu_Y)\right]^2$$

$$= \mathrm{E}(X - \mu_X)^2 + \mathrm{E}(Y - \mu_Y)^2 - 2\mathrm{E}[(X - \mu_X)(Y - \mu_Y)]$$

$$= \mathrm{Var}(X) + \mathrm{Var}(Y) - 2\mathrm{Cov}(X, Y).$$

(b) 用教材中公式 (5.6.5) 的第二式, 注意用 $\mathrm{Cov}(X, Y) = \mathrm{Cov}(Y, X)$, 得到

$$\mathrm{Cov}(aX + bY, cU + dV)$$

$$= a\mathrm{Cov}(X, cU + dV) + b\mathrm{Cov}(Y, cU + dV)$$

$$= ac\mathrm{Cov}(X, U) + ad\mathrm{Cov}(X, V) + bc\mathrm{Cov}(Y, U) + bd\mathrm{Cov}(Y, V).$$

■ 考研复习

基本内容 数学期望, 方差, 标准差, 协方差, 相关系数.

注 $\mathrm{D}(X) = \mathrm{Var}(X)$ 都表示 X 的方差.

基本概念 $\mu = \mathrm{E}X$ 和总体均值的关系、μ 的统计含义、$\sigma^2 = \mathrm{Var}(X) \stackrel{\mathrm{def}}{=\!=} \mathrm{D}(X)$ 和总体方差的关系.

常用分布的期望和方差

(1) $\mathcal{B}(n, p)$: np, npq.

(2) $\mathcal{P}(\lambda)$: λ, λ.

(3) $Exp(\lambda)$: $1/\lambda$, $1/\lambda^2$.

(4) $N(\mu, \sigma^2)$: μ, σ^2.

(5) 超几何分布 $H(N, M, n)$: $n(M/N)$.

(6) 均匀分布 $U(a,b)$: $(a+b)/2$.

(7) 对称分布的期望.

随机变量的相关性 独立推出不相关, 反之不然.

计算公式

(1) $\mathrm{E}g(X) = \displaystyle\int_{-\infty}^{\infty} g(x)f(x)\,\mathrm{d}x$

(2) $\mathrm{E}h(X,Y) = \displaystyle\iint_{\mathbf{R}^2} h(x,y)f(x,y)\,\mathrm{d}x\mathrm{d}y$.

(3) 若 $X \geqslant 0$, 则 $\mathrm{E}X = \displaystyle\int_{0}^{\infty} P(X > x)\,\mathrm{d}x$.

(4) $\mathrm{E}g(X) = \displaystyle\sum_{j=1}^{\infty} g(x_j)p_j$.

(5) $\mathrm{E}h(X,Y) = \displaystyle\sum_{i=1}^{\infty}\sum_{j=1}^{\infty} h(x_i,y_j)p_{ij}$.

常用公式

(1) $\mathrm{E}(c_0 + c_1 X_1 + c_2 X_2) = c_0 + c_1\mathrm{E}X_1 + c_2\mathrm{E}X_2$.

(2) 相互独立时: $\mathrm{E}(X_1 X_2 \cdots X_n) = (\mathrm{E}X_1)(\mathrm{E}X_2)\cdots(\mathrm{E}X_n)$.

(3) $\mathrm{Var}(X) = \mathrm{E}X^2 - (\mathrm{E}X)^2$.

(4) $\mathrm{Cov}(X,Y) = \mathrm{E}(XY) - (\mathrm{E}X)(\mathrm{E}Y)$.

(5) $\mathrm{Cov}(aX + bY, Z) = a\mathrm{Cov}(X,Z) + b\mathrm{Cov}(Y,Z)$.

(6) $|\rho_{XY}| = 1$ 当且仅当有常数 a, b 使得 $P(Y = a + bX) = 1$.

(7) $\mathrm{Var}(X \pm Y) = \mathrm{Var}(X) + \mathrm{Var}(Y) \pm 2\mathrm{Cov}(X,Y)$.

(8) 当方差有限的 $X_1, X_2, \cdots, X_n$ 两两不相关时, $\mathrm{Var}\left(\displaystyle\sum_{j=1}^{n} X_j\right) = \displaystyle\sum_{j=1}^{n}\mathrm{Var}(X_j)$.

■ 试题参考解答

试题 5.1 已知甲、乙两箱中有同种产品. 甲箱中有三件正品三件次品, 乙箱中只有三件正品. 先从甲箱中任取三件放入乙箱后, 求

(1) 乙箱中次品数 X 的数学期望.

(2) 从乙箱中任取一件, 得到次品的概率.

解 (1) 用 Y 表示从甲箱中任取三件得到的次品数, 则 Y 服从超几何分布, $N = 6$, $M = 3$, $\mathrm{E}Y = 3M/N = 3/2$.

因为乙箱中的次品数 $X = Y + 0$, 所以 $\mathrm{E}X = 3/2$.

(2) 因为乙箱的 6 件产品中平均有 $3/2 = 1.5$ 件次品, 所以任取一件得到次品的概率为 $1.5/6 = 1/4$.

另解 (2) 用 A 表示在乙箱中任取一件得到次品, 用 Y 表示从甲箱中任取三件得到的次品数, 用全概率公式得到

$$
\begin{aligned}
P(A) &= \sum_{j=0}^{3} P(Y=j)P(A|Y=j) \\
&= \sum_{j=0}^{3} P(Y=j)\frac{j}{6} \\
&= \frac{1}{6}\sum_{j=0}^{3} jP(Y=j) \\
&= \frac{1}{6}\mathrm{E}Y = \frac{1}{6}\times\frac{3}{2} = \frac{1}{4}.
\end{aligned}
$$

试题 5.2 设 $X_1, X_2, \cdots, X_n$ 是 $N(0, \sigma^2)$ 的简单随机样本, $\overline{X}$ 是样本均值, $Y_i = X_i - \overline{X}$.

(1) 求 Y_i 的方差 $\mathrm{Var}(Y_i)$;

(2) 求 Y_1, Y_n 的协方差;

(3) 如果 $c(Y_1 + Y_n)^2$ 是 σ^2 的无偏估计, 求 c.

解 (1) 因为独立随机变量和的方差等于方差的和, 所以有

$$
\begin{aligned}
\mathrm{Var}(Y_i) &= \mathrm{Var}(X_i - \overline{X}) \\
&= \mathrm{Var}\Big(X_i - \frac{1}{n}\sum_{j=1}^{n} X_j\Big) \\
&= \frac{1}{n^2}\mathrm{Var}\Big[(n-1)X_i - \sum_{j\neq i}^{n} X_j\Big] \\
&= \frac{1}{n^2}\Big[(n-1)^2\mathrm{Var}(X_i) - \sum_{j\neq i}^{n} \mathrm{Var}(X_j)\Big] \\
&= \frac{(n-1)^2}{n^2}\sigma^2 + \frac{n-1}{n^2}\sigma^2 \\
&= \frac{n-1}{n}\sigma^2.
\end{aligned}
$$

(2) 用公式 $\mathrm{Cov}(Z, aX+bY) = a\mathrm{Cov}(Z, X) + b\mathrm{Cov}(Z, Y)$, 以及对 $j \neq 1$, $\mathrm{Cov}(X_1, X_j) = 0$, 得到

$$
\begin{aligned}
\mathrm{Cov}(X_1, \overline{X}) &= \mathrm{Cov}\Big(X_1, \frac{X_1 + X_2 + \cdots + X_n}{n}\Big) \\
&= \frac{1}{n}\mathrm{Cov}(X_1, X_1) + 0 = \frac{\sigma^2}{n}.
\end{aligned}
$$

$$
\begin{aligned}
\mathrm{Cov}(Y_1, Y_n) &= \mathrm{E}(X_1 - \overline{X})(X_n - \overline{X}) \\
&= \mathrm{E}(X_1 X_n - X_1\overline{X} - \overline{X}X_n + \overline{X}^2) \\
&= (0 - 1/n - 1/n + 1/n)\sigma^2
\end{aligned}
$$

$$= -\sigma^2/n.$$

(3) 注意用 $\mathrm{E}Y_i = 0$, 得到

$$\begin{aligned}
\mathrm{E}(Y_1 + Y_n)^2 &= \mathrm{E}Y_1^2 + \mathrm{E}Y_n^2 + 2\mathrm{E}(Y_1 Y_n) \\
&= \mathrm{Var}(Y_1) + \mathrm{Var}(Y_n) + 2\mathrm{Cov}(Y_1, Y_n) \\
&= 2\frac{n-1}{n}\sigma^2 - 2\frac{\sigma^2}{n} \\
&= \frac{2(n-2)}{n}\sigma^2.
\end{aligned}$$

因为 $\mathrm{E}c(Y_1 + Y_n)^2 = c\mathrm{E}(Y_1 + Y_n)^2 = \sigma^2$, 所以

$$c = \sigma^2/\mathrm{E}(Y_1 + Y_n)^2 = n/[2(n-2)].$$

试题 5.3 设 X, Y 独立, $P(X = \pm 1) = 1/2$, $Y \sim \mathcal{P}(\lambda)$, $Z = XY$.

(1) 求协方差 $\mathrm{Cov}(X, Z)$;

(2) 求 Z 的分布.

解 易见 $\mathrm{E}X = 0$, $\mathrm{E}Z = (\mathrm{E}X)(\mathrm{E}Y) = 0$, $X^2 = 1$.

(1) $\begin{aligned}[t] \mathrm{Cov}(X, Z) &= \mathrm{E}[X(Z - \mathrm{E}Z)] = \mathrm{E}(XXY) \\ &= (\mathrm{E}X^2)(\mathrm{E}Y) = \mathrm{E}Y = \lambda. \end{aligned}$

(2) 对整数 $k \neq 0$, 用全概率公式得到

$$\begin{aligned}
P(Z = k) &= P(XY = k, X = 1) + P(XY = k, X = -1) \\
&= P(Y = k, X = 1) + P(-Y = k, X = -1) \\
&= P(Y = k)P(X = 1) + P(Y = -k)P(X = -1) \\
&= P(Y = k)/2 + P(Y = -k)/2 \\
&= P(Y = |k|)/2.
\end{aligned}$$

因为 $P(Z = 0) = P(Y = 0) = \mathrm{e}^{-\lambda}$, 所以得到

$$P(Z = k) = \begin{cases} \mathrm{e}^{-\lambda}, & k = 0; \\ \dfrac{\lambda^{|k|}}{|k|!2}\mathrm{e}^{-\lambda}, & k = \pm 1, \pm 2, \cdots. \end{cases}$$

试题 5.4 设 X, Y 独立, X 服从参数为 1 的指数分布, $P(Y = 1) = p$, $P(Y = -1) = 1 - p$, $p \in (0, 1)$, $Z = XY$.

(1) 求 Z 的概率密度;

(2) p 取何值时 X, Z 不相关;

(3) X, Z 是否独立.

解 (1) 设 $q = 1 - p$. 对于任何 z, 有

$$P(Z = z) = P(XY = z, Y = 1) + P(XY = z, Y = -1)$$

$$= P(X = z, Y = 1) + P(-X = z, Y = -1)$$

$$= pP(X = z) + qP(X = -z).$$

因为对 $z \geqslant 0$, $P(X = z) = \mathrm{e}^{-z}\mathrm{d}x$, 所以 Z 有密度

$$f(z) = \begin{cases} p\mathrm{e}^{-z}, & z \geqslant 0, \\ q\mathrm{e}^{z}, & z < 0. \end{cases}$$

(2) 因为 $\mathrm{E}X = 1$, $\mathrm{E}Y = p - q$,

$$\mathrm{E}X^2 = \int_0^\infty x^2 \mathrm{e}^{-x}\mathrm{d}x = \Gamma(3) = 2.$$

所以

$$\mathrm{E}Z = (\mathrm{E}X)(\mathrm{E}Y) = p - q;$$

$$\mathrm{E}(XZ) = (\mathrm{E}X^2)(\mathrm{E}Y) = 2(p - q);$$

$$\mathrm{Cov}(X, Z) = \mathrm{E}(XZ) - (\mathrm{E}X)(\mathrm{E}Z);$$

$$= 2(p - q) - (p - q) = p - q.$$

当且仅当 $p = 1/2$ 时, X, Z 不相关.

(3) X, Z 不独立. 因为 X 的取值会影响 Z 的取值.

试题 5.5 设 X 有概率密度 $f(x) = x/2$, $x \in (0, 2)$, $F(x) = P(X \leqslant x)$, 计算 $P(F(X) > \mathrm{E}X - 1)$.

解 因为 $Y \stackrel{\text{def}}{=} F(X) \sim U(0, 1)$ (参考试题 3.17), 且

$$\mathrm{E}X = \int_0^2 \frac{x^2}{2}\mathrm{d}x = \frac{4}{3}, \quad \mathrm{E}X - 1 = \frac{1}{3},$$

所以

$$P(F(X) > \mathrm{E}X - 1) = P(Y > 1/3) = 2/3.$$

注 如果 X 的分布函数 $F(x)$ 连续, 则 $Y = F(X)$ 在 $(0, 1)$ 中均匀分布.

另解 1 用 $\mathrm{E}X - 1 = 1/3$ 得到

$$P(F(X) > \mathrm{E}X - 1) = 1 - P(F(X) \leqslant 1/3)$$

$$= 1 - P(X \leqslant F^{-1}(1/3))$$

$$= 1 - F(F^{-1}(1/3))$$

$$= 1 - 1/3 = 2/3.$$

另解 2 因为

$$\mathrm{E}X = \int_0^2 \frac{x^2}{2}\mathrm{d}x = \frac{4}{3}, \ \mathrm{E}X - 1 = 1/3,$$

$$F(x) = P(X \leqslant x) = \int_0^x \frac{s}{2}\mathrm{d}s = \frac{x^2}{4}, \ x \in (0, 2),$$

所以 $F(X) = X^2/4$,

$$P(F(X) > \mathrm{E}X - 1)$$

$$= P(X^2/4 > 1/3) = P(X > 2/\sqrt{3}) = \int_{2/\sqrt{3}}^{2} \frac{x}{2}\mathrm{d}x = \frac{2}{3}.$$

试题 5.6 设 X, Y 分别有分布函数 F_1, F_2, 如果 $p \in (0,1)$, Z 有混合分布函数 $F(x) = pF_1(x) + (1-p)F_2(x)$, 则

$$\mathrm{E}Z = p\mathrm{E}X + (1-p)\mathrm{E}Y.$$

对于连续型随机变量 X, Y, 证明以上结论.

证明　直接求导数得到概率密度

$$F'(x) = pF_1'(x) + (1-p)F_2'(x).$$

于是 Z 有概率密度

$$f(x) = pf_1(x) + (1-p)f_2(x).$$

其中 $f_1(x), f_2(x)$ 分别是 X, Y 的概率密度.

上式两边乘 x 后积分得到结论

$$\mathrm{E}Z = \int_{\infty}^{\infty} xf(x)\mathrm{d}x$$

$$= p\int_{\infty}^{\infty} xf_1(x)\,\mathrm{d}x + (1-p)\int_{\infty}^{\infty} xf_2(x)\,\mathrm{d}x$$

$$= p\mathrm{E}X + (1-p)\mathrm{E}Y.$$

注　求导数时, 导数不存在的地方都定义为 0.

试题 5.7　设 X 有分布函数 $\Phi((x-\mu)/\sigma)$, 计算 $\mathrm{E}X$.

解　因为 $\Phi(x)$ 有连续的导函数, 所以求导数得到 X 的概率密度

$$f(x) = \frac{1}{\sigma}\phi((x-\mu)/\sigma) = \frac{1}{\sqrt{2\pi}\sigma}\exp\left[-\frac{(x-\mu)^2}{2\sigma^2}\right].$$

因为后者正是 $N(\mu, \sigma^2)$ 的概率密度, 所以 $\mathrm{E}X = \mu$.

试题 5.8　设 X 有分布函数

$$F(x) = 0.6\Phi((x-2)/3) + 0.4\Phi((x-8)/4),$$

计算 $\mathrm{E}X$.

解　用试题 5.6, 5.7 的结论直接得到 $\mathrm{E}X = 0.6 \times 2 + 0.4 \times 8 = 4.4$.

另解　求导数得到 X 的概率密度

$$f(x) = \frac{0.6}{3\sqrt{2\pi}}\exp\left[-\frac{(x-2)^2}{2\times 3^2}\right] + \frac{0.4}{4\sqrt{2\pi}}\exp\left[-\frac{(x-8)^2}{2\times 4^2}\right]$$

$$\stackrel{\text{def}}{=\!=} 0.6f_1(x) + 0.4f_2(x).$$

其中 $f_1(x)$, $f_2(x)$ 分别是 $N(2, 3^2)$, $N(8, 4^2)$ 的概率密度. 上式两边乘 x 后积分得到

$$EX = 0.6 \int_\infty^\infty x f_1(x) dx + 0.4 \int_\infty^\infty x f_2(x) dx$$

$$= 0.6 \times 2 + 0.4 \times 8 = 4.4.$$

试题 5.9 设 X, Y 独立, 分别有数学期望 μ_1, μ_2 和方差 σ_1^2, σ_2^2.

(1) 求 $aX + bY$ 的数学期望和方差;

(2) 求 $\text{Cov}(XY, Y)$.

解 (1) $E(aX + bY) = aEX + bEY = a\mu_1 + b\mu_2$,

$$\text{Var}(aX + bY) = \text{Var}(aX) + \text{Var}(bY)$$

$$= a^2 \text{Var}(X) + b^2 \text{Var}(Y)$$

$$= a^2 \sigma_1^2 + b^2 \sigma_2^2.$$

(2) 利用公式 $\text{Var}(Y) = EY^2 - \mu_2^2 = \sigma_2^2$ 得到

$$\text{Cov}(XY, Y) = E(XY \cdot Y) - E(XY)EY$$

$$= (EX)(EY^2) - (EX)(EY)^2$$

$$= \mu_1(\sigma_2^2 + \mu_2^2) - \mu_1\mu_2^2.$$

$$= \mu_1 \sigma_2^2.$$

试题 5.10 如果 X, Y 独立都服从 $N(\mu, \sigma^2)$ 分布, 则 $P(|X - Y| < 1)$ ( ).

A. 仅与 σ 有关   B. 与 μ, σ 都有关

C. 仅与 μ 有关   D. 与 μ, σ 都无关

答 A.

因为 $X - Y \sim N(0, 2\sigma^2)$.

试题 5.11 设 X, Y 独立, $P(X = 0) = P(X = 2) = 1/2$, Y 有密度

$$f(y) = \begin{cases} 2y, & y \in (0, 1), \\ 0. & \text{其他.} \end{cases}$$

(1) 计算 $P(Y \leqslant EY)$;   (2) 求 $Z = X + Y$ 的概率密度.

解 (1) 因为

$$EY = \int_0^1 y f(y) dy = \int_0^1 2y^2 dy = 2/3,$$

所以

$$P(Y \leqslant EY) = \int_0^{2/3} 2y dy = 4/9.$$

(2) Z 在 $D = (0, 1) \cup (2, 3)$ 中取值, 对于 $z \in D$, 有

$$P(Z = z) = P(X + Y = z, X = 0) + P(X + Y = z, X = 2)$$

$$= P(0 + Y = z, X = 0) + P(2 + Y = z, X = 2)$$

$$= P(Y = z, X = 0) + P(Y = z - 2, X = 2)$$

$$= P(Y = z)P(X = 0) + P(Y = z - 2)P(X = 2)$$

$$= P(Y = z)/2 + P(Y = z - 2)/2$$

$$= [f(z)/2]\mathrm{d}z + [f(z - 2)/2]\mathrm{d}z.$$

于是得到 Z 的概率密度

$$f_Z(z) = \begin{cases} z, & z \in (0, 1), \\ z - 2, & z \in (2, 3), \\ 0, & \text{其他}. \end{cases}$$

试题 5.12 设 X 有概率密度

$$f(x) = a \exp\left[-\frac{(x+2)^2}{4}\right], \ x \in (-\infty, \infty).$$

$Y = cX + d \sim N(0, 1)$, 求 a, b, c.

解 和正态分布 $N(\mu, \sigma^2)$ 的概率密度

$$f(x) = \frac{1}{\sqrt{2\pi}\sigma} \exp\left[-\frac{(x-\mu)^2}{2\sigma^2}\right].$$

比较系数得到 $\mu = -2$, $\sigma^2 = 2$, $a = 1/\sqrt{4\pi}$.

Y 是 X 的标准化, 由

$$Y = \frac{X+2}{\sqrt{2}} = cX + d \sim N(0, 1).$$

得到 $c = 1/\sqrt{2}$, $d = \sqrt{2}$.

试题 5.13 设 X, Y, Z 独立, 都服从 $N(0, 1)$ 分布, 求 $U = (X + Y - Z)^2$ 的分布.

解 首先 $V = (X + Y - Z) \sim N(0, 3)$, 有概率密度

$$f(x) = \frac{1}{\sqrt{6\pi}} \exp\left(-x^2/6\right).$$

因为 $P(U > 0) = 1$, 且对 $u > 0$, 有

$$P(U = u) = P(V^2 = u)$$

$$= P(V = \sqrt{u}) + P(V = -\sqrt{u})$$

$$= f(\sqrt{u})\mathrm{d}\sqrt{u} + f(-\sqrt{u})\mathrm{d}\sqrt{u}$$

$$= 2f(\sqrt{u})\mathrm{d}\sqrt{u}$$

$$= \frac{2}{\sqrt{6\pi}} \exp\left(-\frac{u}{6}\right) \frac{1}{2\sqrt{u}}\mathrm{d}u.$$

所以 U 有概率密度

$$g(u) = \frac{1}{\sqrt{6u\pi}} \exp\left(-\frac{u}{6}\right), \quad u > 0.$$

试题 5.14 若 $\mathrm{Var}(3X \pm 2Y) = 0$, 则 $\rho_{XY} = ?$

解 因为这时 $3X \pm 2Y = c$ 以概率 1 成立, 所以 $\rho_{XY} = \pm 1$.

试题 5.15 若 (X, Y) 服从二维正态分布, 求 $\xi = X + Y, \eta = X - Y$ 独立的充分必要条件.

解 因为

$$
\begin{aligned}
\mathrm{Cov}(\xi, \eta) &= \mathrm{Cov}(X + Y, X - Y) \\
&= \mathrm{Cov}(X, X) - \mathrm{Cov}(X, Y) + \mathrm{Cov}(Y, X) - \mathrm{Cov}(Y, Y) \\
&= \mathrm{Var}(X) - \mathrm{Var}(Y) \\
&= 0.
\end{aligned}
$$

又因为对于服从联合正态分布的随机向量独立和不相关等价, 所以 ξ, η 独立的充分必要条件是 $\mathrm{Var}(X) = \mathrm{Var}(Y)$.

试题 5.16 从机场 A 到终点 B 的民航班车共有 5 个下车站. 如果乘客们的行为相互独立且在各车站下车的概率相同, 当车上有 m 个乘客时, 这 5 个车站中

(1) 平均有几个车站无人下车?

(2) 平均有几个车站有人下车?

解 (1) 用 $X_i = 1$ 和 0 分别表示第 i 站无人和有人下车, 则

$$
Y = X_1 + X_2 + \cdots X_5
$$

是这 5 个车站中无人下车的车站数. 因为

$$
P(X_i = 1) = (4/5)^m, \quad P(X_i = 0) = 1 - (4/5)^m,
$$

所以

$$
\mathrm{E}X_i = 4^m/5^m, \quad \mathrm{E}Y = 4^m/5^{m-1}.
$$

(2) 用 Z 表示这 5 个车站中有人下车的车站数, 则 $Z = 5 - Y$. 于是

$$
\mathrm{E}Z = 5 - 4^m/5^{m-1}.
$$

试题 5.17 一生产线产生的次品率为 p, 检验员每小时随机抽取 10 件进行检验, 发现次品就对生产线进行校正. 如果检验员每天抽检 8 次, 用 Y 表示一天中对生产线的校正次数, 计算 $\mathrm{E}Y, \mathrm{Var}(Y)$.

解 用 X_i 表示第 i 次检验出的次品数, 则

$$
Y_i = \mathrm{I}[X_i \geqslant 1] = \begin{cases} 1, & \text{第 } i \text{ 次检验要校对;} \\ 0, & \text{第 } i \text{ 次检验不要校对.} \end{cases}
$$

并且

$$
a = P(Y_i = 0) = P(X_i = 0) = (1 - p)^{10}, \quad b = P(Y_i = 1) = 1 - a,
$$

$$
\mathrm{E}Y_i = 1 - a, \quad \mathrm{Var}(Y_i) = ab.
$$

因为一天中对生产线的校正次数 $Y = Y_1 + Y_2 + \cdots + Y_8$, 而 $Y_1, Y_2, \cdots, Y_8$ 相互独立, 所以

$$\mathrm{E}Y = 8\mathrm{E}Y_i = 8b = 8[1 - (1-p)^{10}],$$

$$\mathrm{Var}(Y) = 8ab = 8(1-p)^{10}[1 - (1-p)^{10}].$$

试题解析五(1)

试题解析五(2)

第六章   大数律和中心极限定理

基本内容

基本概念 以概率 1 收敛, 依概率收敛, 依分布收敛.

强大数律 如果 $X_1, X_2, \cdots$ 是独立同分布的随机变量, $\mu = \mathrm{E}X_1$, 则

$$\lim_{n \to \infty} \overline{X}_n = \mu \ \text{以概率 1 成立.}$$

第六章复习要点

弱大数律 设随机变量 $X_1, X_2, \cdots$ 两两不相关, $\mu_i = \mathrm{E}X_j$, 如果有常数 M 使得 $\mathrm{Var}(X_j) \leqslant M, j = 1, 2, \cdots$, 则对任何 $\varepsilon > 0$, 有

$$\lim_{n \to \infty} P(|\overline{X}_n - \overline{\mu}_n| \geqslant \varepsilon) = 0.$$

其中 $\overline{\mu}_n = \mathrm{E}\overline{X}_n = \dfrac{1}{n} \sum_{j=1}^{n} \mu_j$.

特别当 $X_1, X_2, \cdots$ 独立同分布, $\mu = \mathrm{E}X_1$ 时,

$$\overline{X}_n \xrightarrow{p} \mu.$$

切比雪夫不等式 设随机变量 X 有数学期望 μ 和方差 $\mathrm{Var}(X)$, 则对常数 $\varepsilon > 0$, 有

$$P(|X - \mu| \geqslant \varepsilon) \leqslant \frac{1}{\varepsilon^2} \mathrm{Var}(X). \tag{2.2}$$

中心极限定理 设 $X_1, X_2, \cdots$ 独立同分布, $\mathrm{E}X_1 = \mu$, $\mathrm{Var}(X_1) = \sigma^2 > 0$.

(1) 对较大的 n, 样本均值 $\overline{X}_n \sim N(\mu, \sigma^2/n)$ 近似成立. 即当 $n \to \infty$ 时, $\overline{X}_n$ 的标准化

$$Z_n = \frac{\overline{X}_n - \mu}{\sqrt{\sigma^2/n}} \xrightarrow{d} N(0, 1).$$

(2) 设 $\hat{\sigma}^2 = \dfrac{1}{n-1} \sum_{j=1}^{n} (X_j - \overline{X}_n)^2$ 或 $\hat{\sigma}^2 = \dfrac{1}{n} \sum_{j=1}^{n} (X_j - \overline{X}_n)^2$, 则当 $n \to \infty$ 时,

$$Z_n = \frac{\overline{X}_n - \mu}{\sqrt{\hat{\sigma}^2/n}} \xrightarrow{d} N(0, 1)$$

(3) 如果独立同分布的 $X_1, X_2, \cdots, X_n$ 和独立同分布的 $Y_1, Y_2, \cdots, Y_m$ 相互独立, $\mu_1 = \mathrm{E}X_1$, $\mu_2 = \mathrm{E}Y_1$, $\sigma_1^2 = \mathrm{Var}(X_1)$, $\sigma_2^2 = \mathrm{Var}(Y_1)$, 则 n, m 都较大时, 以下结论近似成立:

$$\frac{(\overline{X}_n - \overline{Y}_m) - (\mu_1 - \mu_2)}{\sqrt{\sigma_1^2/n + \sigma_2^2/m}} \sim N(0,1),$$

$$\frac{(\overline{X}_n - \overline{Y}_m) - (\mu_1 - \mu_2)}{\sqrt{\hat{\sigma}_1^2/n + \hat{\sigma}_2^2/m}} \sim N(0,1),$$

其中

$$\hat{\sigma}_1^2 = \frac{1}{n-1}\sum_{j=1}^n (X_j - \overline{X}_n)^2 \text{ 或 } \hat{\sigma}_1^2 = \frac{1}{n}\sum_{j=1}^n (X_j - \overline{X}_n)^2,$$

$$\hat{\sigma}_2^2 = \frac{1}{m-1}\sum_{j=1}^n (Y_j - \overline{Y}_m)^2 \text{ 或 } \hat{\sigma}_2^2 = \frac{1}{n}\sum_{j=1}^m (Y_j - \overline{Y}_m)^2.$$

习题六参考解答

6.1 用 X_k 表示第 k 次拨通电话后的通话时间. 已知通话时间长为 t 时的话费 (单位: 元) 是 $g(t)$. 当 $X_1, X_2, \cdots$ 独立同分布, $\mathrm{E}g(X_1) = 0.6$, 求 $\lim_{n\to\infty} n^{-1}\sum_{k=1}^n g(X_k)$.

解 因为 $g(X_1), g(X_2), \cdots, g(X_n)$ 独立同分布, 数学期望存在, 所以由教材中定理 6.1.1 (强大数律) 知道

$$\lim_{n\to\infty} n^{-1}\sum_{k=1}^n g(X_k) = \mathrm{E}g(X_1) = 0.6 \text{ 以概率 1 成立.}$$

6.2 设 $X_0, X_1, \cdots$ 是独立同分布的随机变量序列, $\mu = \mathrm{E}X_1$. 对非零常数 a, b, 定义

$$Y_k = aX_k + bX_{k-1} + c, \quad k = 1, 2, \cdots,$$

计算 $n^{-1}\sum_{k=1}^n Y_k$ 的极限.

典型题解析6.2

解 因为 $X_0, X_1, \cdots$ 是独立同分布的随机变量, 数学期望存在, 所以由教材中定理 6.1.1 (强大数律) 知道

$$\lim_{n\to\infty} n^{-1}\sum_{k=1}^n Y_k = a\lim_{n\to\infty}\frac{1}{n}\sum_{k=1}^n X_k + b\lim_{n\to\infty}\frac{1}{n}\sum_{k=1}^n X_{k-1} + c$$

$$= a\mu + b\mu + c \text{ 以概率 1 成立.}$$

6.3 设 $X_1, X_2, \cdots$ 独立同分布, 都在 $(0, \pi/2)$ 内服从均匀分布. 当 $n \to \infty$ 时, 计算 Y_n 的极限, 其中

$$Y_n = \frac{\sin X_1 + \sin X_2 + \cdots + \sin X_n}{\cos X_1 + \cos X_2 + \cdots + \cos X_n}, \quad n \geqslant 1.$$

典型题解析6.3

解　从习题 6.1 的结论知道

$$(\sin X_1 + \sin X_2 + \cdots + \sin X_n)/n$$

$$\to \mathrm{E}(\sin X_1) = \int_0^{\pi/2} \sin x \mathrm{d}x = 1 \text{ 以概率 1 成立.}$$

$$(\cos X_1 + \cos X_2 + \cdots + \cos X_n)/n$$

$$\to \mathrm{E}(\cos X_1) = \int_0^{\pi/2} \cos x \mathrm{d}x = 1 \text{ 以概率 1 成立.}$$

所以有

$$Y_n = \frac{(\sin X_1 + \sin X_2 + \cdots + \sin X_n)/n}{(\cos X_1 + \cos X_2 + \cdots + \cos X_n)/n}$$

$$\to \frac{\mathrm{E}(\sin X_1)}{\mathrm{E}(\cos X_1)} = \frac{1}{1} = 1 \text{ 以概率 1 成立.}$$

6.4　一位职工每天乘公交车上班. 如果每天用于等车的时间服从数学期望为 5 min 的指数分布, 估算他在 303 个工作日中用于上班的等车时间之和大于 24 h 的概率.

解　用 X_i 表示他第 i 天用于等车的时间, 则 X_i 独立同分布. 设 $n = 303$,

$$S_n = \sum_{j=1}^n X_j, \ \mu = \mathrm{E}X_j = 5, \ \sigma^2 = \mathrm{Var}(X_j) = 5^2.$$

因为每小时是 60 min, S_n 是 303 天的等车时间之和, 所以要计算的概率为

$$P(S_n > 24 \times 60) = P\left(\frac{S_n - n\mu}{\sqrt{n\sigma^2}} > \frac{24 \times 60 - 303 \times 5}{\sqrt{303 \times 25}}\right)$$

$$= P\left(Z > \frac{24 \times 60 - 303 \times 5}{\sqrt{303 \times 25}}\right)$$

$$\approx \Phi(0.86) = 0.81$$

其中用到中心极限定理: $Z = \dfrac{S_n - n\mu}{\sqrt{n\sigma^2}} \sim N(0,1)$ 近似成立.

6.5　甲某每天平均上网 5 h, 标准差是 4 h, 估算此人一年内上网的时间小于 1 700 h 的概率.

解　用 X_i 表示甲第 i 天的上网时间, 则 X_i 独立同分布. 设 $n = 365$,

$$S_n = \sum_{j=1}^n X_j, \ \mu = \mathrm{E}X_j = 5, \ \sigma^2 = 4^2,$$

则 S_n 是一年内上网的时间, 所以要计算的概率为

$$P(S_n < 1700) = P\left(\frac{S_n - n\mu}{\sqrt{n\sigma^2}} < \frac{1700 - 365 \times 5}{\sqrt{365 \times 16}}\right)$$

$$= P\left(Z < \frac{1700 - 365 \times 5}{\sqrt{365 \times 16}}\right)$$

$$\approx \Phi(-1.636) = 0.051.$$

其中用到中心极限定理: $Z = \dfrac{S_n - n\mu}{\sqrt{n\sigma^2}} \sim N(0,1)$ 近似成立.

6.6 某学校学生上课的出勤率是 97%, 全校有 5 000 名学生上课时, 求出勤人数少于 4 880 的概率.

解 设 $n = 5\,000$, $p = 0.97$. 用 S_n 表示出勤人数, 则

$$S_n \sim \mathcal{B}(n, p), \ \mathrm{E}S_n = np, \ \mathrm{Var}(S_n) = np(1-p).$$

用教材中推论 6.3.2 得到

$$P(S_n < 4\,880) = P(S_n \leqslant 4879) = P(S_n \leqslant 4879 + 0.5)$$
$$= P\left(\frac{S_n - np}{\sqrt{np(1-p)}} \leqslant \frac{4\,879.5 - 5\,000 \times 0.97}{\sqrt{5\,000 \times 0.97 \times 0.03}}\right)$$
$$\approx \Phi(2.45) = 0.993.$$

注 因为 $n = 5\,000$ 已经很大, 不用 ± 0.5 的步骤, 也都可以认为正确. 但是结论稍有区别. 例如

方法 1

$$P(S_n < 4\,880) = P(S_n \leqslant 4879)$$
$$= P\left(\frac{S_n - np}{\sqrt{np(1-p)}} \leqslant \frac{4\,879 - 5\,000 \times 0.97}{\sqrt{5\,000 \times 0.97 \times 0.03}}\right)$$
$$\approx \Phi(2.404) = 0.992.$$

方法 2

$$P(S_n < 4\,880) = P\left(\frac{S_n - np}{\sqrt{np(1-p)}} \leqslant \frac{4\,880 - 5\,000 \times 0.97}{\sqrt{5\,000 \times 0.97 \times 0.03}}\right)$$
$$\approx \Phi(2.487) = 0.994.$$

6.7 设独立同分布的随机变量 $X_1, X_2, \cdots, X_n$ 和独立同分布的随机变量 $Y_1, Y_2, \cdots, Y_m$ 相互独立, $\mathrm{E}X_1 = \mu_1$, $\mathrm{Var}(X_1) = \sigma_1^2$, $\mathrm{E}Y_1 = \mu_2$, $\mathrm{Var}(Y_1) = \sigma_2^2$. 对较大的 n 和 m, 写出

$$\frac{1}{n}\sum_{j=1}^{n} X_j - \frac{1}{m}\sum_{k=1}^{m} Y_k$$

典型题解析6.7

的近似分布.

解 因为从中心极限定理知道, 对较大的 n 和 m 近似地有

$$U = \frac{1}{n}\sum_{j=1}^{n} X_j \sim N(\mu_1, \sigma_1^2/n), \quad V = \frac{1}{m}\sum_{k=1}^{m} Y_k \sim N(\mu_2, \sigma_2^2/m),$$

且 U, V 独立, 所以从正态分布的性质知道, 近似地有

$$U - V \sim N(\mu_1 - \mu_2, \sigma_1^2/n + \sigma_2^2/m).$$

6.8 生产线共有两道工序, 第一道工序的次品率是 0.001, 第二道工序将次品加工成正品的概率是 0.92, 将正品加工成次品的概率是 0.001. 求 10^6 个出厂产品中, 次品少于 1 000 件的概率.

典型题解析6.8

解 从出厂的产品中任取一件, 用 A_i 表示它在第 i 道工序后是次品, 则 $P(A_1) = 0.001$. 用全概率公式得到

$$p = P(A_2) = P(A_1)P(A_2|A_1) + P(\overline{A_1})P(A_2|\overline{A_1})$$

$$= 0.001 \times (1 - 0.92) + 0.999 \times 0.001$$

$$= 0.001\,1.$$

用 X 表示 10^6 个出厂产品中的次品数, 则 $X \sim \mathcal{B}(10^6, p)$. 利用中心极限定理得到

$$P(X < 1\,000) = P\Big(\frac{X - 10^6 p}{\sqrt{10^6 p(1-p)}} < \frac{1\,000 - 10^6 p}{\sqrt{10^6 p(1-p)}} \Big)$$

$$\approx P(Z < -2.406\,3) = 0.008\,1.$$

其中 $Z = \dfrac{X - 10^6 p}{\sqrt{10^6 p(1-p)}} \sim N(0,1)$ 近似成立.

注 因为 $n = 10^6$ 太大了, 不需要再用 ± 0.5 的步骤.

6.9 一本书共有 300 页. 在该书的第一稿中, 每页的打印错误数相互独立, 都服从参数为 6 的泊松分布. 在第二稿中, 每个打印错误相互独立地以概率 0.8 被订正. 在第三稿中, 第二稿的打印错误被相互独立地以概率 0.9 被订正. 如果第三稿完成后交付印刷, 估算这本书的打印错误数大于等于 30 个的概率.

典型题解析6.9

解 第一稿中的每页错误数 $X_i \sim \mathcal{P}(\lambda)$, $\lambda = 6$. 按照教材中例 3.2.4 的结论 (c),

第二稿中第 i 页的错误数 $Y_i \sim \mathcal{P}(0.2\lambda)$,

第三稿中第 i 页的错误数 $Z_i \sim \mathcal{P}(0.1 \times 0.2\lambda) = \mathcal{P}(0.02\lambda)$.

因为 $Z_1, Z_2, \cdots Z_n$ 独立同分布, $n = 300$, 所以

$$\mu = \mathrm{E}Z_i = 0.02 \times 6 = 0.12, \quad \sigma^2 = \mathrm{Var}(Z_i) = \mu = 0.12.$$

用 $S_n = \sum\limits_{i=1}^{n} Z_i$ 表示全书的打印错误数. 由中心极限定理得到

$$P(S_n > 30) = P\Big(\frac{S_n - n \times 0.12}{\sqrt{n \times 0.12}} > \frac{30 - n \times 0.12}{\sqrt{n \times 0.12}} \Big)$$

$$\approx P(Z > -1)$$

$$= P(Z < 1) = \Phi(1) = 0.841\,3.$$

其中 $Z = \dfrac{S_n - n \times 0.12}{\sqrt{n \times 0.12}} \sim N(0,1)$ 近似成立.

■ 考研复习

注 为适应研究生考试, 下面用 $D(X)$ 表示 X 的方差 $Var(X)$.

基本概念 设 $U, U_1, U_2, \cdots$ 是随机变量

以概率 1 收敛: $P\left(\lim\limits_{n\to\infty} U_n = U\right) = 1$. 记作 $U_n \to U$ a.s. 或者 $U_n \to U$ 以概率 1 成立.

依概率收敛: 任取 $\varepsilon > 0$, 有 $\lim\limits_{n\to\infty} P(|U_n - U| \geqslant \varepsilon) = 0$, 记做 $U_n \xrightarrow{p} U$.

依分布收敛: $\lim\limits_{n\to\infty} P(U_n \leqslant x) = P(U \leqslant x)$, 记作 $U_n \xrightarrow{d} U$. 其中 $F(x) = P(U \leqslant x)$ 是连续函数,

主要结论 下面用 a.s. 表示以概率 1 成立.

强大数律: 如果 $\{X_j\}$ 独立同分布, $\mu = EX_i$, 则 $\overline{X}_n \to \mu$, a.s..

切比雪夫不等式: 如果 $\mu = EX$, $D(X) < \infty$, 则 $\forall a > 0$,

$$P(|X - \mu| \geqslant a) \leqslant \frac{D(X)}{a^2}.$$

切比雪夫大数律: 若 $\{X_j\}$ 两两独立 (或不相关), $EX_i = \mu_i$, $D(X_i) \leqslant M$, 则

$$|\overline{X}_n - \overline{\mu}_n| \xrightarrow{p} 0.$$

辛钦大数律: 若 $\{X_i\}$ 独立同分布, $\mu = EX_i$, 则 $\overline{X} \xrightarrow{p} \mu$.

伯努利大数律: 若 $\{X_j\}$ 独立同分布, 都服从两点分布 $B(1, p)$, 则 $|\overline{X}_n - \overline{\mu}| \xrightarrow{p} 0$.

中心极限定理: 如果随机变量 $X_1, X_2, \cdots$ 独立同分布, $EX_1 = \mu$, $D(X_1) = \sigma^2 > 0$, 则对较大的 n,

$$\overline{X}_n \sim N(\mu, \sigma^2/n) \text{ 近似成立}.$$

或 $\overline{X}_n$ 的标准化

$$Z_n = \frac{\overline{X}_n - \mu}{\sqrt{\sigma^2/n}} \sim N(0, 1) \text{ 近似成立}.$$

其数学表达是 $Z_n \xrightarrow{d} N(0, 1)$. 或者

$$\lim_{n\to\infty} P(Z_n \leqslant x) = \Phi(x), \ x \in (-\infty, \infty).$$

上述定理也被称为 "列维–林德伯格定理".

设 $X_1, X_2, \cdots$ 相互独立, 都服从伯努利分布 $\mathcal{B}(1, p)$, $q = 1 - p$, 当 n 较大时, $\sum\limits_{j=1}^{n} X_j \sim N(np, npq)$ 近似成立. 该结论又被称为 "棣莫弗–拉普拉斯定理".

■ 试题参考解答

试题 6.1 设 $EX = EY = \mu$, $D(X) = 4$, $D(Y) = 9$, $\rho(X, Y) = 0.5$, 用切比雪夫不等式估算

$$P(|X - Y| \geqslant 5).$$

解　因为

$$\rho(X,Y) = \frac{\mathrm{Cov}(X,Y)}{\sqrt{\mathrm{D}(X)\mathrm{D}(Y)}} = \frac{\mathrm{Cov}(X,Y)}{\sqrt{6^2}} = 0.5,$$

所以 $\mathrm{Cov}(X,Y) = 3$. 于是

$$\mathrm{D}(X-Y) = \mathrm{D}(X) + \mathrm{D}(Y) - 2\mathrm{Cov}(X,Y) = 4 + 9 - 3 = 10.$$

因为 $\mathrm{E}(X-Y) = 0$, 所以用切比雪夫不等式得到

$$P(|X-Y| \geqslant 5) \leqslant \frac{\mathrm{D}(X-Y)}{5^2} = \frac{2}{5}.$$

试题 6.2　$X_1, X_2, \cdots, X_n$ 独立同分布, 有共同的概率密度

$$f(x) = 2/x^3, \quad x \geqslant 1.$$

则有 (　　).

    A. X_i 满足切比雪夫不等式的条件　　　B. X_i 不满足切比雪夫不等式的条件

    C. X_i 满足切比雪夫大数律的条件　　　D. X_i 不满足辛钦大数律的条件

答　B.

由 $\mathrm{E}X_i = \displaystyle\int_1^\infty 2x/x^3 \mathrm{d}x < \infty$, 得到

$$\mathrm{D}(X_i) = \mathrm{E}X^2 - (\mathrm{E}X)^2 \geqslant \mathrm{E}X_i^2 = \int_1^\infty 2x^2/x^3 \mathrm{d}x = \infty,$$

因为切比雪夫不等式要求 $\mathrm{D}(X_i) < \infty$, 所以正确答案是 B.

试题 6.3　设 $X_1, X_2, \cdots, X_n$ 相互独立, 都服从泊松分布 $\mathcal{P}(\lambda)$, 则以下正确的是 (　　).

    A. $\dfrac{(X_1 + X_2 + \cdots + X_n - n\lambda)}{\sqrt{n\lambda}} \xrightarrow{d} N(0,1)$

    B. 当 n 充分大时, $\displaystyle\sum_{j=1}^n X_j \sim N(0,1)$ 近似成立

    C. 当 n 充分大时, $\displaystyle\sum_{j=1}^n X_j \sim N(\lambda, n\lambda)$ 近似成立

    D. 当 n 充分大时, $P\left(\displaystyle\sum_{j=1}^n X_j \leqslant x\right) \approx \varPhi(x)$

答　A.

因为 $\mathcal{P}(\lambda)$ 的数学期望和方差都是 λ, 所以

$$\mathrm{E}(X_1 + X_2 + \cdots + X_n) = \mathrm{E}X_1 + \mathrm{E}X_2 + \cdots + \mathrm{E}X_n = n\lambda,$$

$$\mathrm{D}(X_1 + X_2 + \cdots + X_n) = \mathrm{D}(X_1) + \mathrm{D}(X_2) + \cdots + \mathrm{D}(X_n) = n\lambda.$$

再由中心极限定理知道结论 A 正确.

试题 6.4 $X_1, X_2, \cdots, X_n$ 相互独立, n 充分大时, 要 $\sum\limits_{j=1}^{n} X_j$ 近似服从正态分布, 只要 $X_1, X_2, \cdots, X_n$ 满足条件 (　　).

A. 有相同的数学期望和方差 　　　　 B. 服从相同的离散型分布

C. 服从相同的连续型分布 　　　　　 D. 服从相同的指数分布

答 D.

因为中心极限定理要求 $X_1, X_2, \cdots, X_n$ 相互独立和同分布, 而且方差有限, 所以只有条件 D 满足. 条件 B 和 C 保证了独立同分布, 但是不能保证方差有限的条件. 条件 A 不能保证同分布的条件.

试题 6.5 设 $X_1, X_2, \cdots, X_n$ 独立同分布, $\mu_k = \mathrm{E}X_i^k$, $1 \leqslant k \leqslant 4$. 当 n 充分大时, 给出

$$\hat{\mu}_2 = \frac{1}{n} \sum_{j=1}^{n} X_j^2$$

的近似分布.

解 因为 $X_1^2, X_2^2, \cdots, X_n^2$ 独立同分布, $\mathrm{E}X_i^2 = \mu_2$, $\mathrm{D}(X_i^2) = \mathrm{E}X_i^4 - (\mathrm{E}X_i^2)^2 = \mu_4 - \mu_2^2$, $\mathrm{D}(\hat{\mu}_2) = (\mu_4 - \mu_2^2)/n$, 所以根据中心极限定理, 近似地有

$$\frac{1}{n} \sum_{j=1}^{n} X_j^2 \sim N\left(\mu_2, (\mu_4 - \mu_2^2)/n\right).$$

试题 6.6 设 $X_1, X_2, \cdots, X_n$ 独立同分布, $\nu_k = \mathrm{E}|X_i|^k$, $k = 1, 2$. 当 n 充分大时, 给出

$$\eta_n = \sum_{j=1}^{n} |X_j|$$

的近似分布.

解 $|X_1|, |X_2|, \cdots, |X_n|$ 独立同分布, 并且有

$$\mathrm{E}|X_i| = \nu_1,$$

$$\mathrm{D}(|X_i|) = \mathrm{E}|X_i|^2 - (\mathrm{E}|X_i|)^2 = \nu_2 - \nu_1^2,$$

$$\mathrm{E}\eta_n = \sum_{j=1}^{n} \mathrm{E}|X_j| = n\nu_1,$$

$$\mathrm{D}(\eta_n) = \sum_{j=1}^{n} \mathrm{D}(|X_j|) = n(\nu_2 - \nu_1^2).$$

根据中心极限定理, 近似地有

$$\sum_{j=1}^{n} |X_j| \sim N\left(n\nu_1, n(\nu_2 - \nu_1^2)\right).$$

试题 6.7 某设备易损部件的平均使用寿命是 40 小时, 标准差 $\sigma = 40$. 该部件一旦失效马上被换上新部件继续工作. 要以 95% 的把握保证 2000 小时内部件都能正常更换, 需要预备多少个部件?

解 设需要预备 n 个部件. 用 X_i 表示第 i 个部件的使用寿命, 则

$$\mu = \mathrm{E}X_i = 40, \ \sigma^2 = \mathrm{D}(X_i) = 40^2, \ \{X_i\} \text{ 独立同分布.}$$

因为 S_n 是连续更换 n 个部件时的设备使用时间, 所以 n 应当满足

$$P(S_n > 2000) \geqslant 0.95.$$

由中心极限定理得到

$$S_n = \sum_{j=1}^{n} X_j \sim N(n\mu, n\sigma^2) \text{ 近似成立.}$$

于是得到

$$P(S_n > 2000) = P\left(\frac{S_n - n\mu}{\sqrt{n\sigma^2}} \geqslant \frac{2000 - 40n}{\sqrt{n40^2}} \right)$$

$$\approx P\left(Z \geqslant \frac{50 - n}{\sqrt{n}} \right)$$

$$\geqslant 0.95 = P\left(Z > z_{0.05} \right).$$

其中 $Z \sim N(0, 1)$. 因为 $z_{0.05} = 1.64$, 所以要求

$$\frac{50 - n}{\sqrt{n}} \leqslant z_{0.05} = 1.64.$$

从中解得 $n \geqslant 63.04$, 取 $n = 64$ 即可.

试题解析六

第七章 　 统计初步

■ 基本内容

基本概念 总体、样本、参数、总体均值、总体方差、总体标准差、样本量、样本均值、样本方差、样本标准差、估计 (量).

主要内容 随机抽样的无偏性、分层抽样、系统抽样、频率分布表、直方图、众数和分位数、随机对照试验.

■ 习题七参考解答

7.1 用 s_x^2 表示 $x_1, x_2, \cdots, x_n$ 的样本方差, 用 b 表示常数, 用 s_y^2 表示 $y_1, y_2, \cdots, y_n$ 的样本方差. 当 $y_1 = x_1 + b, y_2 = x_2 + b, \cdots, y_n = x_n + b$ 时, 验证 $s_y^2 = s_x^2$.

解 用 $\overline{y}$ 表示 $y_1, y_2, \cdots, y_n$ 的样本均值, 则有

$$
\begin{aligned}
\overline{y} &= \frac{1}{n}(y_1 + y_2 + \cdots + y_n) \\
&= \frac{1}{n}(x_1 + b + x_2 + b + \cdots + y_n + b) \\
&= \overline{x} + b.
\end{aligned}
$$

于是有 $y_i - \overline{y} = (x_i + b) - (\overline{x} + b) = x_i - \overline{x}$. 按照样本方差的定义, 得到

$$
\begin{aligned}
s_y^2 &= \frac{1}{n-1}[(y_1 - \overline{y})^2 + (y_2 - \overline{y})^2 + \cdots + (y_n - \overline{y})^2] \\
&= \frac{1}{n-1}[(x_1 - \overline{x})^2 + (x_2 - \overline{x})^2 + \cdots + (x_n - \overline{x})^2] \\
&= s_x^2.
\end{aligned}
$$

本题的结论表明: 观测数据同时加上相同的常数后分散程度不变, 方差也就不变.

7.2 下面的数据是 1900—1936 年奥林匹克男子跳高比赛金牌获得者的跳跃高度 (单位: m). 计算样本均值、样本方差和标准差.

年份	高度/m	年份	高度/m
1900	1.900	1924	1.981
1904	1.903	1928	1.941
1908	1.905	1932	1.971
1912	1.930	1936	2.029
1920	1.935		

解 $n = 9$, 按照定义

$$\overline{x} = \frac{1}{9}(1.900 + 1.905 + \cdots + 1.971) = 1.9328.$$

$$s^2 = \frac{1}{8}[(1.900 - \overline{x})^2 + (1.905 - \overline{x})^2 + \cdots + (1.971 - \overline{x})^2] = 0.004.$$

$$s = \sqrt{0.004} = 0.0631.$$

7.3 某连锁超市销售部收到甲、乙两厂家送来的质地相同的白糖各 10 包, 测量后得到甲、乙两厂家白糖的净重 (单位: g) 分别是

甲厂	501	500	499	500	502	500	500	501	499	498
乙厂	497	501	500	502	499	501	503	500	500	497

问销售部应当销售哪家的白糖?

解 计算得到 $\overline{x} = 500$, $\overline{y} = 500$, 说明两厂家白糖的平均净重相当. 再计算样本标准差

$$s_x = 1.1547, \quad s_y = 1.9437.$$

说明甲厂的白糖净重更加均匀. 应当销售甲厂的白糖.

7.4 在调查某个城市的家庭年平均收入时, 能否只在该市的娱乐场所 (如电影院、歌剧院、游乐场、健身馆等) 进行随机抽样? 原因是什么? 能否只在该市的公共汽车站进行随机抽样? 原因是什么?

解 不能只在该市的娱乐场所进行随机抽样. 因为在现阶段, 经常出入娱乐场所的更多的是家庭收入情况较好的年轻人, 他们的家庭收入没有代表性.

同理, 经常乘坐公交车的人代表的可能是收入不是很高的人群, 所以他们的家庭收入也没有代表性.

7.5 一年级的 500 名同学中有 218 名女生, 在调查全年级同学的平均身高时, 预备抽样调查 50 名同学. 请你做以下工作, 并回答以下问题.

(a) 设计一个合理的分层抽样方案;

(b) 你的设计中, 第一和第二层分别是什么?

(c) 分层抽样是否在得到全年级同学平均身高的估计时, 还分别得到了男生和女生的平均身高的估计.

解 (a) 男生的身高为一层, 女生的身高为另一层.

(b) 男生的身高为第一层, 女生的身高为第二层.

(c) 以上分层抽样在得到全年级同学平均身高的估计时, 还分别得到了男生和女生的平均身高的估计.

7.6 2004 年 8 月 6 日, 用随机抽样方法调查了 50 辆北京市出租车的日营业额 (单位: 元), 数据已从小到大排列如下:

$$259 \quad 294 \quad 295 \quad 297 \quad 300 \quad 300 \quad 300 \quad 301 \quad 301 \quad 302$$

$$303 \quad 306 \quad 308 \quad 309 \quad 311 \quad 314 \quad 315 \quad 315 \quad 321 \quad 323$$

$$327 \quad 328 \quad 331 \quad 334 \quad 336 \quad 339 \quad 339 \quad 339 \quad 347 \quad 348$$

$$350 \quad 350 \quad 352 \quad 355 \quad 359 \quad 359 \quad 361 \quad 363 \quad 370 \quad 376$$

$$377 \quad 383 \quad 388 \quad 389 \quad 390 \quad 396 \quad 404 \quad 410 \quad 410 \quad 411$$

(a) 制作频率分布表;

(b) 对频率分布表进行简单的分析 (参考例 7.3.1 的分析).

解 (a) 尽管 $1 + 4 \lg 50 \approx 7.8$, 但是为了整齐, 将数据分为 10 段. 这时 $(415 - 255)/10 = 16$, 得到的频率分布表如下.

营业额 i	发生次数 n_i	发生频率 f_i
$(255, 271]$	1	2%
$(271, 287]$	0	0%
$(287, 303]$	10	20%
$(303, 319]$	7	14%
$(319, 335]$	6	12%
$(335, 351]$	8	16%
$(351, 367]$	6	12%
$(367, 383]$	4	8%
$(383, 399]$	4	8%
$(399, 415]$	4	8%
总计	50	100%

(b) 营业额在 $(287, 303]$ 中的机会最大, 为 20%; 整体上在 287 至 367 之间的机会最大, 到达了 74%; 低于 287 的机会是 2%; 高于 367 的机会是 24%.

另解 (a) 从上解看出, 营业额 259 离开其他数据比较远, 可能是个异常的情况, 所以再考虑将数据分为 7 组. 这时 $(412-258)/7 = 22$, 得到的频率分布表如下.

营业额 i	发生次数 n_i	发生频率 f_i
(258, 280]	1	2%
(280, 302]	9	18%
(302, 324]	10	20%
(324, 346]	8	16%
(346, 368]	10	20%
(368, 390]	7	14%
(390, 412]	5	10%
总计	50	100%

(b) 营业额在 (280, 368] 中的机会达到 74%; 低于 280 的机会为 2%, 高于 368 的机会为 24%.

7.7 叙述什么是对照组, 什么是试验组, 什么是随机对照试验.

解 在随机对照试验中, 参加试验的成员被随机分配到试验组或对照组. 试验组的成员要接受特殊待遇或治疗. 对照组的成员不会接受真实的特殊待遇或治疗, 通常为他们提供的是安慰剂. 任何好的试验设计都应当有一个试验组和一个对照组.

或简单回答: 称使用真药的人在试验组, 使用安慰剂的人在对照组.

7.8 在评价一种治疗高血压的磁疗手表时, 调查了 100 位刚开始使用这种手表的高血压患者, 他们中有 75 人回答磁疗手表对降低高血压有效.

(a) 能否认为这种磁疗手表对高血压的治疗效率是 75%?

(b) 设计一种能够公正评价这种磁疗手表的试验方案;

(c) 你的设计中试验组和对照组是随机选取的吗?

(d) 在你的设计中, 使用 "安慰剂" 了吗? 安慰剂是什么?

(e) 在对参加试验的人进行高血压的测量时, 你让医生知道被测者使用的是磁疗手表还是外观完全相同的普通手表了吗?

解 (a) 因为没有随机对照试验的数据, 所以不能认为这种磁疗手表对高血压的治疗效率是 75%.

(b) 采用随机对照双盲试验的方法可以解决这一问题. 对于高血压患者 (或血压偏高者), 随机将他们分入试验组或对照组. 为试验组的人提供磁疗手表. 为对照组的人提供和磁疗手表外观相同的 "安慰剂" 手表, 让他们感觉也佩戴了磁疗手表. 不让医生知道到底是谁戴的是磁疗手表, 谁戴的是 "安慰剂" 手表.

(c) 是随机选取的.

(d) 使用了安慰剂, 安慰剂是和磁疗手表外观相同的 "安慰剂" 手表, 这是普通手表, 没有任何医药作用.

(e) 在 (b) 中没有让医生知道谁戴的是磁疗手表, 谁戴的是 "安慰剂" 手表, 所以测量血压时他们也不知道内情.

第八章　参数估计

基本内容

基本概念　简单随机样本、估计 (量)、无偏估计、相合估计 (又称为 "一致估计" "相容估计")、强相合估计、有效性. 样本均值和样本方差的无偏性和强相合性.

第八章复习要点

矩估计　设 $x_1, x_2, \cdots, x_n$ 是总体 X 的样本, $\mu = \mathrm{E}X$, $\overline{x}$ 是样本均值.

(1) 如果 $\theta = h(\mu)$, 则 $\hat{\theta} = h(\overline{x})$ 是 θ 的矩估计.

(2) 如果 $(\theta_1, \theta_2) = h(\mu_1, \mu_2)$, 其中 $\mu_1 = \mathrm{E}X$, $\mu_2 = \mathrm{E}X^2$, 则

$$(\hat{\theta}_1, \hat{\theta}_2) = h(\hat{\mu}_1, \hat{\mu}_2)$$

是 $(\hat{\theta}_1, \hat{\theta}_2)$ 的矩估计. 其中 $\hat{\mu}_1 = \overline{x}$, $\hat{\mu}_2$ 是 $x_1^2, x_2^2, \cdots, x_n^2$ 的样本均值.

注　在计算矩估计时, 如果遇到 $\mathrm{E}X = c$ 的情况, 就需要通过计算 $\mathrm{E}X^2$ 得到矩估计.

最大似然估计 (MLE)　设 $\boldsymbol{X} = (X_1, X_2, \cdots, X_n)$ 是随机向量, $\boldsymbol{\theta}$ 是未知参数: $\boldsymbol{\theta} = (\theta_1, \theta_2, \cdots, \theta_m)$, $m \geqslant 1$.

(1) 如果 $\boldsymbol{X}$ 有离散分布

$$p(x_1, x_2, \cdots, x_n; \boldsymbol{\theta}) = P(X_1 = x_1, X_2 = x_2, \cdots, X_n = x_n),$$

给定观测数据 $x_1, x_2, \cdots, x_n$ 后, 称 $\boldsymbol{\theta}$ 的函数

$$L(\boldsymbol{\theta}) = p(x_1, x_2, \cdots, x_n; \boldsymbol{\theta})$$

为似然函数, 称 $l(\boldsymbol{\theta}) = \ln L(\boldsymbol{\theta})$ 为对数似然函数, 称 $L(\boldsymbol{\theta})$ 或 $l(\boldsymbol{\theta})$ 的最大值点 $\hat{\boldsymbol{\theta}}$ 为 $\boldsymbol{\theta}$ 的最大似然估计 (MLE).

(2) 当总体 X 有概率分布 $P(X = x_j) = p_j(\boldsymbol{\theta})$, $j = 1, 2, \cdots$, 如果在 X 的观测样本中恰得到 n_1 个 x_1, n_2 个 x_2, $\cdots$, n_m 个 x_m, 则 $\boldsymbol{\theta}$ 的似然函数

$$L(\boldsymbol{\theta}) = [p_1(\boldsymbol{\theta})]^{n_1} [p_2(\boldsymbol{\theta})]^{n_2} \cdots [p_m(\boldsymbol{\theta})]^{n_m}.$$

(3) 如果 $\boldsymbol{X}$ 有联合密度

$$f(\boldsymbol{x};\boldsymbol{\theta}) = f(x_1, x_2, \cdots, x_n; \boldsymbol{\theta}).$$

得到 $\boldsymbol{X}$ 的观测值 $\boldsymbol{x} = (x_1, x_2, \cdots, x_n)$ 后, 称

$$L(\boldsymbol{\theta}) = f(\boldsymbol{x};\boldsymbol{\theta})$$

为 $\boldsymbol{\theta}$ 的似然函数, 称 $l(\boldsymbol{\theta}) = \ln L(\boldsymbol{\theta})$ 为对数似然函数, 称 $L(\boldsymbol{\theta})$ 或 $l(\boldsymbol{\theta})$ 的最大值点 $\hat{\boldsymbol{\theta}}$ 为 $\boldsymbol{\theta}$ 的最大似然估计 (MLE).

(4) 当总体 X 有概率分布 $f(x, \boldsymbol{\theta})$, 给定 X 的样本观测值 $x_1, x_2, \cdots, x_n$, $\boldsymbol{\theta}$ 的似然函数为

$$L(\boldsymbol{\theta}) = \prod_{i=1}^{n} f(x_i, \boldsymbol{\theta}).$$

多维正态分布 如果 $\boldsymbol{X} = (X_1, X_2, \cdots, X_m)$ 有联合密度

$$f(\boldsymbol{x}) = \frac{1}{\sqrt{(2\pi)^n \det(\boldsymbol{\Sigma})}} \exp\left[-\frac{1}{2}(\boldsymbol{x}-\boldsymbol{\mu})\boldsymbol{\Sigma}^{-1}(\boldsymbol{x}-\boldsymbol{\mu})^{\mathrm{T}}\right],$$

则有以下结论:

(1) 线性组合 $Y = a_0 + a_1 X_1 + a_2 X_2 + \cdots + a_m X_m$ 服从正态分布;

(2) $\boldsymbol{\Sigma} = (\sigma_{ij})$ 是 $\boldsymbol{X}$ 的协方差矩阵: $\sigma_{ij} = \mathrm{Cov}(X_i, X_j)$, $X_i \sim N(\mu_i, \sigma_{ii})$;

(3) $X_1, X_2, \cdots, X_m$ 相互独立的充分必要条件是 $\sigma_{ij} = 0$, $i \neq j$;

(4) 线性变换 $\boldsymbol{Y}^{\mathrm{T}} = \boldsymbol{B}\boldsymbol{X}^{\mathrm{T}} + \boldsymbol{c}^{\mathrm{T}}$ 服从多维正态分布.

▬ 习题八参考解答

8.1 设 $X_1, X_2, \cdots, X_5$ 是正态总体 $N(\mu, \sigma^2)$ 的样本. 验证以下估计量都是无偏估计, 并将以下估计量按照方差从大到小排列.

(a) $\hat{\mu}_1 = (X_1 + X_2 + X_3 + X_4)/4$;

(b) $\hat{\mu}_2 = (X_1 + X_2 + X_3 + X_4 + 2X_5)/6$;

(c) $\hat{\mu}_3 = (X_1 + X_2 + X_3 + 2X_4 + 3X_5)/8$;

(d) $\hat{\mu}_4 = (X_1 + 2X_2 + 3X_3 + 4X_4 + 5X_5)/15$.

解 用 $\mathrm{E}X_i = \mu$, $\mathrm{Var}(X_i) = \sigma^2$ 得到

(a) $\mathrm{E}\hat{\mu}_1 = (\mathrm{E}X_1 + \mathrm{E}X_2 + \mathrm{E}X_3 + \mathrm{E}X_4)/4 = \mu$,

$$\mathrm{Var}(\hat{\mu}_1) = \mathrm{Var}[(X_1 + X_2 + X_3 + X_4)/4]$$
$$= [\mathrm{Var}(X_1) + \mathrm{Var}(X_2) + \mathrm{Var}(X_3) + \mathrm{Var}(X_4)]/16$$
$$= 4\sigma^2/16 = \sigma^2/4.$$

(b) $\mathrm{E}\hat{\mu}_2 = \mathrm{E}(X_1 + X_2 + X_3 + X_4 + 2X_5)/6 = 6\mu/6 = \mu$;

$$\mathrm{Var}(\hat{\mu}_2) = \mathrm{Var}[(X_1 + X_2 + X_3 + X_4 + 2X_5)/6]$$

$$= [\mathrm{Var}(X_1) + \mathrm{Var}(X_2) + \mathrm{Var}(X_3) + \mathrm{Var}(X_4) + 4\mathrm{Var}(X_5)]/36$$

$$= (4\sigma^2 + 4\sigma^2)/36 = 2\sigma^2/9.$$

(c) $\mathrm{E}\hat{\mu}_3 = \mathrm{E}(X_1 + X_2 + X_3 + 2X_4 + 3X_5)/8 = \mu;$

$$\mathrm{Var}(\hat{\mu}_3) = \mathrm{Var}[(X_1 + X_2 + X_3 + 2X_4 + 3X_5)/8]$$

$$= (3\sigma^2 + 4\sigma^2 + 9\sigma^2)/64 = \sigma^2/4.$$

(d) $\mathrm{E}\hat{\mu}_4 = \mathrm{E}(X_1 + 2X_2 + 3X_3 + 4X_4 + 5X_5)/15 = \mu.$

$$\mathrm{Var}(\hat{\mu}_4) = \mathrm{Var}[(X_1 + 2X_2 + 3X_3 + 4X_4 + 5X_5)/15]$$

$$= (1 + 2^2 + 3^2 + 4^2 + 5^2)\sigma^2/15^2 = 11\sigma^2/45.$$

因为 $\mathrm{E}\hat{\mu}_i = \mu$, 所以都是无偏估计. 按方差从大到小排列得到

$$\mathrm{Var}(\hat{\mu}_1) = \mathrm{Var}(\hat{\mu}_3) > \mathrm{Var}(\hat{\mu}_4) > \mathrm{Var}(\hat{\mu}_2).$$

8.2 设 $X_1, X_2, \cdots, X_{2n}$ 是总体 X 的样本, $\mu = \mathrm{E}X, \sigma^2 = \mathrm{Var}(X)$.

(a) 验证 $\overline{X}_n$ 和 $\overline{X}_{2n}$ 都是 μ 的无偏估计和强相合估计;

(b) 验证 $\overline{X}_{2n}$ 比 $\overline{X}_n$ 更有效: $\mathrm{Var}(\overline{X}_{2n}) < \mathrm{Var}(\overline{X}_n)$.

证明 (a) 因为 $\mathrm{E}\overline{X}_n = \dfrac{1}{n}\sum\limits_{i=1}^{n}\mathrm{E}X_i = \dfrac{n\mu}{n} = \mu$, $\mathrm{E}\overline{X}_{2n} = \dfrac{1}{2n}\sum\limits_{i=1}^{2n}\mathrm{E}X_i = \dfrac{2n\mu}{2n} = \mu$, 所以二者都是 μ 的无偏估计.

类似可验证强相合估计.

(b) 因为

$$\mathrm{Var}(\overline{X}_n) = \mathrm{Var}\left(\frac{1}{n}\sum_{i=1}^{n}X_i\right) = \frac{n\sigma^2}{n^2} = \frac{\sigma^2}{n},$$

$$\mathrm{Var}(\overline{X}_{2n}) = \mathrm{Var}\left(\frac{1}{2n}\sum_{i=1}^{2n}X_i\right) = \frac{2n\sigma^2}{4n^2} = \frac{\sigma^2}{2n},$$

所以 $\mathrm{Var}(\overline{X}_{2n}) < \mathrm{Var}(\overline{X}_n)$.

8.3 设 $X_1, X_2, \cdots, X_n$ 是总体 X 的样本, $Y_1, Y_2, \cdots, Y_m$ 是总体 Y 的样本. 已知这两个总体独立, 并且

$$\mathrm{E}X = \mu, \mathrm{Var}(X) = \sigma^2, \ \mathrm{E}Y = \mu, \mathrm{Var}(Y) = 2\sigma^2.$$

求常数 a 使得 $\hat{\mu} = a\overline{X}_n + (1-a)\overline{Y}_m$ 的方差最小.

解 定义 $g(a) = \mathrm{Var}(\hat{\mu})$, 则有

$$g(a) = \mathrm{Var}(a\overline{X}_n + (1-a)\overline{Y}_m)$$

$$= a^2\mathrm{Var}(\overline{X}_n) + (1-a)^2\mathrm{Var}(\overline{Y}_m)$$

$$= a^2\sigma^2/n + (1-a)^2 2\sigma^2/m.$$

以 a 为自变元时, $g(a)$ 是开口向上的抛物线, 由

$$g'(a) = [2a/n - 4(1-a)/m]\sigma^2 = 0$$

得到 $g(a)$ 的最小值点 $a = 2n/(m+2n)$.

8.4 设参数 $\theta \in (-\infty, \infty)$, X 有概率密度 $f(x) = \mathrm{e}^{\theta-x}$, $x \geqslant \theta$, 验证 $\hat{\theta}_1 = \overline{X}_n - 1$ 是 θ 的无偏估计.

证明 在下面的积分中取变换 $y = x - \theta$, 得到

$$
\begin{aligned}
\mathrm{E}X &= \int_\theta^\infty x f(x)\mathrm{d}x = \int_\theta^\infty x\mathrm{e}^{\theta-x}\mathrm{d}x \\
&= \int_0^\infty (y+\theta)\mathrm{e}^{-y}\mathrm{d}y \\
&= \int_0^\infty y\mathrm{e}^{-y}\mathrm{d}y + \int_0^\infty \theta\mathrm{e}^{-y}\mathrm{d}y \\
&= 1 + \theta,
\end{aligned}
$$

所以

$$
\begin{aligned}
\mathrm{E}(\overline{X}_n - 1) &= \mathrm{E}\Big[\frac{1}{n}(X_1 + X_2 + \cdots + X_n) - 1\Big] \\
&= \frac{n(1+\theta)}{n} - 1 \\
&= \theta.
\end{aligned}
$$

8.5 设 $X_1, X_2, \cdots, X_n$ 是总体 X 的样本, $F(x) = P(X \leqslant x)$ 是 X 的分布函数. 对确定的 x, 当 $p = F(x) \in (0,1)$ 时,

(a) 验证 $Y_j = \mathrm{I}[X_j \leqslant x]$ $(j = 1, 2, \cdots, n)$ 是两点分布 $\mathcal{B}(1,p)$ 的样本;

(b) 用 Y_j $(j = 1, 2, \cdots, n)$ 构造 $p = F(x)$ 的矩估计 $F_n(x)$;

(c) 验证 $F_n(x)$ 是 $F(x)$ 的无偏估计;

(d) 验证 $F_n(x)$ 是 $F(x)$ 的强相合估计;

(e) 验证 $\sqrt{n}[F_n(x) - F(x)]$ 依分布收敛到 $N(0, F(x)[1 - F(x)])$, 即

$$
\frac{\sqrt{n}[F_n(x) - F(x)]}{\sqrt{F(x)(1 - F(x))}} \xrightarrow{d} N(0,1).
$$

解 (a) 因为示性函数 $Y_j = \mathrm{I}[X_j \leqslant x]$ 只取值 0 或 1, 并且相互独立 (见教材中定理 4.1.1), 所以由

$$
P(Y_j = 1) = P(\mathrm{I}[X_j \leqslant x] = 1) = P(X_j \leqslant x) = F(x) \stackrel{\text{def}}{=} p,
$$
$$
P(Y_j = 0) = 1 - P(Y_j = 1) = 1 - p,
$$

知道 $Y_j = \mathrm{I}[X_j \leqslant x]$ $(j = 1, 2, \cdots, n)$ 是两点分布 $\mathcal{B}(1,p)$ 的样本.

(b) 因为 $\mathrm{E}Y_j = 1 \cdot p + 0 \cdot (1-p) = p$, 所以 $p = F(x)$ 的矩估计是 $\{Y_j\}$ 的样本均值

$$
\begin{aligned}
F_n(x) &\stackrel{\text{def}}{=} \overline{Y}_n = \frac{1}{n}(Y_1 + Y_2 + \cdots + Y_n) \\
&= \frac{1}{n}\left(\mathrm{I}[X_1 \leqslant x] + \mathrm{I}[X_2 \leqslant x] + \cdots + \mathrm{I}[X_n \leqslant x]\right).
\end{aligned}
$$

(c) 因为样本均值 $\overline{Y}_n$ 是 $p = F(x)$ 的无偏估计, 所以 $F_n(x)$ 是 $F(x)$ 的无偏估计, 即有 $E(F_n(x)) = F(x)$.

(d) 由强大数律 (教材中定理 6.1.1) 知道

$$\lim_{n \to \infty} F_n(x) = \lim_{n \to \infty} \overline{Y}_n = EY_1 = F(x) \text{ 以概率 1 成立}.$$

(e) 因为 Y_j 独立同分布, $EY_j = p$, $\text{Var}(Y_j) = p(1-p)$, 所以由中心极限定理 (教材中定理 6.3.1) 知道

$$\frac{\sqrt{n}[F_n(x) - F(x)]}{\sqrt{F(x)(1 - F(x))}} = \frac{\overline{Y}_n - p}{\sqrt{p(1-p)/n}} \xrightarrow{d} N(0, 1).$$

8.6 设 $x_1, x_2, \cdots, x_n$ 是总体 $\mathcal{B}(9, p)$ 的样本观测值, 求 p 的矩估计和最大似然估计.

解 设 $X \sim \mathcal{B}(9, p)$. 因为由 $EX = 9p$, 得到 $p = EX/9$, 所以 p 的矩估计为

$$\hat{p} = \overline{x}_n/9.$$

因为

$$P(X_1 = x_1, X_2 = x_2, \cdots, X_n = x_n)$$
$$= P(X_1 = x_1)P(X_2 = x_2) \cdots P(X_n = x_n)$$
$$= C_9^{x_1} p^{x_1} (1-p)^{9-x_1} C_9^{x_2} p^{x_2} (1-p)^{9-x_2} \cdots C_9^{x_n} p^{x_n} (1-p)^{9-x_n}$$
$$= c_0 p^{x_1 + x_2 + \cdots + x_n} (1-p)^{9n - (x_1 + x_2 + \cdots + x_n)}$$
$$= c_0 p^{n\overline{x}_n} (1-p)^{9n - n\overline{x}_n},$$

其中 c_0 是和 p 无关的常数, 所以 p 的似然函数是

$$L(p) = c_0 p^{n\overline{x}_n} (1-p)^{9n - n\overline{x}_n}.$$

对数似然函数是

$$l(p) = \ln c_0 + n\overline{x}_n \ln p + (9n - n\overline{x}_n) \ln(1-p).$$

最后由

$$l'(p) = \frac{n\overline{x}_n}{p} - \frac{9n - n\overline{x}_n}{1 - p} = 0$$

得到 p 最大似然估计 $\hat{p} = \overline{x}_n/9$.

8.7 设 $x_1, x_2, \cdots, x_n$ 是总体 $\mathcal{P}(\lambda)$ 的样本观测值, 求 λ 的矩估计和最大似然估计.

解 设 $X \sim \mathcal{P}(\lambda)$. 由 $EX = \lambda$ 得到 λ 的矩估计 $\hat{\lambda} = \overline{x}_n$. 因为

$$P(X_1 = x_1, X_2 = x_2, \cdots, X_n = x_n)$$
$$= P(X_1 = x_1)P(X_2 = x_2) \cdots P(X_n = x_n)$$
$$= \frac{\lambda^{x_1}}{x_1!} e^{-\lambda} \frac{\lambda^{x_2}}{x_2!} e^{-\lambda} \cdots \frac{\lambda^{x_n}}{x_n!} e^{-\lambda}$$
$$= c_0 \lambda^{x_1 + x_2 + \cdots + x_n} e^{-n\lambda}$$

$$= c_0 \lambda^{n\overline{x}_n} e^{-n\lambda},$$

其中 c_0 是和 λ 无关的常数, 所以 λ 的似然函数是

$$L(\lambda) = c_0 \lambda^{n\overline{x}_n} e^{-n\lambda}.$$

对数似然函数是

$$l(\lambda) = \ln c_0 + n\overline{x}_n \ln \lambda - n\lambda.$$

最后由

$$l'(\lambda) = \frac{n\overline{x}_n}{\lambda} - n = 0$$

得到 λ 最大似然估计 $\hat{\lambda} = \overline{x}_n$.

8.8 设 $x_1, x_2, \cdots, x_n$ 是总体 $f(x) = \theta^{-1}\exp(-x/\theta)$, $x \geqslant 0$ 的样本观测值, 求 θ 的矩估计和最大似然估计.

解 设 $\lambda = 1/\theta$, X 服从指数分布 $Exp(\lambda)$, 则 X 的概率密度为 $f(x)$. 由 $EX = 1/\lambda = \theta$ 得到 θ 的矩估计 $\hat{\theta} = \overline{x}_n$.

因为 $(X_1, X_2, \cdots, X_n)$ 的联合密度是

$$\begin{aligned}
f(x_1, x_2, \cdots, x_n) &= f(x_1)f(x_2)\cdots f(x_n) \\
&= \theta^{-1}\exp(-x_1/\theta)\theta^{-1}\exp(-x_2/\theta)\cdots\theta^{-1}\exp(-x_n/\theta) \\
&= \theta^{-n}\exp(-(x_1 + x_2 + \cdots + x_n)/\theta) \\
&= \theta^{-n}\exp(-n\overline{x}_n/\theta),
\end{aligned}$$

所以 θ 的似然函数是

$$L(\theta) = \theta^{-n}\exp(-n\overline{x}_n/\theta),$$

对数似然函数是

$$l(\theta) = -n\ln\theta - n\overline{x}_n/\theta.$$

最后由

$$l'(\lambda) = -n/\theta + n\overline{x}_n/\theta^2 = 0$$

得到 θ 最大似然估计 $\hat{\theta} = \overline{x}_n$.

8.9 设 $X_1, X_2, \cdots, X_n$ 为总体 $N(\mu + 5, \sigma^2 - 3)$ 的样本, 求 μ 和 σ^2 的最大似然估计和矩估计.

解 设 $X \sim N(\mu + 5, \sigma^2 - 3)$, 则 $EX = \mu + 5$, $Var(X) = EX^2 - (EX)^2 = \sigma^2 - 3$. 于是

$$\mu = EX - 5, \quad \sigma^2 = EX^2 - (EX)^2 + 3,$$

所以 μ 的矩估计为 $\hat{\mu} = \overline{X}_n - 5$, σ^2 的矩估计为

$$\hat{\sigma}^2 = \hat{\mu}_2 - (\overline{X}_n)^2 + 3 = \frac{1}{n}\sum_{j=1}^{n}(X_j - \overline{X}_n)^2 + 3.$$

因为 X 的概率密度是

$$f(x; \mu, \sigma^2) = \frac{1}{\sqrt{2\pi(a-3)}} \exp\left[-\frac{(x-\mu-5)^2}{2(a-3)}\right], \text{ 其中 } a = \sigma^2.$$

所以 (μ, σ^2) 的似然函数是

$$L(\mu, a) = \prod_{j=1}^{n} f(x_j; \mu, a) = \frac{1}{[\sqrt{2\pi(a-3)}]^n} \exp\left[-\sum_{j=1}^{n} \frac{(x_j - \mu - 5)^2}{2(a-3)}\right].$$

对数似然函数是

$$l(\mu, a) = -\frac{n}{2}\ln(a-3) - \sum_{j=1}^{n} \frac{(x_j - \mu - 5)^2}{2(a-3)} + c,$$

其中 c 是常数. 解似然方程组

$$\begin{cases} \dfrac{\partial l}{\partial \mu} = \dfrac{1}{a-3} \sum\limits_{j=1}^{n}(x_j - \mu - 5) = 0, \\[3mm] \dfrac{\partial l}{\partial a} = -\dfrac{n}{2(a-3)} + \dfrac{1}{2(a-3)^2} \sum\limits_{j=1}^{n}(x_j - \mu - 5)^2 = 0 \end{cases}$$

得到 $\mu, \sigma^2 = a$ 的 MLE 为

$$\begin{cases} \hat{\mu} = \overline{x}_n - 5, \\[3mm] \hat{\sigma}^2 = \hat{a} = \dfrac{1}{n}\sum\limits_{j=1}^{n}(x_j - \overline{x}_n)^2 + 3. \end{cases}$$

8.10 给定均匀分布 $U[1.35, b]$ 总体的样本观测值 $x_1, x_2, \cdots, x_n$, 求 b 的矩估计和 MLE.

解 设 $a = 1.35$. 均匀分布 $U[a, b]$ 的概率密度是

$$f(x; a, b) = \frac{1}{b-a} \text{I}[a \leqslant x \leqslant b].$$

定义

$$x_{(1)} = \min\{x_1, x_2, \cdots, x_n\}, \quad x_{(n)} = \max\{x_1, x_2, \cdots, x_n\},$$

则有 $x_{(1)} \geqslant a = 1.35$ 成立. b 的似然函数

$$L(b) = \frac{1}{(b-a)^n} \prod_{j=1}^{n} \text{I}[a \leqslant x_j \leqslant b]$$

$$= \frac{1}{(b-a)^n} \text{I}[x_{(n)} \leqslant b].$$

要 $L(b)$ 达到最大, 首先要示性函数 $\text{I}[x_{(n)} \leqslant b] = 1$, 这等于要 $x_{(n)} \leqslant b$. 然后再要求 $1/(b-a)^n$ 最大. 不难看出, 这时必须取 $b = x_{(n)}$. 所以 b 的 MLE 是 $\hat{b} = x_{(n)}$.

8.11 设 $x_1, x_2, \cdots, x_n$ 是总体 X 的样本观测值.

(a) 当 $X \sim N(6, \sigma^2)$ 时, 求 σ^2 的矩估计和最大似然估计;

(b) 当 $X \sim N(\mu, 3^2)$ 时, 求 μ 的矩估计和最大似然估计.

解 (a) 由 $X \sim N(6, \sigma^2)$, 得到 $\mathrm{E}X = 6$, $\mathrm{Var}(X) = \mathrm{E}X^2 - (\mathrm{E}X)^2 = \sigma^2$. 于是

$$\sigma^2 = \mathrm{E}X^2 - 36,$$

所以矩估计为

$$\hat{\sigma}^2 = \hat{\mu}_2 - 36 = \frac{1}{n} \sum_{j=1}^{n} x_j^2 - 36 = \frac{1}{n} \sum_{j=1}^{n} (x_j - 6)^2.$$

因为 X 的概率密度是

$$f(x; \sigma^2) = \frac{1}{\sqrt{2\pi a}} \exp\left[-\frac{(x-6)^2}{2a} \right], \ \text{其中} \ a = \sigma^2.$$

所以 $a = \sigma^2$ 的似然函数是

$$L(a) = \prod_{j=1}^{n} f(x_j; a) = \frac{1}{(\sqrt{2\pi a})^n} \exp\left[-\sum_{j=1}^{n} \frac{(x_j-6)^2}{2a} \right].$$

对数似然函数是

$$l(a) = -\frac{n}{2} \ln a - \sum_{j=1}^{n} \frac{(x_j-6)^2}{2a} + c,$$

其中 c 是常数. 由

$$l'(a) = -\frac{n}{2a} + \frac{1}{2a^2} \sum_{j=1}^{n} (x_j - 6)^2 = 0$$

得到 $\sigma^2 = a$ 的 MLE 为

$$\hat{\sigma}^2 = \hat{a} = \frac{1}{n} \sum_{j=1}^{n} (x_j - 6)^2.$$

(b) 由 $X \sim N(\mu, 3^2)$, 得到 $\mu = \mathrm{E}X$, 所以 μ 的矩估计为 $\hat{\mu} = \bar{x}_n$.

设 $\sigma^2 = 9$, 则 X 的概率密度是

$$f(x; \mu) = \frac{1}{\sqrt{2\pi\sigma^2}} \exp\left[-\frac{(x-\mu)^2}{2\sigma^2} \right].$$

μ 的似然函数是

$$L(\mu) = \prod_{j=1}^{n} f(x_j; \mu) = \frac{1}{(\sqrt{2\pi\sigma^2})^n} \exp\left[-\sum_{j=1}^{n} \frac{(x_j-\mu)^2}{2\sigma^2} \right].$$

对数似然函数是

$$l(\mu) = -\frac{n}{2} \ln \sigma^2 - \sum_{j=1}^{n} \frac{(x_j-\mu)^2}{2\sigma^2} + c,$$

其中 c 是常数. 由

$$l'(\mu) = \frac{1}{\sigma^2} \sum_{j=1}^{n} (x_j - \mu) = 0,$$

得到 μ 的 MLE 为 $\hat{\mu} = \overline{x}_n$.

8.12 设 $X_1, X_2, \cdots, X_n$ 独立同分布, 都在区间 $[\theta - 1, \theta + 1]$ 上服从均匀分布, 求 θ 的矩估计和最大似然估计.

解 用 $\mathrm{I}[A]$ 表示事件 A 的示性函数. 因为总体 X 的概率密度

$$f(x) = \frac{1}{2}\mathrm{I}[\theta - 1 \leqslant x \leqslant \theta + 1].$$

关于 $\theta = (\theta + 1 + \theta - 1)/2$ 对称, 所以 $\theta = \mathrm{E}X$. 于是矩估计 $\hat{\theta} = \overline{x}_n$.

引入 $x_{(1)} = \min\{x_1, x_2, \cdots, x_n\}, x_{(n)} = \max\{x_1, x_2, \cdots, x_n\}$, 则 θ 的似然函数是

$$\begin{aligned}
L(\theta) &= \prod_{j=1}^{n} f(x_j; \mu) = \prod_{j=1}^{n} \frac{1}{2}\mathrm{I}[\theta - 1 \leqslant x_j \leqslant \theta + 1] \\
&= \frac{1}{2^n}\mathrm{I}[\theta - 1 \leqslant x_{(1)} \leqslant x_{(n)} \leqslant \theta + 1] \\
&= \frac{1}{2^n}\mathrm{I}[x_{(n)} - 1 \leqslant \theta \leqslant x_{(1)} + 1]
\end{aligned}$$

于是 $[x_{(n)} - 1, x_{(1)} + 1]$ 中的任何 θ 都使得 $L(\theta)$ 达到最大值, 因而 θ 的 MLE 可以是 $[x_{(n)} - 1, x_{(1)} + 1]$ 中的任何数.

8.13 设 $X_1, X_2, \cdots, X_n$ 独立同分布, 都服从几何分布

$$P(X_1 = k) = (1 - p)^{k-1}p, \quad k = 1, 2, \cdots.$$

计算参数 p 的矩估计和最大似然估计.

解 设 X 服从上述几何分布, 则 (见教材中第五章 5.2(4)) $\mathrm{E}X = 1/p$, 于是由 $p = 1/\mathrm{E}X$ 得到 p 的矩估计 $\hat{p} = 1/\overline{X}_n$.

因为 X 有概率分布

$$\begin{aligned}
&P(X_1 = x_1, X_2 = x_2, \cdots, X_n = x_n) \\
&= P(X_1 = x_1)P(X_2 = x_2)\cdots P(X_n = x_n) \\
&= \prod_{j=1}^{n}(1 - p)^{x_i - 1}p = (1 - p)^{(x_1 + x_2 + \cdots + x_n) - n}p^n \\
&= (1 - p)^{n\overline{x}_n - n}p^n,
\end{aligned}$$

对数似然函数是

$$l(p) = n(\overline{x}_n - 1)\ln(1 - p) + n\ln p.$$

由

$$l'(p) = -n(\overline{x}_n - 1)/(1 - p) + n/p = 0$$

得到 p 的 MLE 为 $\hat{p} = 1/\overline{x}_n$.

8.14 设随机向量 $(X_1, Y_1), (X_2, Y_2), \cdots, (X_n, Y_n)$ 独立同分布且和 (X, Y) 同分布, 给出总体方差 σ_X^2, σ_Y^2, 协方差 σ_{XY} 和相关系数 ρ_{XY} 的矩估计.

解 因为 $\mathrm{Var}(X) = \mathrm{E}X^2 - (\mathrm{E}X)^2$, 所以 σ_X^2 的矩估计为

$$\hat{\sigma}_X^2 = \frac{1}{n}\sum_{i=1}^{n} X_i^2 - (\overline{X}_n)^2$$

$$= \frac{1}{n}\sum_{i=1}^{n} [(X_i - \overline{X}_n)X_i + \overline{X}_n(X_i - \overline{X}_n)]$$

$$= \frac{1}{n}\sum_{i=1}^{n} (X_i - \overline{X}_n)X_i + 0 \qquad \left(\text{用} \sum_{i=1}^{n}(X_i - \overline{X}_n) = 0\right)$$

$$= \frac{1}{n}\sum_{i=1}^{n} (X_i - \overline{X}_n)^2. \qquad \left(\text{再用} \sum_{i=1}^{n}(X_i - \overline{X}_n) = 0\right)$$

同理, σ_Y^2 的矩估计为

$$\hat{\sigma}_Y^2 = \frac{1}{n}\sum_{i=1}^{n} Y_i^2 - (\overline{Y}_n)^2 = \frac{1}{n}\sum_{i=1}^{n} (Y_i - \overline{Y}_n)^2.$$

因为 $\sigma_{XY} = \mathrm{E}(XY) - \mathrm{E}X\mathrm{E}Y$, 而 $Z_i = X_iY_i$ 独立同分布且和 XY 同分布, 所以 σ_{XY} 的矩估计为

$$\hat{\sigma}_{XY} = \frac{1}{n}\sum_{i=1}^{n} (X_iY_i) - \overline{X}_n\overline{Y}_n$$

$$= \frac{1}{n}\sum_{i=1}^{n} [(X_i - \overline{X}_n)Y_i + \overline{X}_n(Y_i - \overline{Y}_n)]$$

$$= \frac{1}{n}\sum_{i=1}^{n} (X_i - \overline{X}_n)Y_i + 0 \qquad \left(\text{用} \sum_{i=1}^{n}(Y_i - \overline{Y}_n) = 0\right)$$

$$= \frac{1}{n}\sum_{i=1}^{n} (X_i - \overline{X}_n)(Y_i - \overline{Y}_n). \qquad \left(\text{用} \sum_{i=1}^{n}(X_i - \overline{X}_n) = 0\right)$$

因为 $\rho_{XY} = \sigma_{XY}/(\sigma_X\sigma_Y)$, 所以 ρ_{XY} 的矩估计为

$$\hat{\rho}_{XY} = \hat{\sigma}_{XY}/(\hat{\sigma}_X\hat{\sigma}_Y).$$

8.15 设 $Y_1, Y_2, \cdots, Y_n$ 独立同分布, 都服从对数正态分布, 有概率密度

$$f(y) = \frac{1}{\sqrt{2\pi}\sigma y} \exp\left[-\frac{(\ln y - \mu)^2}{2\sigma^2}\right], \quad y > 0.$$

计算参数 μ, σ^2 的最大似然估计.

解 $Y_1, Y_2, \cdots, Y_n$ 的联合密度为

$$f(y_1, y_2, \cdots, y_n) = f(y_1)f(y_2)\cdots f(y_n)$$

$$= \prod_{i=1}^{n} \frac{1}{\sqrt{2\pi}\sigma y_i} \exp\left[-\frac{(\ln y_i - \mu)^2}{2\sigma^2}\right]$$

$$= c_0 \frac{1}{\sigma^n} \exp\left[-\frac{1}{2\sigma^2}\sum_{i=1}^{n}(\ln y_i - \mu)^2\right].$$

其中 c_0 是和 μ, σ^2 无关的数. $(\mu, \sigma^2) \overset{\text{def}}{=} (\mu, a)$ 的似然函数是

$$L(\mu, a) = \frac{1}{a^{n/2}} \exp\left[-\frac{1}{2a}\sum_{i=1}^{n}(\ln y_i - \mu)^2\right].$$

对数似然函数是

$$l(\mu, a) = -\frac{n}{2}\ln a - \frac{1}{2a}\sum_{i=1}^{n}(\ln y_i - \mu)^2.$$

解似然方程组

$$\frac{\partial l}{\partial \mu} = \frac{1}{a}\sum_{i=1}^{n}(\ln y_i - \mu) = 0,$$

$$\frac{\partial l}{\partial a} = -\frac{n}{2a} + \frac{1}{2a^2}\sum_{i=1}^{n}(\ln y_i - \mu)^2 = 0,$$

得到 μ, σ^2 的最大似然估计

$$\hat{\mu} = \frac{1}{n}\sum_{i=1}^{n}\ln y_i, \quad \hat{\sigma}^2 = \frac{1}{n}\sum_{i=1}^{n}(\ln y_i - \hat{\mu})^2.$$

8.16 设 X 有概率分布 $P(X = 1) = P(X = -1) = \theta$, $P(X = 0) = 1 - 2\theta, \theta \in (0, 1/2)$. 给定 X 的样本 $1, -1, 1, 0, 0, 0, 1$, 求 θ 的矩估计和最大似然估计.

典型题解析8.16

解 因为 $\mathrm{E}X = \theta - \theta + 0 = 0, \mathrm{E}X^2 = 2\theta$, 故矩估计为

$$\hat{\theta} = \frac{1}{2}\Big(\frac{1}{7}\sum_{j=1}^{7}X_j^2\Big) = \frac{4}{14} = \frac{2}{7}.$$

因为观测到样本值 $1, -1, 1, 0, 0, 0, 1$ 的概率 (似然函数) 是

$$L(\theta) = \theta(1 - 2\theta)^3\theta^3 = \theta^4(1 - 2\theta)^3.$$

由

$$L'(\theta) = 4\theta^3(1 - 2\theta)^3 - 6\theta^4(1 - 2\theta)^2$$

$$= \theta^3(1 - 2\theta)^2[4(1 - 2\theta) - 6\theta] = 0,$$

得到 θ 的最大似然估计 $\hat{\theta} = 2/7$.

8.17 设 X 有概率分布函数 $F(x; \alpha, \beta) = 1 - (\alpha/x)^\beta, x \geqslant \alpha$, 其中 α, β 是正常数. 给定 X 的样本 $x_1, x_2, \cdots, x_n$,

(a) 已知 $\alpha = 1$, 求 β 的矩估计和 MLE;

(b) 已知 $\beta = 2$, 求 α 的 MLE.

典型题解析8.17

解 (a) 已知 $\alpha = 1, X$ 有密度 $f(x; \beta) = \beta x^{-\beta-1}, x > 1$. 由

$$\mu = \mathrm{E}X = \int_1^\infty x\beta x^{-\beta-1}\mathrm{d}x = \beta\int_1^\infty x^{-\beta}\mathrm{d}x = \frac{\beta}{\beta-1}, \beta > 1,$$

得到 $\mathrm{E}X < \infty$ 的充分必要条件是 $\beta > 1$. 当 $\beta > 1$, 有 $\mu\beta - \mu = \beta, \beta = \mu/(\mu-1)$. 于是矩估计 $\hat{\beta} = \overline{x}_n/(\overline{x}_n - 1)$.

β 的似然函数为

$$L(\beta) = \prod_{j=1}^{n}\beta x_j^{-\beta-1} = \frac{\beta^n}{(x_1 x_2 \cdots x_n)^{\beta+1}}.$$

β 的对数似然函数为

$$l(\beta) = n \ln \beta - (\beta + 1) \ln(x_1 x_2 \cdots x_n).$$

由 $l'(\beta) = \dfrac{n}{\beta} - \ln(x_1 x_2 \cdots x_n) = 0$, 得到 β 的 MLE $\hat{\beta} = n / \ln(x_1 x_2 \cdots x_n)$.

(b) 已知 $\beta = 2$, X 有密度 $f(x; \alpha) = 2\alpha^2 / x^3$, $x \geqslant \alpha$. α 的似然函数为

$$L(\alpha) = \prod_{j=1}^{n} 2\alpha^2 / x_j^3 = (2\alpha^2)^n / (x_1 x_2 \cdots x_n)^3, \ \min\{x_j\} \geqslant \alpha.$$

因为 $L(\alpha) = 0$ 在 $\alpha > \min\{x_j\}$ 时等于 0, 在区间 $(0, \min\{x_j\}]$ 中单调增加且大于 0, 所以 MLE $\hat{\alpha} = \min\{x_j\} = \min\{x_1, x_2, \cdots, x_n\}$.

8.18 设 X 有概率分布 p_j 和样本的观测频率 f_j 如下:

X	x_1	x_2	x_3
p_j	$1 - \theta$	$\theta - \theta^2$	θ^2
f_j	n_1/n	n_2/n	n_3/n

典型题解析8.18

其中 n 是样本量, 求 θ 的最大似然估计.

解 因为观测数据中恰有 n_1 个 x_1, n_2 个 x_2, n_3 个 x_3, 所以 θ 的似然函数为

$$L(\theta) = \prod_{j=1}^{3} [P(X = x_j)]^{n_j}$$

$$= (1 - \theta)^{n_1} (\theta - \theta^2)^{n_2} \theta^{2n_3}$$

$$= (1 - \theta)^{n_1 + n_2} \theta^{n_2 + 2n_3}.$$

对数似然函数是

$$l(\theta) = \ln L(\theta) = (n_1 + n_2) \ln(1 - \theta) + (n_2 + 2n_3) \ln \theta.$$

由

$$l'(\theta) = -\frac{n_1 + n_2}{1 - \theta} + \frac{n_2 + 2n_3}{\theta} = 0$$

解出 θ 的最大似然估计 $\hat{\theta} = \dfrac{n_2 + 2n_3}{n_1 + 2n_2 + 2n_3}$.

■ 考研复习

基本内容 估计量与估计值、矩估计、最大似然估计 (MLE)、无偏估计、有效性.

以下设 $\{X_j\} = \{X_1, X_2, \cdots, \}$ 是总体 X 的样本. 样本均值与样本方差分别是

$$\hat{\mu} = \overline{X}_n = \frac{X_1 + X_2 + \cdots + X_n}{n}, \quad S^2 = \frac{1}{n-1} \sum_{j=1}^{n} (X_j - \hat{\mu})^2.$$

样本方差是无偏估计: $\mathrm{E}S^2 = \sigma^2$.

基本概念 设 $\hat{\theta}$ 是参数 θ 的估计.

估计 (量): 是从观测数据 $x_1, x_2, \cdots, x_n$ 能够直接计算的量 $\hat{\theta}$, 简称 "估计".

无偏估计: 如果 $\mathrm{E}\hat{\theta} = \theta$.

相合估计: 当 $n \to \infty$ 时, $\hat{\theta}$ 依概率收敛到 θ, 也称为 "相容估计" "一致估计".

强相合估计: 当样本量 $n \to \infty$ 时, $\hat{\theta}$ 以概率 1 收敛到 θ.

有效性: 无偏估计的方差越小越有效.

矩估计

(1) $\hat{\mu}_k = \dfrac{1}{n} \sum_{i=1}^{n} X_i^k$ 是 $\mu_k = \mathrm{E}X^k$ 矩估计 (强相合无偏估计).

(2) 如果存在函数 $g(s)$ 使得能从 $\mu_1 = \mathrm{E}X$ 得到 $\theta = g(\mu_1)$, 则 $\hat{\theta} = g(\hat{\mu}_1)$ 是 θ 的矩估计. 计算矩估计时, 如果偶遇 $\mathrm{E}X = c$ 的情况, 就需要通过计算 $\mathrm{E}X^2$ 得到矩估计.

(3) 如果总体 X 有 2 个未知参数 θ_1, θ_2, 并且能从

$$\begin{cases} \mu_1 = \mathrm{E}X, \\ \mu_2 = \mathrm{E}X^2, \end{cases} \text{得到} \begin{cases} \theta_1 = g_1(\mu_1, \mu_2), \\ \theta_2 = g_2(\mu_1, \mu_2), \end{cases}$$

则 $\hat{\theta}_1 = g_1(\hat{\mu}_1, \hat{\mu}_2)$, $\hat{\theta}_2 = g_2(\hat{\mu}_1, \hat{\mu}_2)$ 分别是 θ_1, θ_2 的矩估计.

最大似然估计 (MLE)

(1) 离散随机变量 $X_1, X_2, \cdots, X_n$ 有联合分布

$$p(x_1, x_2, \cdots, x_n; \theta) = P(X_1 = x_1, X_2 = x_2, \cdots, X_n = x_n),$$

得到观测数据 $x_1, x_2, \cdots, x_n$ 后, 称 θ 的函数

$$L(\theta) = p(x_1, x_2, \cdots, x_n; \theta)$$

为似然函数, 称 $L(\theta)$ 的最大值点 $\hat{\theta}$ 为 θ 的最大似然估计.

(2) 当总体 X 有概率分布 $P(X = x_j) = p_j(\theta)$, $j = 1, 2, \cdots$, 在 X 的观测样本中恰有 n_1 个 x_1, n_2 个 x_2, $\cdots$, n_m 个 x_m, 则 θ 的似然函数

$$L(\theta) = [p_1(\theta)]^{n_1} [p_2(\theta)]^{n_2} \cdots [p_m(\theta)]^{n_m}.$$

(3) 总体 X 有概率密度 $f(x; \boldsymbol{\theta})$, 则基于 X 的样本观测值 $x_1, x_2, \cdots, x_n$ 的似然函数是

$$L(\boldsymbol{\theta}) = \prod_{j=1}^{n} f(x_j; \boldsymbol{\theta}).$$

称 $L(\boldsymbol{\theta})$ 的最大值点 $\hat{\boldsymbol{\theta}}$ 为 $\boldsymbol{\theta}$ 的最大似然估计. 称 $l(\boldsymbol{\theta}) = \ln L(\boldsymbol{\theta})$ 为对数似然函数.

■ **试题参考解答**

试题 8.1 设 X 有概率分布 $P(X = \pm 1) = \theta$, $P(X = 0) = 1 - 2\theta$. 给定 X 的样本 $x_1, x_2, \cdots, x_n$, 计算 θ 的矩估计.

解 由 $EX = \theta - \theta + 0 = 0$ 无法得到矩估计. 因为 $\mu_2 = EX^2 = 2\theta$, 所以 θ 的矩估计为

$$\hat{\theta} = \frac{1}{2}\hat{\mu}_2 = \frac{1}{2n}\sum_{j=1}^{n} X_j^2.$$

试题 8.2 设 X 有密度函数

$$f(x;\theta) = \begin{cases} \dfrac{\theta^2}{x^3}e^{-\theta/x}, & x > 0; \\ 0, & \text{其他}. \end{cases}$$

(1) 求 θ 的矩估计; (2) 求 θ 的最大似然估计.

解 (1) 在下面的积分中取变换 $t = -\theta/x$, 得到

$$EX = \int_0^\infty xf(x;\theta)\mathrm{d}x = \int_0^\infty x\frac{\theta^2}{x^3}e^{-\theta/x}\mathrm{d}x$$
$$= \int_0^\infty \theta e^{-t}\mathrm{d}t = \theta.$$

给定样本观测值 $x_1, x_2, \cdots, x_n$, θ 的矩估计 $\hat{\theta} = \overline{x}_n$.

(2) θ 的似然函数为

$$L(\theta) = \prod_{j=1}^{n}\frac{\theta^2}{x_j^3}e^{-\theta/x_j} = \frac{\theta^{2n}}{c_0}\exp\Big(-\sum_{j=1}^{n}\frac{\theta}{x_j}\Big).$$

对数似然函数为

$$l(\theta) = -\sum_{j=1}^{n}\theta/x_j + 2n\ln\theta - c_1.$$

从

$$l'(\theta) = -\sum_{j=1}^{n}1/x_j + 2n/\theta = 0.$$

解出 θ 的最大似然估计 (MLE)

$$\hat{\theta} = 2n\Big(\sum_{j=1}^{n}1/x_j\Big)^{-1}.$$

试题 8.3 设 $x_1, x_2, \cdots, x_n$ 是总体 X 的样本, X 有概率密度

$$f(x) = \frac{a}{\sigma}\exp\Big[-\frac{(x-\mu)^2}{2\sigma^2}\Big].$$

(1) 求 a; (2) 求 σ^2 的 MLE.

解 和 $N(\mu, \sigma^2)$ 的概率密度比较知道 $a = 1/\sqrt{2\pi}$. σ^2 的似然函数

$$L(\sigma^2) = \prod_{j=1}^{n}\frac{a}{\sigma}\exp\Big[-\frac{(x_j-\mu)^2}{2\sigma^2}\Big]$$
$$= \frac{a^n}{(\sigma^2)^{n/2}}\exp\Big[-\frac{1}{2\sigma^2}\sum_{j=1}^{n}(x_j-\mu)^2\Big].$$

对数似然是

$$l(\sigma^2) = \ln L(\sigma^2) = -\frac{n}{2}\ln(\sigma^2) - \frac{1}{2\sigma^2}\sum_{j=1}^{n}(x_j - \mu)^2 + c_0.$$

由

$$\frac{\mathrm{d}}{\mathrm{d}\sigma^2}l(\sigma^2) = -\frac{n}{2\sigma^2} + \frac{1}{2\sigma^4}\sum_{j=1}^{n}(x_j - \mu)^2 = 0$$

得到已知 μ 时, σ^2 最大似然估计

$$\hat{\sigma}^2 = \frac{1}{n}\sum_{j=1}^{n}(x_j - \mu)^2.$$

未知 μ 时, 先求 μ 的最大似然估计 $\hat{\mu} = \overline{x}_n$, 然后得到 σ^2 最大似然估计

$$\hat{\sigma}^2 = \frac{1}{n}\sum_{j=1}^{n}(x_j - \hat{\mu})^2.$$

试题 8.4 有 n 个天文爱好者对于同一天体与地球的距离进行测量, 测量值是总体 $N(\mu, \sigma^2)$ 的简单随机样本. 对于他们测量的绝对误差 $Z_i = |X_i - \mu|$, $i = 1, 2, \cdots, n$,

(1) 计算 Z_i 的密度;   (2) 计算 σ 的矩估计和 MLE.

解 $Y_i = X_i - \mu$ 有概率密度

$$f(x) = \frac{1}{\sqrt{2\pi}\sigma}\exp\Big(-\frac{x^2}{2\sigma^2}\Big).$$

因为 $P(Z_i > 0) = 1$, 对 $z > 0$, 由

$$P(Z_i = z) = P(|Y_i| = z) = P(Y_i = z) + P(Y_i = -z)$$

$$= [f(z) + f(-z)]\mathrm{d}z = 2f(z)\mathrm{d}z.$$

得到 Z_i 的概率密度 $g(z) = 2f(z), z > 0$.

(2) 由

$$\mathrm{E}Z_i = \int_0^{\infty} zg(z)\mathrm{d}z = 2\int_0^{\infty} zf(z)\mathrm{d}z$$

$$= \int_0^{\infty} \frac{2}{\sqrt{2\pi}\sigma}z\exp\Big(-\frac{z^2}{2\sigma^2}\Big)\mathrm{d}z$$

$$= \int_0^{\infty} \frac{2\sigma}{\sqrt{2\pi}}\exp\Big(-\frac{z^2}{2\sigma^2}\Big)\mathrm{d}\Big(\frac{z^2}{2\sigma^2}\Big)$$

$$= \frac{2\sigma}{\sqrt{2\pi}}\int_0^{\infty}\exp(-t)\mathrm{d}t = \frac{\sigma}{\sqrt{\pi/2}}$$

得到 $\sigma = \sqrt{\pi/2}\mathrm{E}Z_i$. 于是得到 σ 的矩估计

$$\hat{\sigma} = \frac{\sqrt{\pi/2}}{n}\sum_{j=1}^{n}Z_j.$$

σ 的似然函数是

$$L(\sigma) = \prod_{j=1}^{n} \frac{2}{\sqrt{2\pi}\sigma} \exp\left(-\frac{z_j^2}{2\sigma^2}\right)$$

$$= \frac{2^n}{(\sqrt{2\pi}\sigma)^n} \exp\left(-\frac{1}{2\sigma^2}\sum_{j=1}^{n} z_j^2\right).$$

对数似然函数是

$$l(\sigma) = \ln L(\sigma) = -n\ln\sigma - \frac{1}{2\sigma^2}\sum_{j=1}^{n} z_j^2 + c_0.$$

由

$$l'(\sigma) = -\frac{n}{\sigma} + \frac{1}{\sigma^3}\sum_{j=1}^{n} z_j^2 = 0$$

得到 σ 最大似然估计 $\hat{\sigma} = \sqrt{\dfrac{1}{n}\sum_{j=1}^{n} z_j^2}$.

试题 8.5 设 X 有概率密度

$$f(x;\theta) = \begin{cases} \theta, & x \in (0,1), \\ 1-\theta, & x \in [1,2), \\ 0, & \text{其他}. \end{cases}$$

给定 X 的样本 $x_1, x_2, \cdots, x_n$, 计算 θ 的矩估计和 MLE.

解 由

$$\mathrm{E}X = \int_0^1 \theta x \mathrm{d}x + \int_1^2 (1-\theta)x\mathrm{d}x = 1.5 - \theta,$$

得到 $\theta = 1.5 - \mathrm{E}X$, 所以矩估计 $\hat{\theta} = 1.5 - \overline{x}_n$.

θ 的似然函数为

$$L(\theta) = \prod_{j=1}^{n} f(x_j;\theta) = \prod_{j:x_j\in(0,1)} \theta \prod_{j:x_j\in[1,2)} (1-\theta) = \theta^m(1-\theta)^{n-m}.$$

其中 m 是 $(0,1)$ 中 x_j 的个数. 对数似然函数是

$$l(\theta) = m\ln\theta + (n-m)\ln(1-\theta).$$

由

$$l'(\theta) = \frac{m}{\theta} - \frac{n-m}{1-\theta} = 0$$

得到 θ 的 MLE 为 $\hat{\theta} = m/n$.

试题 8.6 设 X 有分布函数

$$F(x;\theta) = \begin{cases} 0, & x < -\theta, \\ (x+\theta)/2\theta, & x \in [-\theta, \theta), \\ 1, & x \geqslant \theta. \end{cases}$$

给定 X 的样本 $x_1, x_2, \cdots, x_n$, 计算 θ 的矩估计和 MLE.

解 X 的概率密度为

$$f(x; \theta) = F'(x; \theta) = 1/2\theta, \quad |x| \leqslant \theta.$$

这是 $[-\theta, \theta]$ 中的均匀分布. 于是知道 $\mathrm{E}X = 0$. 由

$$\mu_2 = \mathrm{E}X^2 = \int_{-\theta}^{\theta} (x^2/2\theta)\mathrm{d}x = \theta^2/3$$

得到 $\theta = \sqrt{3\mu_2}$, 所以矩估计 $\hat{\theta} = \sqrt{3\hat{\mu}_2}$. 其中 $\hat{\mu}_2 = \dfrac{1}{n}\sum\limits_{j=1}^{n} x_j^2$.

θ 的似然函数为

$$L(\theta) = \prod_{j=1}^{n} f(x_j; \theta) = \prod_{j:|x_j|\leqslant\theta} \frac{1}{2\theta} = \frac{1}{(2\theta)^n} \mathrm{I}[\theta \geqslant \max\{|x_j|\}].$$

因为 $L(\theta)$ 在 $\theta \in [\max\{|x_j|\}, \infty)$ 中单调减少且大于 0, 在 $(-\infty, \max\{|x_j|\})$ 中等于 0. 所以 $\hat{\theta} = \max\{|x_j|\}$.

试题 8.7 设 X 有概率密度

$$f(x; \theta_1, \theta_2) = \frac{1}{\theta_2} \exp\left(-\frac{x - \theta_1}{\theta_2}\right), \quad x \geqslant \theta_1,$$

其中 θ_1, θ_2 分别是 $(-\infty, \infty)$ 和 $(0, \infty)$ 中的参数. 给定 X 的样本 $x_1, x_2, \cdots, x_n$, 求 θ_1, θ_2 的 MLE.

解 θ_1, θ_2 的似然函数为

$$L(\theta_1, \theta_2) = \prod_{j=1}^{n} f(x_j; \theta_1, \theta_2) = \begin{cases} \dfrac{1}{\theta_2^n} \exp\left(\sum\limits_{j=1}^{n} \dfrac{\theta_1 - x_j}{\theta_2}\right), & \theta_1 \leqslant \min\{x_j\}, \\ 0, & \theta_1 > \min\{x_j\}. \end{cases}$$

因为 $L(\theta_1, \theta_2)$ 关于 θ_1 在 $(-\infty, \min\{x_j\}]$ 内单调增加且大于 0, 在其他地方为 0. 所以 θ_1 的 MLE 是 $\hat{\theta}_1 = \min\{x_j\}$.

对数似然函数是

$$l(\theta_1, \theta_2) = -n\ln\theta_2 + \sum_{j=1}^{n} \frac{\theta_1 - x_j}{\theta_2}, \quad \theta_1 \leqslant \min\{x_j\}.$$

由

$$\frac{\partial l(\theta_1, \theta_2)}{\partial \theta_2} = -\frac{n}{\theta_2} + \sum_{j=1}^{n} \frac{x_j - \theta_1}{\theta_2^2} = 0$$

得到 $\theta_2 = \dfrac{1}{n}\sum\limits_{j=1}^{n}(x_j - \theta_1) = \overline{x}_n - \theta_1$. 最后得到 θ_2 的 MLE 是

$$\hat{\theta}_2 = \overline{x}_n - \hat{\theta}_1 = \overline{x}_n - \min\{x_j\}.$$

试题 8.8 如果 $X_1, X_2, \cdots, X_n$ 相互独立, $X_i \sim Exp(\lambda_i)$, 证明

(1) $Y = \min\{X_1, X_2, \cdots, X_n\} \sim Exp(\lambda_1 + \lambda_2 + \cdots + \lambda_n)$.

(2) $EY = \dfrac{1}{\lambda_1 + \lambda_2 + \cdots + \lambda_n}$.

证明 设 $\lambda = \lambda_1 + \lambda_2 + \cdots + \lambda_n$. 因为 $P(X_j > y) = e^{-\lambda_j y}$, 所以

$$P(Y \leqslant y) = 1 - P(Y > y) = 1 - \prod_{j=1}^{n} P(X_j > y) = 1 - e^{-\lambda y}.$$

求导数得到 Y 的概率密度: $g(y) = \lambda e^{-\lambda y}$, $y \geqslant 0$. 即有结论 (1).

(2) 由指数分布 $Exp(\lambda)$ 的数学期望为 $1/\lambda$ 得到结论 (2).

试题 8.9 总体 X 有概率密度 $f(x; \theta) = 2e^{-2(x-\theta)}$, $x \geqslant \theta$. 给定 X 的样本 $x_1, x_2, \cdots,$ x_n, 求 θ 的 MLE $\hat{\theta}$, 并讨论其无偏性.

解 θ 的似然函数为

$$L(\theta) = \prod_{j=1}^{n} f(x_j; \theta) = \begin{cases} 2^n \exp\left[2\sum_{j=1}^{n}(\theta - x_j)\right], & \theta \leqslant \min\{x_j\}, \\ 0, & \theta > \min\{x_j\}. \end{cases}$$

$L(\theta)$ 在 $(-\infty, \min\{x_j\}]$ 中单调增加且大于 0, 在其他地方为 0. 于是最大似然估计为

$$\hat{\theta} = \min\{x_j\}.$$

无偏性: 取 $Y = X - \theta \geqslant 0$, 则从

$$P(Y = y) = P(X = y + \theta) = f(y + \theta)dy = 2e^{-2y}dy, \quad y \geqslant 0.$$

得到 Y 的概率密度 $g(y) = 2e^{-2y}$, $y \geqslant 0$, 说明 $Y \sim Exp(2)$.

$$Y_i = X_i - \theta, \quad i = 1, 2, \cdots, n,$$

是 Y 的样本, $\min\{Y_j\} = \min\{X_j\} - \theta \sim Exp(2n)$, $E(\min\{Y_j\}) = 1/(2n)$ (见试题 8.8). 于是

$$E\hat{\theta} = E(\min\{X_j\}) = E(\min\{Y_j\}) + \theta = 1/(2n) + \theta > \theta.$$

说明 $\hat{\theta}$ 不是 θ 的无偏估计. (是渐近无偏估计: $E\hat{\theta} \to \theta$, $n \to \infty$.)

试题 8.10 设 X 有密度

$$f(x; \theta) = \begin{cases} 1/(2\theta), & x \in (0, \theta), \\ 1/[2(1-\theta)], & x \in (\theta, 1), \\ 0, & \text{其他.} \end{cases}$$

(1) 给定 X 的样本 $X_1, X_2, \cdots, X_n$, 求 θ 的矩估计 $\hat{\theta}$;

(2) $\hat{\theta}$, $4\overline{X}^2$ 是否 θ 的无偏估计?

解 (1) 由

$$\mu = EX = \int_0^{\theta} x/2\theta \, dx + \int_{\theta}^1 x/[2(1-\theta)] \, dx = 1/4 + \theta/2$$

得到 $\theta = 2\mu - 1/2$, 于是得到 θ 的矩估计 $\hat{\theta} = 2\overline{X} - 1/2$.

(2) 因为 $E\hat{\theta} = 2\mu - 1/2 = \theta$, 所以 $\hat{\theta}$ 是无偏估计. 由

$$4\overline{X}^2 = (\hat{\theta} + 1/2)^2 = \hat{\theta}^2 + \hat{\theta} + 1/4 > \hat{\theta} + 1/4,$$

得 $E(4\overline{X}^2) > \theta$. $4\overline{X}^2$ 不是 θ 的无偏估计.

试题 8.11 设 X 有概率密度

$$f(x) = \frac{1}{2\sigma} \exp\left(-\frac{|x|}{\sigma}\right), \quad x \in (-\infty, \infty).$$

$x_1, x_2, \cdots, x_n$ 是总体 X 的简单随机样本.

(1) 求 σ 的最大似然估计 $\hat{\sigma}$;   (2) 求 $E\hat{\sigma}$ 和 $Var(\hat{\sigma})$.

解 σ 的似然函数是

$$L(\sigma) = \prod_{j=1}^{n} \frac{1}{2\sigma} \exp\left(-\frac{|x_j|}{\sigma}\right)$$

$$= (2\sigma)^{-n} \exp\left(-\frac{1}{\sigma} \sum_{j=1}^{n} |x_j|\right).$$

对数似然函数是

$$l(\sigma) = \ln L(\sigma) = -n \ln \sigma + \left(-\frac{1}{\sigma} \sum_{j=1}^{n} |x_j|\right) + c_0.$$

其中 c_0 是常数. 由

$$l'(\sigma) = -\frac{n}{\sigma} + \frac{1}{\sigma^2} \sum_{j=1}^{n} |x_j| = 0,$$

得到 σ 的 MLE 为

$$\hat{\sigma} = \frac{1}{n} \sum_{j=1}^{n} |x_j|.$$

(2) 因为 $P(|X| > 0) = 1$, 对于 $x > 0$,

$$P(|X| = x) = P(X = x) + P(X = -x)$$

$$= 2\frac{1}{2\sigma} \exp\left(-\frac{x}{\sigma}\right) dx.$$

所以 $|X|$ 服从参数为 $\lambda = 1/\sigma$ 的指数分布. $|x_1|, |x_2|, \cdots, |x_n|$ 是总体 $|X|$ 的简单随机样本, 故

$$E\hat{\sigma} = E|X| = 1/\lambda = \sigma, \quad Var(|X_i|) = 1/\lambda^2 = \sigma^2,$$

$$Var(\hat{\sigma}) = \frac{1}{n^2} \sum_{j=1}^{n} Var(|X_j|) = \frac{\sigma^2}{n}.$$

(2) 的另解是直接计算:

$$E|X_j| = \int_{-\infty}^{\infty} |x| \frac{1}{2\sigma} \exp\left(-\frac{|x|}{\sigma}\right) dx$$

$$= \int_{0}^{\infty} x \frac{1}{\sigma} \exp\left(-\frac{x}{\sigma}\right) dx$$

$$= \sigma \int_{0}^{\infty} t \exp(-t) dt$$

$$= \sigma.$$

于是得到 $\mathrm{E}\hat{\sigma} = \sigma.$

$$
\begin{aligned}
\mathrm{E}|X_j|^2 &= \int_{-\infty}^{\infty} |x|^2 \frac{1}{2\sigma} \exp\left(-\frac{|x|}{\sigma}\right) \mathrm{d}x \\
&= \int_0^{\infty} x^2 \frac{1}{\sigma} \exp\left(-\frac{x}{\sigma}\right) \mathrm{d}x \\
&= \sigma^2 \int_0^{\infty} t^2 \exp(-t) \mathrm{d}t \\
&= \sigma^2 \Gamma(3) = 2\sigma^2.
\end{aligned}
$$

得到 $\mathrm{Var}(|X_j|) = \mathrm{E}|X_j|^2 - (\mathrm{E}|X_j|)^2 = \sigma^2.$ 最后得到 $\mathrm{Var}(\hat{\sigma}) = \sigma^2/n.$

试题 8.12 给定二项分布 $\mathcal{B}(n, p)$ 的样本 $X_1, X_2, \cdots, X_n$, 求 p^2 的矩估计.

解 由 $\mu_1 = \mathrm{E}X = np$ 和 $D(X) = \mu_2 - \mu_1^2 = np(1-p)$ 得到

$$\mu_2 = D(X) + \mu_1^2 = np(1-p) + (np)^2 = \mu_1 - np^2 + n^2 p^2.$$

于是

$$p^2 = \frac{\mu_2 - \mu_1}{n^2 - n},$$

矩估计

$$\hat{p}^2 = \frac{\hat{\mu}_2 - \hat{\mu}_1}{n^2 - n}.$$

其中 $\hat{\mu}_1 = \overline{X}_n$, $\hat{\mu}_2 = \frac{1}{n} \sum_{j=1}^{n} X_j^2$ 分别是 μ_1, μ_2 的矩估计.

试题 8.13 设样本量分别为 n, m 的样本均值 $\overline{X}_n, \overline{Y}_m$ 独立, $\mathrm{Var}(\overline{X}_n) = \sigma^2/n$, $\mathrm{Var}(\overline{Y}_m) = \sigma^2/m$, 求常数 a, 使得 $a\overline{X}_n + (1-a)\overline{Y}_m$ 的方差最小.

解 设

$$g(a) = \mathrm{Var}(a\overline{X}_n + (1-a)\overline{Y}_m) = \frac{a^2 \sigma^2}{n} + \frac{(1-a)^2 \sigma^2}{m}$$

由

$$g'(a) = 2\sigma^2 \left(\frac{a}{n} - \frac{1-a}{m}\right) = 2\sigma^2 \frac{a(m+n) - n}{nm} = 0$$

得到 $a = n/(n+m)$. 因为 $g''(a) > 0$, 所以 $a = n/(n+m)$ 使得 $a\overline{X}_n + (1-a)\overline{Y}_m$ 的方差最小.

试题 8.14 设 $X \sim N(0, 1)$, 则 $\mathrm{E}X^4 = 3$, $\mathrm{Var}(X^2) = 2$.

证明 在下面的积分中取变换 $t = x^2/2$, 得到

$$
\begin{aligned}
\mathrm{E}X^4 &= \frac{1}{\sqrt{2\pi}} \int_{-\infty}^{\infty} x^4 \mathrm{e}^{-x^2/2} \, \mathrm{d}x \\
&= \frac{2 \cdot 2^{3/2}}{\sqrt{2\pi}} \int_0^{\infty} t^{3/2} \mathrm{e}^{-t} \, \mathrm{d}t
\end{aligned}
$$

$$= \frac{4}{\sqrt{\pi}}\Gamma\left(\frac{3}{2}+1\right)$$

$$= \frac{4}{\sqrt{\pi}}\frac{3}{2}\Gamma\left(\frac{1}{2}+1\right) \qquad (\text{用 } \Gamma(x+1)=x\Gamma(x))$$

$$= \frac{6}{\sqrt{\pi}}\frac{1}{2}\Gamma(1/2)$$

$$= 3. \qquad (\text{用 } \Gamma(1/2)=\sqrt{\pi})$$

最后得到 $\mathrm{Var}(X^2) = \mathrm{E}X^4 - (\mathrm{E}X^2)^2 = 3 - 1 = 2$.

注 下面解题要用以上结论.

试题 8.15 (1) 如果 $\xi^2 \sim \chi^2(n)$, 证明 $\mathrm{Var}(\xi^2) = 2n$.

(2) 如果 S^2 是正态总体 $N(\mu, \sigma^2)$ 样本量为 n 的样本方差, 证明

$$\mathrm{Var}(S^2) = 2\sigma^4/(n-1).$$

证明 (1) 因为 ξ^2 和 $X_1^2 + X_2^2 + \cdots + X_n^2$ 同分布, 其中的 $X_1, X_2, \cdots, X_n$ 是服从 $N(0,1)$ 分布的简单随机样本, 所以 $\mathrm{Var}(\xi^2) = n\mathrm{Var}(X_1^2) = 2n$.

(2) 因为

$$\eta^2 = \frac{(n-1)S^2}{\sigma^2} = \frac{1}{\sigma^2}\sum_{j=1}^{n}(X_j - \overline{X}_n)^2 \sim \chi^2(n-1),$$

所以

$$\mathrm{Var}(S^2) = \frac{\sigma^4}{(n-1)^2}\mathrm{Var}(\eta^2) = \frac{\sigma^4 2(n-1)}{(n-1)^2} = \frac{2\sigma^4}{n-1}.$$

试题 8.16 设 S_n^2 是正态总体 $N(\mu, \sigma^2)$ 的样本方差, 证明 S_n^2 是 σ^2 的相合估计 (或 "一致估计" "相容估计").

证明 因为 S_n^2 是 σ^2 的无偏估计, 所以任取 $\varepsilon > 0$, 利用切比雪夫不等式得到, $n \to \infty$ 时,

$$P(|S_n^2 - \sigma^2| \geqslant \varepsilon) \leqslant \frac{\mathrm{Var}(S_n^2)}{\varepsilon^2} = \frac{2\sigma^4}{(n-1)\varepsilon^2} \to 0.$$

说明 S_n^2 是 σ^2 的相合估计.

试题 8.17 对于总体 $N(\mu, \sigma^2)$ 的样本 $X_1, X_2, \cdots, X_n$, 及其样本均值 $\overline{X}$ 和样本方差 S^2,

(1) 计算 $\mathrm{E}(\overline{X}S^2)^2$,

(2) 对不全相同的常数 $\{c_j\}$, 求 $Y = \sum_{j=1}^{n} c_j(X_j - \overline{X})$ 的分布.

解 (1) 因为样本均值 $\overline{X}$ 和样本方差 S^2 独立, 并且有

$$\mathrm{E}\overline{X} = \mu, \ \mathrm{Var}(\overline{X}) = \sigma^2/n, \ \mathrm{E}S^2 = \sigma^2, \ \mathrm{Var}(S^2) = 2\sigma^4/(n-1).$$

所以用公式 $\mathrm{E}Y^2 = \mathrm{Var}(Y) + (\mathrm{E}Y)^2$, 得到

$$\mathrm{E}(\overline{X}S^2)^2 = \mathrm{E}\overline{X}^2 \cdot \mathrm{E}S^4$$

$$= [\mathrm{Var}(\overline{X}) + (\mathrm{E}\overline{X})^2] \cdot [\mathrm{Var}(S^2) + (\mathrm{E}S^2)^2]$$

$$= (\sigma^2/n + \mu^2) \cdot [2\sigma^4/(n-1) + \sigma^4]$$

$$= \frac{(n+1)(\sigma^2 + n\mu^2)}{n(n-1)}\sigma^4.$$

(2) 因为 $\sum_{j=1}^{n}(X_j - \overline{X}) = 0$, 对 $\overline{c} = \dfrac{1}{n}\sum_{j=1}^{n}c_j$, 有 $\sum_{j=1}^{n}(c_j - \overline{c}) = 0$, 所以有

$$Y = \sum_{j=1}^{n} c_j(X_j - \overline{X})$$

$$= \sum_{j=1}^{n}(c_j - \overline{c})(X_j - \overline{X})$$

$$= \sum_{j=1}^{n}(c_j - \overline{c})X_j.$$

作为 $X_1, X_2, \cdots, X_n$ 的线性组合, Y 服从正态分布. 再由

$$\mathrm{E}Y = \sum_{j=1}^{n}(c_j - \overline{c})\mu = 0, \quad \mathrm{Var}(Y) = \sum_{j=1}^{n}(c_j - \overline{c})^2\sigma^2,$$

知道 $Y \sim N(0, \sigma^2 l_{cc})$, 其中 $l_{cc} = \sum_{j=1}^{n}(c_j - \overline{c})^2$.

试题解析八(1)

试题解析八(2)

第九章　　参数的区间估计

基本内容

抽样分布

(1) 如果 $X_1, X_2, \cdots, X_n$ 是总体 $N(0,1)$ 的样本, 则称
$$\xi_n^2 = X_1^2 + X_2^2 + \cdots + X_n^2$$
的概率分布为 n 个自由度的 χ^2 (卡方) 分布, 记作 $\xi_n^2 \sim \chi^2(n)$.

(2) 设 Z, ξ_n^2 独立, $Z \sim N(0,1)$, $\xi_n^2 \sim \chi^2(n)$, 则称
$$T_n = \frac{Z}{\sqrt{\xi_n^2/n}}$$
的概率分布为 n 个自由度的 t 分布, 记作 $T_n \sim t(n)$.

第九章复习要点

(3) 设 ξ^2, η^2 独立, $\xi^2 \sim \chi^2(n)$, $\eta^2 \sim \chi^2(m)$, 则称
$$F = \frac{\xi^2/n}{\eta^2/m}$$
的概率分布是自由度为 (n,m) 的 F 分布, 记作 $F \sim F(n,m)$.

抽样分布的基本内容

(1) 如果 ξ^2, η^2 独立, $\xi^2 \sim \chi^2(n)$, $\eta^2 \sim \chi^2(m)$, 则 $\xi^2 + \eta^2 \sim \chi^2(n+m)$.

(2) 如果 $X_1, X_2, \cdots, X_n$ 是总体 $N(\mu, \sigma^2)$ 的样本, 则有

(a) $\overline{X}_n$ 和 S^2 独立;

(b) $\dfrac{(n-1)S^2}{\sigma^2} = \dfrac{1}{\sigma^2}\sum_{j=1}^{n}(X_j - \overline{X}_n)^2 \sim \chi^2(n-1)$;

(c) $T = \dfrac{\overline{X}_n - \mu}{S/\sqrt{n}} \sim t(n-1)$.

(3) 设 $X_1, X_2, \cdots, X_n$ 是总体 $N(\mu_1, \sigma_1^2)$ 的样本, $Y_1, Y_2, \cdots, Y_m$ 是总体 $N(\mu_2, \sigma_2^2)$ 的样本, 又设这两个总体相互独立, 则当 $n, m \geqslant 2$ 时,
$$\frac{S_1^2/S_2^2}{\sigma_1^2/\sigma_2^2} \sim F(n-1, m-1),$$

其中

$$S_1^2 = \frac{1}{n-1}\sum_{j=1}^{n}(X_j - \overline{X}_n)^2, \quad S_2^2 = \frac{1}{m-1}\sum_{j=1}^{m}(Y_j - \overline{Y}_m)^2.$$

(4) 设 $X \sim N(\mu_1, \sigma_1^2), Y \sim N(\mu_2, \sigma_2^2)$. $X_1, X_2, \cdots, X_n$ 是总体 X 的样本, $Y_1, Y_2, \cdots,$ Y_m 是总体 Y 的样本, 总体 X 和总体 Y 独立. 用 $\overline{X}_n, \overline{Y}_m$ 分别表示 $\{X_i\}$ 和 $\{Y_j\}$ 的样本均值, 用 S_1^2, S_2^2 分别表示 $\{X_i\}$ 和 $\{Y_j\}$ 的样本方差. 则

$$Z = \frac{(\overline{X}_n - \overline{Y}_m) - (\mu_1 - \mu_2)}{\sqrt{\sigma_1^2/n + \sigma_2^2/m}} \sim N(0,1).$$

(a) 如果 $\sigma_1^2 = \sigma_2^2 = \sigma^2$, 定义

$$S_W^2 = \frac{(n-1)S_1^2 + (m-1)S_2^2}{n+m-2},$$

则 $\mathrm{E}S_W^2 = \sigma^2$, 并且

$$T = \frac{(\overline{X}_n - \overline{Y}_m) - (\mu_1 - \mu_2)}{S_W\sqrt{1/n + 1/m}} \sim t(n+m-2).$$

(b) 如果 $\sigma_1^2/\sigma_2^2 = b^2$, 定义

$$S_b^2 = \frac{(n-1)S_1^2/b^2 + (m-1)S_2^2}{n+m-2},$$

则

$$T = \frac{(\overline{X}_n - \overline{Y}_m) - (\mu_1 - \mu_2)}{S_b\sqrt{b^2/n + 1/m}} \sim t(n+m-2).$$

置信区间 在下面的置信区间表中, 定义 $\overline{x}_n$, $s^2 = s_1^2$ 是 $x_1, x_2, \cdots, x_n$ 的样本均值、样本方差; $\overline{y}_m$, s_2^2 是 $y_1, y_2, \cdots, y_m$ 的样本均值、样本方差.

$$\tilde{\sigma} = \sqrt{\frac{\sigma_1^2}{n} + \frac{\sigma_2^2}{m}},$$
$$s_W^* = \sqrt{\frac{(n-1)s_1^2 + (m-1)s_2^2}{n+m-2}\left(\frac{1}{n} + \frac{1}{m}\right)},$$
$$s_b^* = \sqrt{\frac{(n-1)s_1^2/b^2 + (m-1)s_2^2}{n+m-2}\left(\frac{b^2}{n} + \frac{1}{m}\right)},$$
$$t_{\alpha/2} = t_{\alpha/2}(n+m-2), \quad t_\alpha = t_\alpha(n+m-2),$$
$$\chi_{1-\alpha}^2 = \chi_{1-\alpha}^2(n-1), \quad \chi_\alpha^2 = \chi_\alpha^2(n-1),$$
$$F_{\alpha/2} = F_{\alpha/2}(n-1, m-1), \quad F_{1-\alpha/2} = F_{1-\alpha/2}(n-1, m-1),$$
$$F_\alpha = F_\alpha(n-1, m-1), \quad F_{1-\alpha} = F_{1-\alpha}(n-1, m-1).$$

置信区间表 (置信水平为 $1-\alpha$)

参数	双侧置信区间的上、下限	单侧置信上、下限
μ (σ^2 已知)	$\overline{x}_n \pm z_{\alpha/2}\sigma/\sqrt{n}$	$\overline{\mu} = \overline{x}_n + z_\alpha\sigma/\sqrt{n}$ $\underline{\mu} = \overline{x}_n - z_\alpha\sigma/\sqrt{n}$
μ (σ^2 未知)	$\overline{x}_n \pm t_{\alpha/2}(n-1)s/\sqrt{n}$	$\overline{\mu} = \overline{x}_n + t_\alpha(n-1)s/\sqrt{n}$ $\underline{\mu} = \overline{x}_n - t_\alpha(n-1)s/\sqrt{n}$
σ^2 (μ 未知)	$[(n-1)s^2/\chi^2_{\alpha/2},$ $(n-1)s^2/\chi^2_{1-\alpha/2}]$	$\overline{\sigma^2} = (n-1)s^2/\chi^2_{1-\alpha}$ $\underline{\sigma^2} = (n-1)s^2/\chi^2_\alpha$
$\mu = \mu_1 - \mu_2$ (σ_1^2, σ_2^2 已知)	$(\overline{x}_n - \overline{y}_m) \pm z_{\alpha/2}\tilde{\sigma}$	$\overline{\mu} = (\overline{x}_n - \overline{y}_m) + z_\alpha\tilde{\sigma}$ $\underline{\mu} = (\overline{x}_n - \overline{y}_m) - z_\alpha\tilde{\sigma}$
$\mu = \mu_1 - \mu_2$ ($\sigma_1^2 = \sigma_2^2$)	$(\overline{x}_n - \overline{y}_m) \pm t_{\alpha/2}s^*_W$	$\overline{\mu} = (\overline{x}_n - \overline{y}_m) + t_\alpha s^*_W$ $\underline{\mu} = (\overline{x}_n - \overline{y}_m) - t_\alpha s^*_W$
$\mu = \mu_1 - \mu_2$ ($\sigma_1^2/\sigma_2^2 = b^2$ 已知)	$(\overline{x}_n - \overline{y}_m) \pm t_{\alpha/2}s^*_b$	$\overline{\mu} = (\overline{x}_n - \overline{y}_m) + t_\alpha s^*_b$ $\underline{\mu} = (\overline{x}_n - \overline{y}_m) - t_\alpha s^*_b$
σ_1^2/σ_2^2 (μ_1, μ_2 未知)	$[s_1^2/(s_2^2 F_{\alpha/2}), s_1^2/(s_2^2 F_{1-\alpha/2})]$	$\overline{\sigma_1^2/\sigma_2^2} = s_1^2/(s_2^2 F_{1-\alpha})$ $\underline{\sigma_1^2/\sigma_2^2} = s_1^2/(s_2^2 F_\alpha)$
μ (非正态, n 较大)	$\overline{x}_n \pm z_{\alpha/2}s/\sqrt{n}$	$\overline{\mu} = \overline{x}_n + z_\alpha s/\sqrt{n}$ $\underline{\mu} = \overline{x}_n - z_\alpha s/\sqrt{n}$
比例 p (较大样本量 n)	$\hat{p} \pm z_{\alpha/2}\sqrt{\hat{p}(1-\hat{p})/n}$	$\overline{p} = \hat{p} + z_\alpha\sqrt{\hat{p}(1-\hat{p})/n}$ $\underline{p} = \hat{p} - z_\alpha\sqrt{\hat{p}(1-\hat{p})/n}$
比例 $p = p_1 - p_2$ (较大的 n, m)	$\hat{p} \pm z_{\alpha/2}\sqrt{\dfrac{\hat{\sigma}_1^2}{n} + \dfrac{\hat{\sigma}_2^2}{m}}$ $\hat{p} = \hat{p}_1 - \hat{p}_2, \hat{\sigma}_i^2 = \hat{p}_i(1-\hat{p}_i)$	$\overline{p} = \hat{p} + z_\alpha\sqrt{\dfrac{\hat{\sigma}_1^2}{n} + \dfrac{\hat{\sigma}_2^2}{m}}$ $\underline{p} = \hat{p} - z_\alpha\sqrt{\dfrac{\hat{\sigma}_1^2}{n} + \dfrac{\hat{\sigma}_2^2}{m}}$

■ 习题九参考解答

9.1 给定总体 $X \sim N(\mu_1, \sigma_1^2)$ 的样本 $X_1, X_2, \cdots, X_n$ 和总体 $Y \sim N(\mu_2, \sigma_2^2)$ 的样本 $Y_1, Y_2, \cdots, Y_m$, 用 $\overline{X}_1, S_1^2$ 分别表示 X 的样本均值和样本方差, 用 $\overline{X}_2, S_2^2$ 分别表示 Y 的样本均值和样本方差. 当总体 X 和总体 Y 独立, 直接写出以下随机变量服从的概率分布.

(1) $\eta_1 = \sum\limits_{i=1}^n X_i$; (2) $\eta_2 = \sum\limits_{i=1}^n \left(\dfrac{X_i - \mu_1}{\sigma_1}\right)^2$; (3) $\eta_3 = \sum\limits_{i=1}^n X_i + \sum\limits_{j=1}^m Y_j$;

(4) $\eta_4 = \sum\limits_{i=1}^{n} \left(\dfrac{X_i - \mu_1}{\sigma_1}\right)^2 + \sum\limits_{j=1}^{m} \left(\dfrac{Y_j - \mu_2}{\sigma_2}\right)^2;$ (5) $\eta_5 = \dfrac{(n-1)S_1^2}{\sigma_1^2};$

(6) $\eta_6 = \dfrac{(n-1)S_1^2}{\sigma_1^2} + \dfrac{(m-1)S_2^2}{\sigma_2^2};$ (7) $\eta_7 = \dfrac{\overline{X}_1 - \mu_1}{S_1/\sqrt{n}};$ (8) $\eta_8 = \dfrac{S_1^2/\sigma_1^2}{S_2^2/\sigma_2^2}.$

解 (1) 因为 $\mathrm{E}\eta_1 = n\mu_1$, $\mathrm{Var}(\eta_1) = n\sigma_1^2$, 所以

$$\eta_1 = \sum_{i=1}^{n} X_i \sim N(n\mu_1, n\sigma_1^2).$$

(2) 因为 $\dfrac{X_i - \mu_1}{\sigma_1} \sim N(0,1)$, 所以由教材中定义 9.1.1 知道

$$\eta_2 = \sum_{i=1}^{n} \left(\frac{X_i - \mu_1}{\sigma_1}\right)^2 \sim \chi^2(n).$$

(3) 因为 $\sum\limits_{i=1}^{n} X_i \sim N(n\mu_1, n\sigma_1^2)$, $\sum\limits_{j=1}^{m} Y_j \sim N(m\mu_2, m\sigma_2^2)$, 所以由正态分布的性质知道

$$\eta_3 = \sum_{i=1}^{n} X_i + \sum_{j=1}^{m} Y_j \sim N(n\mu_1 + m\mu_2, n\sigma_1^2 + m\sigma_2^2).$$

(4) 因为 $\sum\limits_{i=1}^{n} \left(\dfrac{X_i - \mu_1}{\sigma_1}\right)^2 \sim \chi^2(n)$, 且和 $\sum\limits_{j=1}^{m} \left(\dfrac{Y_j - \mu_2}{\sigma_2}\right)^2 \sim \chi^2(m)$ 独立, 所以由教材中例 9.1.1 的结论知道

$$\eta_4 = \sum_{i=1}^{n} \left(\frac{X_i - \mu_1}{\sigma_1}\right)^2 + \sum_{j=1}^{m} \left(\frac{Y_j - \mu_2}{\sigma_2}\right)^2 \sim \chi^2(n+m).$$

(5) 由教材中例 9.1.3 的结论知道

$$\eta_5 = \frac{(n-1)S_1^2}{\sigma_1^2} \sim \chi^2(n-1).$$

(6) 从教材中例 9.1.3 的结论知道 $\dfrac{(n-1)S_1^2}{\sigma_1^2} \sim \chi^2(n-1)$, 且和 $\dfrac{(m-1)S_2^2}{\sigma_2^2} \sim \chi^2(m-1)$ 独立, 再由教材中例 9.1.1 的结论知道

$$\eta_6 = \frac{(n-1)S_1^2}{\sigma_1^2} + \frac{(m-1)S_2^2}{\sigma_2^2} \sim \chi^2(n+m-2).$$

(7) 由教材中例 9.1.3 的结论知道

$$\eta_7 = \frac{\overline{X}_1 - \mu_1}{S_1/\sqrt{n}} \sim t(n-1).$$

(8) 由教材中例 9.1.4 的结论知道 $\eta_8 = \dfrac{S_1^2/\sigma_1^2}{S_2^2/\sigma_2^2} \sim F(n-1, m-1).$

9.2 设 $Z \sim N(0,1)$, $\varPhi = P(Z \leqslant x)$, $x \geqslant 0$, 验证以下结论:

(1) $P(Z \leqslant -x) = P(Z > x) = 1 - \varPhi(x)$;

(2) $P(|Z| \geqslant x) = 2P(Z > x) = 2[1 - \varPhi(x)]$;

(3) $P(|Z| \leqslant x) = 2\varPhi(x) - 1.$

证明 (1) 因为标准正态分布的密度函数关于原点对称, 所以

$$P(Z \leqslant -x) = P(Z > x) = 1 - P(Z \leqslant x) = 1 - \Phi(x).$$

注: 对任何 x, 因为 $P(X = x) = 0$, 所以 $P(Z \geqslant x) = P(Z > x)$.

(2) 因为 $P(|Z| \geqslant x) = P(Z \geqslant x) + P(Z \leqslant -x)$, 所以由 (1) 的结论知道

$$P(|Z| \geqslant x) = 2P(Z > x) = 2[1 - \Phi(x)].$$

(3) $P(|Z| \leqslant x) = 1 - P(|Z| \geqslant x) = 1 - 2[1 - \Phi(x)] = 2\Phi(x) - 1.$

9.3 设 $X \sim N(\mu, \sigma^2)$, 验证以下结论:

(1) $P(\mu \in [X - z_{\alpha/2}\sigma, X + z_{\alpha/2}\sigma]) = 1 - \alpha$;

(2) $P(\mu \leqslant X + z_\alpha\sigma) = P(\mu \geqslant X - z_\alpha\sigma) = 1 - \alpha.$

证明 (1) 因为 $Z = \dfrac{X - \mu}{\sigma} \sim N(0, 1)$, 所以有

$$P(\mu \in [X - z_{\alpha/2}\sigma, X + z_{\alpha/2}\sigma])$$

$$= P(X - z_{\alpha/2}\sigma \leqslant \mu \leqslant X + z_{\alpha/2}\sigma)$$

$$= P\left(-z_{\alpha/2} \leqslant \frac{X - \mu}{\sigma} \leqslant z_{\alpha/2}\right)$$

$$= P(-z_{\alpha/2} \leqslant Z \leqslant z_{\alpha/2})$$

$$= P(|Z| \leqslant z_{\alpha/2})$$

$$= 1 - P(|Z| \geqslant z_{\alpha/2}) = 1 - \alpha.$$

(2) $P(\mu \leqslant X + z_\alpha\sigma) = P\left(-z_\alpha \leqslant \dfrac{X - \mu}{\sigma}\right) = P(Z \geqslant -z_\alpha) = 1 - \alpha.$

$\quad P(\mu \geqslant X - z_\alpha\sigma) = P\left(z_\alpha \geqslant \dfrac{X - \mu}{\sigma}\right) = P(Z \leqslant z_\alpha) = 1 - \alpha.$

9.4 对于例 9.2.2 中鲜牛奶样品的测量数据, 当标准差 $\sigma = 0.004\,8$ 时,

(a) 在置信水平 0.95 下, 计算冰点 μ 的单侧置信下、上限;

(b) 在置信水平 0.90 下, 计算冰点 μ 的置信区间.

解 (a) 因为 $n = 21, \sigma = 0.0048, \overline{x}_n = -0.546, z_{0.05} = 1.645$, 所以按照教材中公式 (9.2.20) 得到 μ 的单侧置信下、上限

$$\underline{\mu} = \overline{x}_n - z_\alpha \frac{\sigma}{\sqrt{n}} = -0.547\,7,$$

$$\overline{\mu} = \overline{x}_n + z_\alpha \frac{\sigma}{\sqrt{n}} = -0.544\,3.$$

(b) 在置信水平 $1 - \alpha = 0.90$ 下, $z_{\alpha/2} = z_{0.05} = 1.645$, 所以按照教材中公式 (9.2.10), 冰点 μ 的置信区间为 $[-0.547\,7, -0.544\,3]$.

9.5 对于例 9.2.2 中鲜牛奶样品的测量数据, 当标准差 σ 未知时,

(a) 在置信水平 0.95 下, 计算冰点 μ 的单侧置信下、上限;

(b) 在置信水平 0.90 下, 计算冰点 μ 的置信区间.

解 (a) 因为在例 9.2.4 中已经计算出 $s = 0.005$, $\bar{x}_n = -0.546$, 并且 $n = 21$, 查表得到 $t_{0.05}(20) = 1.725$, 所以按照教材中 (9.2.21) 式得到 μ 的单侧置信下、上限

$$\underline{\mu} = \bar{x}_n - t_\alpha(n-1)\frac{s}{\sqrt{n}} = -0.547\,9,$$

$$\overline{\mu} = \bar{x}_n + t_\alpha(n-1)\frac{s}{\sqrt{n}} = -0.544\,1.$$

(b) 在置信水平 $1 - \alpha = 0.90$ 下, $t_{\alpha/2} = t_{0.05}(20) = 1.725$, 所以按照教材中 (9.2.21) 式, 冰点 μ 的置信区间为 $[-0.547\,9, -0.544\,1]$.

9.6 在例 9.2.2 中, 只使用前 7 个数据计算 μ 的置信水平为 0.95 的置信区间和置信区间的长度.

(a) 已知标准差 $\sigma = 0.004\,8$;

(b) 未知标准差 σ.

解 (a) 这时 $n = 7$, $\sigma = 0.004\,8$, $\bar{x}_n = -0.544\,4$, $z_{0.025} = 1.96$, 所以按照教材中公式 (9.2.10) 得到 μ 的置信区间

$$\left[\bar{x}_n - z_{\alpha/2}\frac{\sigma}{\sqrt{n}}, \bar{x}_n + z_{\alpha/2}\frac{\sigma}{\sqrt{n}}\right] = [-0.548\,0, -0.540\,8].$$

置信区间的长度为 $-0.5408 + 0.5480 = 0.0072$.

(b) 这时 $n = 7$, $s = 0.005\,1$, $\bar{x}_n = -0.544\,4$, $t_{0.025}(6) = 2.447$, 所以按照教材中 (9.2.16) 式得到 μ 的置信区间

$$\left[\bar{x}_n - t_{\alpha/2}(n-1)\frac{s}{\sqrt{n}}, \bar{x}_n + t_{\alpha/2}(n-1)\frac{s}{\sqrt{n}}\right] = [-0.549\,1, -0.539\,7].$$

置信区间的长度为 $0.009\,4$.

9.7 对建材商店的建筑胶的质量随机抽取了样本量为 30 的样本. 测得其样本均值 $\bar{x} = 998\,\mathrm{g}$, 样本标准差 $s = 0.003$. 现认为测得质量服从正态分布, 在置信水平 0.95 下, 分别计算总体均值 μ 和总体标准差 σ 的置信区间.

解 这时 $n = 30$, $s = 0.003$, $\bar{x}_n = 998$, $t_{0.025}(29) = 2.045$, 所以按照教材中 (9.2.16) 式得到 μ 的置信区间

$$\left[\bar{x}_n - t_{\alpha/2}(n-1)\frac{s}{\sqrt{n}}, \bar{x}_n + t_{\alpha/2}(n-1)\frac{s}{\sqrt{n}}\right] = [997.999, 998.001].$$

因为查表得到 $\chi_{0.025}^2(29) = 45.722$, $\chi_{0.975}^2(29) = 16.047$, 所以按照教材中 (9.2.19) 式得到总体标方差 σ^2 的置信区间

$$\left[\frac{(n-1)s^2}{\chi_{\alpha/2}^2(n-1)}, \frac{(n-1)s^2}{\chi_{1-\alpha/2}^2(n-1)}\right] = [0.0024^2, 0.0040^2].$$

开平方后得到总体标准差 σ 的置信区间 $[0.002\,4, 0.004\,0]$.

9.8 在一批钢丝中, 随机抽取 16 根. 测得抗拉强度的样本均值 $\bar{x}_n = 560$, 样本方差 $s^2 = 9.6$. 现认为测得的抗拉强度服从正态分布 $N(\mu, \sigma^2)$, 在置信水平 0.95 下, 求总体方差 σ^2 的置信区间和单侧置信限.

解 本题中 $n = 16$, $s^2 = 9.6$, 查表得到 $\chi^2_{0.025}(15) = 27.488$, $\chi^2_{0.975}(15) = 6.262$, $\chi^2_{0.05}(15) = 24.996$, $\chi^2_{0.95}(15) = 7.261$. 代入教材中 (9.2.19) 式得到置信水平 $1 - \alpha = 0.95$ 下 σ^2 的置信区间

$$\left[\frac{(n-1)s^2}{\chi^2_{\alpha/2}(n-1)}, \frac{(n-1)s^2}{\chi^2_{1-\alpha/2}(n-1)} \right] = [5.239, 22.996].$$

代入教材中 (9.2.22) 式得到置信水平 $1 - \alpha = 0.95$ 下 σ^2 的单侧置信下限 $\underline{\sigma}^2$ 和单侧置信上限 $\overline{\sigma}^2$ 如下:

$$[\underline{\sigma}^2, \overline{\sigma}^2] = \left[\frac{(n-1)s^2}{\chi^2_{\alpha}(n-1)}, \frac{(n-1)s^2}{\chi^2_{1-\alpha}(n-1)} \right] = [5.761, 19.832].$$

9.9 以相同的仰角发射了 8 颗库存了 3 年的同型号炮弹, 射程 (单位: km) 分别是

$$21.84 \quad 21.46 \quad 22.31 \quad 21.75 \quad 20.95 \quad 21.51 \quad 21.43 \quad 21.74$$

假定射程服从正态分布, 在置信水平 0.95 下, 求这批炮弹的平均射程 μ 的置信区间, 射程标准差 σ 的置信区间.

解 本题中 $n = 8$, 计算得到 $s^2 = 0.3925^2$, $\overline{x}_n = 21.6238$, 查表得到 $t_{0.025}(7) = 2.365$, $\chi^2_{0.025}(7) = 16.013$, $\chi^2_{0.975}(7) = 1.690$. 代入教材中 (9.2.16) 式得到置信水平 $1 - \alpha = 0.95$ 下 μ 的置信区间

$$\left[\overline{x}_n - t_{\alpha/2}(n-1)\frac{s}{\sqrt{n}}, \overline{x}_n + t_{\alpha/2}(n-1)\frac{s}{\sqrt{n}} \right] = [21.2956, 21.9519].$$

代入教材中 (9.2.19) 式得到置信水平 $1 - \alpha = 0.95$ 下 σ^2 的置信区间

$$\left[\frac{(n-1)s^2}{\chi^2_{\alpha/2}(n-1)}, \frac{(n-1)s^2}{\chi^2_{1-\alpha/2}(n-1)} \right] = [0.2595^2, 0.7988^2].$$

开方后得到置信水平 $1 - \alpha = 0.95$ 下 σ 的置信区间 $[0.2595, 0.7988]$.

9.10 在习题 9.9 中, 计算总体均值 μ 的置信水平为 0.95 的单侧置信上、下限和置信水平为 0.90 的置信区间.

解 将习题解答中的 $t_{0.025}(7)$ 改成 $t_{0.05}(7) = 1.895$, 利用教材中 (9.2.21) 式分别得到 μ 的置信水平为 0.95 的单侧置信下、上限

$$\underline{\mu} = \overline{x}_n - t_{\alpha}(n-1)\frac{s}{\sqrt{n}} = 21.360\,8,$$

$$\overline{\mu} = \overline{x}_n + t_{\alpha}(n-1)\frac{s}{\sqrt{n}} = 21.886\,7.$$

因为 $1 - \alpha = 0.9$, $\alpha/2 = 0.5$, 所以

$$[\underline{\mu}, \overline{\mu}] = [21.360\,8, 21.886\,7]$$

恰好是 μ 的置信水平为 0.9 的置信区间.

9.11 在例 9.2.2 中, 计算标准差 σ 的置信水平为 0.95 的单侧置信区间和置信水平为 0.90 的置信区间.

解 这时 $s = 0.005, n = 21$, 查表得到 $\chi^2_{0.05}(20) = 31.41, \chi^2_{0.95}(20) = 10.851$. 利用教材中 (9.2.22) 式得到 σ^2 的置信水平为 0.95 的单侧置信区间

$$\left(0, \frac{(n-1)s^2}{\chi^2_{1-\alpha}(n-1)}\right] = (0, 0.007^2],$$

$$\left[\frac{(n-1)s^2}{\chi^2_{\alpha}(n-1)}, \infty\right) = [0.004^2, \infty).$$

开方后得到 σ 的置信水平为 0.95 的单侧置信区间 $(0, 0.007]$ 和 $[0.004, \infty)$.

因为 $1 - \alpha = 0.90$ 时, $\alpha/2 = 0.05$, 所以 σ 的置信水平为 0.90 的置信区间为

$$\left[\frac{(n-1)s^2}{\chi^2_{\alpha/2}(n-1)}, \frac{(n-1)s^2}{\chi^2_{1-\alpha/2}(n-1)}\right] = [0.004^2, 0.007^2]$$

开方后得到 σ 的置信水平为 0.90 的置信区间 $[0.004, 0.007]$.

9.12 在习题 9.7 中, 分别计算总体均值 μ 和总体标准差 σ 的置信水平为 0.90 的单侧置信区间.

解 这时 $n = 30, s = 0.003, \overline{x}_n = 998, t_{0.10}(29) = 1.311$, 利用教材中 (9.2.21) 式分别得到 μ 的单侧置信区间

$$\left[\overline{x}_n - t_{\alpha}(n-1)\frac{s}{\sqrt{n}}, \infty\right) = [0, 997.999\,3),$$

$$\left(-\infty, \overline{x}_n + t_{\alpha}(n-1)\frac{s}{\sqrt{n}}\right] = (-\infty, 998.000\,7].$$

再查表得到 $\chi^2_{0.10}(29) = 39.087, \chi^2_{0.90}(29) = 19.768$, 所以利用教材中 (9.2.22) 式得到总体方差 σ^2 的单侧置信区间

$$\left[\frac{(n-1)s^2}{\chi^2_{\alpha}(n-1)}, \infty\right) = [0.0026^2, \infty)$$

$$\left(0, \frac{(n-1)s^2}{\chi^2_{1-\alpha}(n-1)}\right] = [0, 0.0036^2].$$

开平方后得到总体标准差 σ 的单侧置信区间 $[0.0026, \infty)$ 和 $[0, 0.0036]$.

9.13 已知 $\sigma_1^2 = \sigma_2^2$, 利用 $\mathrm{E}S_1^2 = \mathrm{E}S_2^2 = \sigma_2^2$, 验证

$$S_W^2 = \frac{(n-1)S_1^2 + (m-1)S_2^2}{n+m-2}$$

是 σ_1^2 和 σ_2^2 的无偏估计.

证明 因为 $\mathrm{E}S_1^2 = \mathrm{E}S_2^2 = \sigma_2^2$, 所以

$$\begin{aligned}
\mathrm{E}S_W^2 &= \frac{(n-1)\mathrm{E}S_1^2 + (m-1)\mathrm{E}S_2^2}{n+m-2} \\
&= \frac{(n-1)\sigma_2^2 + (m-1)\sigma_2^2}{n+m-2} \\
&= \frac{(n-1) + (m-1)}{n+m-2}\sigma_2^2 \\
&= \sigma_2^2 = \sigma_1^2.
\end{aligned}$$

说明 S_W^2 是 σ_1^2 和 σ_2^2 的无偏估计.

9.14 打靶时弹落点 (X,Y) 服从正态分布 $N(0,0;1,1;0)$. 脱靶量定义为 $R = \sqrt{X^2+Y^2}$. 在置信水平 0.99 下, 利用 $R^2 \sim \chi^2(2)$, 计算脱靶量的单侧置信上、下限. 即求 r_1, r_2 使得 $P(R \leqslant r_1) = 0.99$, $P(R \geqslant r_2) = 0.99$.

解 因为 $R^2 = X^2 + Y^2 \sim \chi^2(2)$, 所以从

$$P(R^2 \geqslant r_1^2) = 1 - P(R \leqslant r_1) = 1 - 0.99 = 0.01$$

知道 $r_1^2 = \chi_{0.01}^2(2) = 9.21$. 于是 $r_1 = 3.034\,8$.

从 $P(R \geqslant r_2) = P(R^2 \geqslant r_2^2) = 0.99$, 知道 $r_2^2 = \chi_{0.99}^2(2) = 0.02$, $r_2 \approx 0.141\,4$.

9.15 对于例 9.3.1 的数据, 在置信水平 0.95 下, 计算 σ_1^2/σ_2^2 和 σ_2/σ_1 的单侧置信区间.

解 这时 $n = 16$, $m = 14$, $\overline{x}_n = 0.181$, $s_1 = 0.021$, $\overline{y}_m = 0.185$, $s_2 = 0.020$. 查表得到 $F_{0.05}(15,13) = 2.53$, 按照教材中 (9.3.12) 式得到 $F_{0.95}(15,13) = 1/F_{0.05}(13,15) = 1/2.45$, 代入教材 9.3 节 (C4), 得到 σ_1^2/σ_2^2 的单侧置信区间

$$\left[\frac{s_1^2/s_2^2}{F_{0.05}(15,13)}, \infty\right) = (0, 2.699\,0],$$
$$\left(0, \frac{s_1^2/s_2^2}{F_{0.95}(15,13)}\right] = [0.435\,2, \infty).$$

开平方后得到 σ_1/σ_2 的单侧置信区间

$$(0, \sqrt{2.699\,0}] = (0, 1.642\,9], [\sqrt{0.435\,2}, \infty) = [0.659\,7, \infty).$$

因为 $\sigma_1/\sigma_2 \in (0, 1.642\,9]$ 等价于 $\sigma_2/\sigma_1 \in [1/1.642\,9, \infty) = [0.608\,7, \infty)$, $\sigma_1/\sigma_2 \in [0.659\,7, \infty)$ 等价于 $\sigma_2/\sigma_1 \in (0, 1/0.659\,7] = [0, 1.515\,8)$, 所以 σ_2/σ_1 的单侧置信区间分别为

$$(0, 1.515\,8], \quad [0.608\,7, \infty).$$

9.16 化验员 A, B 分别对某种化合物的含钙量进行了 16 次测定, 测量的样本方差分别是 $s_A^2 = 0.38$, $s_B^2 = 0.41$. 用 σ_A^2, σ_B^2 分别表示化验员 A, B 的测量技术的总体方差, 在置信水平 0.95 下, 求 σ_A/σ_B 的置信区间.

解 查表得到 $F_{0.025}(15,15) = 2.86$, $F_{0.975}(15,15) = 1/F_{0.025}(15,15) = 1/2.86$. 按照教材中 (9.3.13) 式, 得到 σ_A^2/σ_B^2 的置信区间

$$\left[\frac{s_1^2/s_2^2}{F_{\alpha/2}}, \frac{s_1^2/s_2^2}{F_{1-\alpha/2}}\right] = [0.569^2, 1.628^2].$$

其中 $s_1^2 = \sigma_A^2$, $s_2^2 = \sigma_B^2$.

开平方得到 σ_A/σ_B 的置信区间 $[0.569, 1.628]$.

9.17 吲达帕胺 (Indapamide) 是治疗高血压的常用药, 但是在常用量下也可能引起低血钾症. 低血钾影响神经肌肉的兴奋性, 导致肢体软弱无力. 通常认为人体血液中钾的

含量应当在 $3.5 \sim 5.3\,\mathrm{mmol/L}$. 当血清含钾量低于 $3.0\,\mathrm{mmol/L}$ 时, 可出现四肢肌肉软弱无力, 低于 $2.5\,\mathrm{mmol/L}$ 时, 可出现软瘫. 所以医生在开出吲达帕胺的同时要求患者按医嘱补钾. 下面是在服用吲达帕胺的人群中随机抽查的血钾含量, 其中的 X 表示按医嘱补钾, Y 表示未按医嘱补钾.

| X | 3.6 | 4.8 | 4.3 | 4.1 | 3.9 | 4.7 | 5.1 | 4.2 | 3.7 | 3.9 | 4.2 | 4.3 | 4.7 | |
| Y | 3.5 | 4.3 | 4.4 | 4.0 | 5.0 | 3.2 | 3.1 | 3.9 | 3.2 | 4.6 | 5.0 | 4.8 | 3.9 | 4.6 |

在正态分布的假设下, 设置信水平 $1 - \alpha = 0.90$.

(a) 计算 $\overline{x}_n, s_X, \overline{y}_m, s_Y$;

(b) 分别计算总体 X 和总体 Y 的方差的双侧和单侧置信区间;

(c) 计算总体方差比 σ_Y^2/σ_X^2 的双侧和单侧置信区间;

(d) 计算总体标准差比 σ_X/σ_Y 的双侧和单侧置信区间;

(e) 假设 $\sigma_X^2/\sigma_Y^2 = 0.67$, 计算总体均值差 $EX - EY$ 的置信区间.

解 (a) 计算得到 $\overline{x}_n = 4.2692$, $s_X = 0.4498$, $\overline{y}_m = 4.1071$, $s_Y = 0.6685$.

(b) $n = 13, m = 14, \alpha = 0.1, \alpha/2 = 0.05$. 查表得到

$$\chi_{0.05}^2(12) = 21.026,\ \chi_{0.95}^2(12) = 5.226,\ \chi_{0.05}^2(13) = 22.362,\ \chi_{0.95}^2(13) = 5.892,$$

$$\chi_{0.1}^2(12) = 18.549,\ \chi_{0.9}^2(12) = 6.304,\ \chi_{0.1}^2(13) = 19.821,\ \chi_{0.9}^2(13) = 7.042.$$

利用教材中 (9.2.19) 式和 (9.2.22) 式, 分别得到 σ_X^2 的双侧置信区间

$$\left[\frac{(n-1)s_X^2}{\chi_{\alpha/2}^2(n-1)}, \frac{(n-1)s_X^2}{\chi_{1-\alpha/2}^2(n-1)}\right] = [0.1155, 0.4645],$$

和单侧置信区间

$$\left[\frac{(n-1)s_X^2}{\chi_\alpha^2(n-1)}, \infty\right) = [0.1309, \infty),$$

$$\left(0, \frac{(n-1)s_X^2}{\chi_{1-\alpha}^2(n-1)}\right] = (0, 0.3851].$$

同样方法得到 σ_Y^2 的双侧和单侧置信区间

$$[0.2598, 0.9860],\ [0.2932, \infty),\ (0, 0.8249].$$

(c) 查表得到 $F_{0.05}(13, 12) = 2.66$, $F_{0.95}(13, 12) = 1/F_{0.05}(12, 13) = 1/2.60 = 0.38$, $F_{0.1}(13, 12) = 2.13$, $F_{0.9}(13, 12) = 1/F_{0.1}(12, 13) = 1/2.10 = 0.476$, 代入教材中 (9.3.13) 式和 9.3 节 (C4), 分别得到 σ_Y^2/σ_X^2 的双侧和单侧置信区间

$$\left[\frac{s_Y^2/s_X^2}{F_{\alpha/2}}, \frac{s_Y^2/s_X^2}{F_{1-\alpha/2}}\right] = [0.8303, 5.7511],$$

$$\left[\frac{s_Y^2/s_X^2}{F_\alpha}, \infty\right) = [1.0364, \infty),$$

$$\left(0, \frac{s_Y^2/s_X^2}{F_{1-\alpha}}\right] = (0, 4.631\ 1].$$

(d) 按照 (c) 中的方法计算出 σ_X^2/σ_Y^2 的双侧和单侧置信区间如下

$$[0.4170^2, 1.0974^2], \ [0.4647^2, \infty), \ (0, 0.9823^2].$$

开平方后得到 σ_X/σ_Y 的双侧和单侧置信区间

$$[0.417\ 0, 1.097\ 4], \ [0.464\ 7, \infty), \ (0, 0.982\ 3].$$

(e) 将 $\overline{x}_n = 4.269\ 2$, $s_X = 0.449\ 8$, $\overline{y}_m = 4.107\ 1$, $s_Y = 0.668\ 5$, $t_{0.05}(25) = 1.708$, $b^2 = \sigma_X^2/\sigma_Y^2 = 0.67$ 代入教材中 (9.3.8) 式, 得到

$$s_b^2 = \frac{(n-1)s_X^2/b^2 + (m-1)s_Y^2}{n+m-2} = 0.614\ 3.$$

再用教材中 (9.3.10) 式得到总体均值差 $EX - EY$ 的置信区间

$$\left[(\overline{x}_n - \overline{y}_m) - t_{\alpha/2}s_b\sqrt{\frac{b^2}{n} + \frac{1}{m}}, (\overline{x}_n - \overline{y}_m) + t_{\alpha/2}s_b\sqrt{\frac{b^2}{n} + \frac{1}{m}}\right] = [-0.206, 0.530].$$

9.18 验证由 (9.3.8) 定义的 S_b^2 是 σ_2^2 的无偏估计: $ES_b^2 = \sigma_2^2$.

证明 从 $ES_1^2/b^2 = \sigma_2^2$, $ES_2^2 = \sigma_2^2$ 知道

$$\begin{aligned}
ES_b^2 &= \frac{(n-1)ES_1^2/b^2 + (m-1)ES_2^2}{n+m-2} \\
&= \frac{(n-1)\sigma_2^2 + (m-1)\sigma_2^2}{n+m-2} \\
&= \sigma_2^2.
\end{aligned}$$

所以, S_b^2 是 σ_2^2 的无偏估计.

9.19 对于例 9.3.1 的数据假设 $\sigma_1/\sigma_2 = 21/20$, 在置信水平 0.90 下, 计算 $\mu_1 - \mu_2$ 的单侧置信区间.

解 这时 $n = 16$, $m = 14$, $\overline{x}_n = 0.181$, $s_1 = 0.021$, $\overline{y}_m = 0.185$, $s_2 = 0.020$, $t_{0.1}(28) = 1.313$, $b = \sigma_X/\sigma_Y = 21/20$. 代入教材中 (9.3.8) 式, 得到

$$s_b^2 = \frac{(n-1)s_1^2/b^2 + (m-1)s_2^2}{n+m-2} = 0.02.$$

再用教材中 9.3 节 (C3) 得到总体均值差 $\mu_1 - \mu_2$ 的单侧置信区间

$$\left[(\overline{x}_n - \overline{y}_m) - t_\alpha s_b\sqrt{\frac{b^2}{n} + \frac{1}{m}}, \infty\right) = [-0.013\ 8, \infty),$$

$$\left[-\infty, (\overline{x}_n - \overline{y}_m) + t_\alpha s_b\sqrt{\frac{b^2}{n} + \frac{1}{m}}\right) = (-\infty, 0.005\ 8].$$

9.20 通信公司随机抽查了 10 000 条手机短信的字符长度, 得到样本均值 $\overline{x}_n = 9$, 样本标准差 $s = 18$. 在置信水平 95% 下, 计算该公司用户手机短信字符长度的总体均值 μ 的置信区间.

解 $n = 10\,000$, $s = 18$, $z_{\alpha/2} = 1.96$, 用正态逼近法得到总体均值 μ 的置信区间 (见教材中 (9.4.1) 式)

$$\left[\bar{x}_n - z_{\alpha/2} \frac{s}{\sqrt{n}}, \bar{x}_n + z_{\alpha/2} \frac{s}{\sqrt{n}} \right] = [8.647\,2, 9.352\,8].$$

9.21 淡水资源的匮乏限制了我国许多城市的经济发展. 为了节约用水, 城市甲准备对自来水提价. 现在需要对每吨水提价 0.5 元还是 0.8 元进行随机抽样调查, 为的是既达到节水的目的, 又不影响百姓的日常生活.

(a) 用 p 表示赞同提价 0.5 元的人口比例, 为了得到 p 的置信水平为 $1 - \alpha = 0.95$ 的置信区间, 且置信区间长度不超过 0.04, 应当随机抽样调查多少人?

(b) 如果随机抽样调查的 $n = 2\,500$ 个人中有 $1\,668$ 个人同意提价 0.5 元, 计算 p 的置信水平为 0.95 的置信区间;

(c) 计算 (b) 中置信区间的长度.

解 (a) 将 $z_{\alpha/2} = z_{0.025} = 1.96$ 和 $d = 0.04$ 代入教材中 (9.4.8) 式得到

$$n \geqslant \left(\frac{z_{\alpha/2}}{d} \right)^2 = \left(\frac{1.96}{0.04} \right)^2 = 2\,401.$$

所以, 应当随机抽样调查 $2\,401$ 人.

(b) 从教材中 (9.4.3) 式得到 $\hat{\sigma} = \sqrt{\hat{p}(1-\hat{p})}$. 将 $n = 2\,500$, $z_{\alpha/2} = 1.96$, $\hat{p} = 1\,668/2\,500$, $\hat{\sigma}$ 代入 (9.4.4) 式得到 p 的置信水平为 0.95 的置信区间

$$\left[\hat{p} - z_{\alpha/2} \frac{\hat{\sigma}}{\sqrt{n}}, \hat{p} + z_{\alpha/2} \frac{\hat{\sigma}}{\sqrt{n}} \right] = [0.648\,7, \ 0.685\,7].$$

(c) (b) 中置信区间的长度为 0.037.

9.22 随机抽样调查了学校的 $1\,000$ 个同学, 发现其中 651 个同学有手机. 在置信水平 0.95 下, 计算该学校有手机同学的比例 p 的置信区间.

解 将 $n = 1\,000$, $\hat{p} = 651/1\,000$, $\hat{\sigma} = \sqrt{\hat{p}(1-\hat{p})}$, $z_{0.025} = 1.96$ 代入教材中 (9.4.4) 式得到比例 p 的置信区间

$$\left[\hat{p} - z_{\alpha/2} \frac{\hat{\sigma}}{\sqrt{n}}, \hat{p} + z_{\alpha/2} \frac{\hat{\sigma}}{\sqrt{n}} \right] = [0.621\,5, 0.680\,5].$$

9.23 A 城市每天发生的交通事故数 X 服从泊松分布 $\mathcal{P}(\lambda)$. 在过去的一年中, 平均每天发生 17.4 起交通事故, 样本方差是 18.15. 在置信水平 0.95 下, 计算 λ 的置信区间.

解 一年有 $n = 365$ 天, 用 X_i 表示第 i 天的交通事故数, 则 $X_1, X_2, \cdots, X_n$ 是总体 $X \sim \mathcal{P}(\lambda)$ 的样本. n 已经很大, 所以可以用正态逼近法. 将 $\bar{x}_n = 17.4$, $s = 18.15$, $n = 365$, $z = 1.96$ 代入教材中 (9.4.1) 式, 得到 $\lambda(= \mathbf{E}X)$ 的置信区间

$$\left[\bar{x}_n - z_{\alpha/2} \frac{s}{\sqrt{n}}, \bar{x}_n + z_{\alpha/2} \frac{s}{\sqrt{n}} \right] = [16.962\,9, 17.837\,1].$$

9.24 在 2.4 节例 2.4.2 敏感问题调查中, 用 p_1 表示回答 "是" 的概率, 用 p 表示服用过兴奋剂的运动员的真实比例, 则有公式 $p = 2p_1 - 1$. 设随机抽样调查了 n 个运动员, 其中有 S_n 个回答 "是".

(a) 验证 $\hat{p}_1 = S_n/n$, $\hat{p} = 2\hat{p}_1 - 1$ 分别是 p_1, p 的无偏估计;

(b) 计算 p_1 的置信水平为 $1 - \alpha$ 的单侧和双侧置信区间. 要使双侧置信区间的长度不大于 0.05, 在置信水平 0.90 下, 至少应当抽样调查多少个运动员?

(c) 计算 p 的置信水平为 $1 - \alpha$ 的单侧和双侧置信区间. 在置信水平 0.90 下, 要使双侧置信区间的长度不大于 0.05, 至少应当抽样调查多少个运动员?

(d) 如果实际调查了 200 个运动员, 有 115 个回答 "是", 在置信水平 0.90 下, 具体计算出 (b) 和 (c) 中的置信区间;

(e) 如果实际调查了 2 000 个运动员, 有 1 150 个回答 "是", 在置信水平 0.90 下, 具体计算出 (b) 和 (c) 中的置信区间.

解 (a) 因为 $S_n \sim \mathcal{B}(n, p_1)$, $\mathrm{E}S_n = np_1$,

$$\mathrm{E}\hat{p}_1 = \mathrm{E}S_n/n = p_1,$$

$$\mathrm{E}\hat{p} = 2\mathrm{E}\hat{p}_1 - 1 = 2p_1 - 1 = p,$$

所以 $\hat{p}_1$, $\hat{p}$ 分别是 p_1, p 的无偏估计.

(b) 当 n 比较大, p_1 的置信水平为 $1 - \alpha$ 的单侧和双侧置信区间分别是

$$[\underline{p}_1, 1) \stackrel{\text{def}}{=\!=} \left[\hat{p}_1 - z_\alpha \frac{\hat{\sigma}_1}{\sqrt{n}}, 1\right),$$

$$(0, \overline{p}_1] \stackrel{\text{def}}{=\!=} \left(0, \hat{p}_1 + z_\alpha \frac{\hat{\sigma}_1}{\sqrt{n}}\right],$$

$$[a, b] \stackrel{\text{def}}{=\!=} \left[\hat{p}_1 - z_{\alpha/2} \frac{\hat{\sigma}_1}{\sqrt{n}}, \hat{p}_1 + z_{\alpha/2} \frac{\hat{\sigma}_1}{\sqrt{n}}\right].$$

其中 $\alpha = 0.1$, $\hat{\sigma}_1 = \sqrt{\hat{p}_1(1 - \hat{p}_1)}$. 按照教材中 (9.4.8) 式, 至少需要调查的运动员人数

$$n \geqslant \left(\frac{z_{0.05}}{d}\right)^2 = \left(\frac{1.645}{0.05}\right)^2 \approx 1\,082.4.$$

取 $n = 1\,083$ 即可.

(c) 因为 $p_1 \in [a, b]$ 的充分必要条件是 $p = 2p_1 - 1 \in [2a - 1, 2b - 1]$, 所以 p 的置信水平为 $1 - \alpha$ 的单侧和双侧置信区间分别是

$$[2\underline{p}_1 - 1, 1), (0, 2\overline{p}_1 - 1], [2a - 1, 2b - 1].$$

要使双侧置信区间的长度不大于 0.05, 等价于要求 $2b - 2a = 2(b - a) \leqslant 0.05$. 这又等价于要求 p_1 的置信区间长度 $b - a \leqslant 0.025$. 于是至少需要调查的运动员人数

$$n \geqslant \left(\frac{z_{0.05}}{d}\right)^2 = \left(\frac{1.645}{0.025}\right)^2 \approx 4\,329.6.$$

取 $n = 4\,330$ 即可.

(d) 这时 $n = 200$, $\hat{p}_1 = 115$, $z_{0.05} = 1.644\,9$, $z_{0.1} = 1.281\,6$. 代入 (b) 中的置信区间得到 p_1 的置信水平为 0.90 的单侧和双侧置信区间:

$$[0.530\,2, 1), [0, 0.619\,8), [0.517\,5, 0.632\,5].$$

代入 (c) 中的置信区间得到 p 的置信水平为 0.90 的单侧和双侧置信区间:

$$[0.060\,4, 1), [0, 0.239\,6], [0.035\,0, 0.265\,0].$$

(e) 这时 $n = 2\,000$, $\hat{p}_1 = 1\,150$, $z_{0.05} = 1.644\,9$, $z_{0.1} = 1.281\,6$. 代入 (b) 中的置信区间得到 p_1 的置信水平为 0.90 的单侧和双侧置信区间:

$$[0.560\,8, 1), (0, 0.589\,2], [0.556\,8, 0.593\,2].$$

代入 (c) 中的置信区间得到 p 的置信水平为 0.90 的单侧和双侧置信区间:

$$[0.121\,7, 1), (0, 0.178\,3], [0.113\,6, 0.186\,4].$$

9.25 设 $X \sim N(\mu, \sigma^2)$. 如果 a, b 使得 $P(a \leqslant X \leqslant b) = 1 - \alpha$, 则称 $[a, b]$ 是 X 的置信水平为 $1 - \alpha$ 的预测区间. 如果 c, d 分别使得 $P(X \geqslant c) = 1 - \alpha$, $P(X \leqslant d) = 1 - \alpha$, 则分别称 c, d 为 X 的置信水平为 $1 - \alpha$ 的单侧预测下限、单侧预测上限.

(a) 当 μ, σ 已知, 计算 $[a, b], c, d$;

(b) 当 μ, σ 的样本均值和样本标准差 $\hat{\mu}, s$ 已知, 估计 $[a, b], c, d$.

解 因为 $Z = \dfrac{X - \mu}{\sigma} \sim N(0, 1)$,

$$P\left(X \in [\mu - z_{\alpha/2}\sigma, \mu + z_{\alpha/2}\sigma]\right)$$
$$= P\left(\frac{X - \mu}{\sigma} \in [-z_{\alpha/2}, z_{\alpha/2}]\right)$$
$$= P\left(Z \in [-z_{\alpha/2}, z_{\alpha/2}]\right) = 1 - \alpha,$$

所以 $[a, b] = [\mu - z_{\alpha/2}\sigma, \mu + z_{\alpha/2}\sigma]$ 是 X 的置信水平为 $1 - \alpha$ 的预测区间.

因为

$$P(X \geqslant \mu - z_\alpha\sigma) = P(Z \geqslant -z_\alpha) = 1 - \alpha,$$
$$P(X \leqslant \mu + z_\alpha\sigma) = P(Z \leqslant z_\alpha) = 1 - \alpha,$$

所以, $c = \mu - z_\alpha\sigma$, $d = \mu + z_\alpha\sigma$ 分别为 X 的置信水平为 $1 - \alpha$ 的单侧预测下限、单侧预测上限.

(b) 因为 $\hat{\mu}, s$ 分别是 μ, σ 的强相合无偏估计, 所以可以用

$$[\hat{a}, \hat{b}] = [\hat{\mu} - z_{\alpha/2}s, \hat{\mu} + z_{\alpha/2}s], \quad \hat{c} = \hat{\mu} - z_\alpha s, \quad \hat{d} = \hat{\mu} + z_\alpha s$$

分别估计 $[a, b], c, d$.

9.26 某投资公司的三年期理财项目限定 200 个投资客户. 现在有 65% 的潜在客户愿意投资 300 万以上. 用 X 表示本次投资 300 万以上的客户数.

(a) 求 X 的置信水平为 95% 的预测区间;

(b) 求 X 的置信水平为 95% 的单侧预测下限和单侧预测上限.

解 设 $n = 200, p = 0.65$, 则 $X \sim \mathcal{B}(n, p)$. 由中心极限定理知 $X \sim N(np, npq)$ 近似成立, 由

$$P\left(\left|\frac{X - np}{\sqrt{npq}}\right| \leqslant 1.96\right) \approx 0.95$$

得到 X 的双侧预测区间

$$[np - 1.96\sqrt{npq}, np + 1.96\sqrt{npq}] = [116.779, 143.221].$$

将 $z_{0.025} = 1.96$ 换成 $z_{0.05} = 1.645$, 则得到单侧预测下限 $np - 1.645\sqrt{npq} = 118.904$ 和单侧预测上限 $np + 1.645\sqrt{npq} = 141.096$.

9.27 茶翅蝽是桃树的主要害虫之一. 现在从果园的 500 棵桃树中随机抽查了 5 棵, 发现共有 40 只茶翅蝽. 用 Y 表示这 500 棵桃树上的茶翅蝽数. 回答以下问题:

(a) 每棵桃树上的茶翅蝽数应当用什么分布描述?

(b) 果园的每棵桃树上平均有多少只茶翅蝽?

(c) 计算 Y 的置信水平为 95% 的预测区间;

(d) 计算 Y 的置信水平为 95% 的单侧预测下限和单侧预测上限.

解 (a) 因为每只茶翅蝽都有可能落在一棵指定的树上, 而茶翅蝽的总数未知, 所以应当认为每棵桃树上的茶翅蝽数 $X \sim \mathcal{P}(\lambda)$.

(b) 因为 $\mathrm{E}X = \lambda$, 而随机抽查的 5 棵桃树上发现共有 40 只茶翅蝽, 所以每棵桃树上平均有 $\hat{\lambda} = 40/5 = 8$ 只茶翅蝽.

(c) 设 $n = 500, \lambda = 8$. 因为泊松分布有可加性 (见教材中例 4.4.1), 所以 $Y \sim \mathcal{P}(n\lambda)$. 因为 $\mathrm{Var}(Y) = \mathrm{E}Y = n\lambda$, 所以由中心极限定理知道 $Y \sim N(n\lambda, n\lambda)$ 近似成立 (见教材中例 6.3.2). 于是由

$$\frac{Y - n\lambda}{\sqrt{n\lambda}} \sim N(0, 1) \text{ 近似成立}$$

得到 Y 的预测区间

$$[n\lambda - 1.96\sqrt{n\lambda}, n\lambda + 1.96\sqrt{n\lambda}] = [3\,876, 4\,124].$$

(d) 单侧预测下限为 $n\lambda - 1.645\sqrt{n\lambda} = 3\,896$, 单侧预测上限为 $n\lambda + 1.645\sqrt{n\lambda} = 4\,104$.

9.28 设 $T \sim t(n)$, 求 $Y = T^2, F = T^{-2}$ 的分布.

解 设 $Z \sim N(0, 1)$ 和 $\xi_n^2 \sim \chi^2(n)$ 独立, 则 T 和 $\dfrac{Z}{\sqrt{\xi_n^2/n}}$ 同分布 (见教材中定义 9.1.2), 都服从 $t(n)$ 分布. 于是 $Y = T^2$ 和

$$\left(\frac{Z}{\sqrt{\xi_n^2/n}}\right)^2 = \frac{Z^2}{\xi_n^2/n}$$

典型题解析9.28

同分布. 因为后者服从 $F(1, n)$ 分布, 所以 Y 服从 $F(1, n)$ 分布.

$F = T^{-2}$ 和

$$\left(\frac{Z}{\sqrt{\xi_n^2/n}}\right)^{-2} = \frac{\xi_n^2/n}{Z^2}$$

同分布. 因为后者服从 $F(n, 1)$ 分布, 所以 F 服从 $F(n, 1)$ 分布.

另解 设 $Z \sim N(0, 1)$ 和 $\xi_n^2 \sim \chi^2(n)$ 独立, 则 $\xi_1^2 = Z^2 \sim \chi^2(1)$ 且和 ξ_n^2 独立. 于是

$$Y \overset{d}{=} \frac{Z^2}{\xi_n^2/n} = \frac{\xi_1^2/1}{\xi_n^2/n} \sim F(1, n),$$

$$F = 1/Y \overset{d}{=} \frac{\xi_n^2/n}{\xi_1^2/1} \sim F(n, 1).$$

注 其中 $Z \overset{d}{=} Y$ 表示 Z, Y 同分布.

9.29 设 $\overline{X}$ 和 S^2 分别是总体 $N(0, \sigma^2)$ 的样本均值和样本方差, 样本量是 n, 判断 $n\overline{X}^2/S^2$ 服从的分布.

解 因为 $\overline{X}$ 和 S^2 独立,

$$\frac{\sqrt{n}\overline{X}}{\sigma} \sim N(0, 1), \quad \frac{n\overline{X}^2}{\sigma^2} \overset{\text{def}}{=} \chi_1^2 \sim \chi^2(1),$$

$$\frac{(n-1)S^2}{\sigma^2} = \frac{1}{\sigma^2} \sum_{j=1}^{n} (X_j - \overline{X})^2 \overset{\text{def}}{=} \chi_{n-1}^2 \sim \chi^2(n-1),$$

典型题解析9.29

所以

$$\frac{n\overline{X}^2}{S^2} = \frac{n\overline{X}^2/\sigma^2}{S^2/\sigma^2} = \frac{\chi_1^2/1}{\chi_{n-1}^2/(n-1)} \sim F(1, n-1).$$

9.30 设 $X_i, i = 1, 2, \cdots, 2n$ 是总体 $N(\mu, \sigma^2)$ 的样本, $\overline{X}$ 是样本均值, 计算 $\xi^2 = \sum_{i=1}^{n} (X_i + X_{n+i} - 2\overline{X})^2$ 的数学期望.

解 取 $Y_i = X_i + X_{n+i}, i = 1, 2, \cdots, n$, 则 Y_i 是总体 $N(2\mu, 2\sigma^2)$ 的样本.

典型题解析9.30

$$\overline{Y} = \frac{1}{n} \sum_{i=1}^{n} Y_i = \frac{1}{n} \sum_{i=1}^{n} (X_i + X_{n+i}) = 2\frac{1}{2n} \sum_{i=1}^{2n} X_i = 2\overline{X}$$

是 $\{Y_i\}$ 的样本均值,

$$\frac{\xi^2}{n-1} = \frac{1}{n-1} \sum_{i=1}^{n} (X_i + X_{n+i} - 2\overline{X})^2 = \frac{1}{n-1} \sum_{i=1}^{n} (Y_i - \overline{Y})^2$$

是 $\{Y_i\}$ 的样本方差. 于是由 $\mathrm{Var}(Y_i) = \mathrm{Var}(X_i) + \mathrm{Var}(X_{n+i}) = 2\sigma^2$ 得到

$$\mathrm{E}\frac{\xi^2}{n-1} = 2\sigma^2, \quad \mathrm{E}\xi^2 = (n-1)\mathrm{Var}(Y_i) = 2(n-1)\sigma^2.$$

9.31 设 X, Y 独立, 都服从 $N(0, \sigma^2)$ 分布, 查表求

$$P\left(\frac{|X - Y|}{|X + Y|} > \sqrt{40}\right).$$

解 因为

典型题解析9.31

$$\text{Cov}(X - Y, X + Y)$$

$$= \text{Cov}(X, X) + \text{Cov}(X, Y) - \text{Cov}(Y, X) - \text{Cov}(Y, Y)$$

$$= \sigma^2 - \sigma^2 = 0,$$

所以 $X - Y$ 和 $X + Y$ 独立 (见教材中定理 5.7.1), 都服从正态分布 $N(0, 2\sigma^2)$. 于是

$$F \stackrel{\text{def}}{=} \frac{(X - Y)^2}{(X + Y)^2} = \frac{(X - Y)^2/2\sigma^2}{(X + Y)^2/2\sigma^2} \sim F(1, 1).$$

查表得到

$$P\left(\frac{|X - Y|}{|X + Y|} > \sqrt{40}\right) = P(F > 40) \approx 0.1.$$

▬ 考研复习

基本内容 抽样分布, 区间估计.

(1) 设 $Z_1, Z_2, \cdots, Z_n$ 是总体 $X \sim N(0, 1)$ 的 (简单随机) 样本, 则

$$\xi_n^2 = Z_1^2 + Z_2^2 + \cdots + Z_n^2 \sim \chi^2(n), \ \text{E}\xi^2(n) = n, \ \text{D}(\xi^2(n)) = 2n.$$

(2) 分子与分母独立时, $\dfrac{N(0, 1)}{\sqrt{\chi^2(n)/n}} \sim t(n)$.

(3) 分子与分母独立时, $\dfrac{\chi^2(n)/n}{\chi^2(m)/m} \sim F(n, m)$.

(4) 如果 $\xi_n^2 \sim \chi^2(n)$ 与 $\eta_m^2 \sim \chi^2(m)$ 独立, 则 $\xi_n^2 + \eta_m^2 \sim \chi^2(n + m)$.

基本要求 设 $X_1, X_2, \cdots, X_n$ 是总体 $X \sim N(\mu, \sigma^2)$ 的样本, $Z_i = \dfrac{X_i - \mu}{\sigma}$, 则有

(1) 样本均值 $\overline{X}_n$ 和样本方差 S_n^2 独立.

(2) $\dfrac{(n - 1)S_n^2}{\sigma^2} = \sum\limits_{j=1}^{n}(Z_i - \overline{Z}_n)^2 \sim \chi^2(n - 1)$.

(3) $\dfrac{\overline{X}_n - \mu}{S_n/\sqrt{n}} \sim t(n - 1), \ \dfrac{\overline{X}_n - \mu}{\sigma/\sqrt{n}} \sim N(0, 1)$.

设总体 $X \sim N(\mu_1, \sigma_1^2)$ 与总体 $Y \sim N(\mu_2, \sigma_2^2)$ 独立. $X_1, X_2, \cdots, X_n$ 是总体 X 的样本, 有样本方差 S_1^2, $Y_1, Y_2, \cdots, Y_m$ 是总体 Y 的样本, 有样本方差 S_2^2, 则有

(1) $\dfrac{S_1^2/S_2^2}{\sigma_1^2/\sigma_2^2} \sim F(n - 1, m - 1)$,

(2) $Z = \dfrac{(\overline{X}_n - \overline{Y}_m) - (\mu_1 - \mu_2)}{\sqrt{\sigma_1^2/n + \sigma_2^2/m}} \sim N(0, 1)$.

(3) 当 $\sigma_1^2 = \sigma_2^2$, $T = \dfrac{(\overline{X}_n - \overline{Y}_m) - (\mu_1 - \mu_2)}{S_W \sqrt{1/n + 1/m}} \sim t(n+m-2)$. 其中

$$S_W^2 = \frac{(n-1)S_1^2 + (m-1)S_2^2}{n+m-2}.$$

注 $\mathrm{D}(\cdot) = \mathrm{Var}(\cdot)$.

试题参考解答

试题 9.1 设 $X_i, i = 1, 2, 3, 4$ 是总体 $N(\mu, \sigma^2)$ 的 (简单随机) 样本,

$$\frac{X_1 - X_2}{|X_3 + X_4 - 2\mu|}$$

的分布是 (   ).

A. $N(0,1)$ B. $t(1)$ C. $\chi^2(1)$ D. $F(1,1)$

答 B.

因为

$$Z = \frac{X_1 - X_2}{\sqrt{2\sigma^2}} \sim N(0,1), \quad \xi = \frac{X_3 + X_4 - 2\mu}{\sqrt{2\sigma^2}} \sim N(0,1),$$

并且 Z 和 ξ 独立, $\xi^2 \sim \chi^2(1)$, 所以

$$\frac{X_1 - X_2}{|X_3 + X_4 - 2\mu|} = \frac{(X_1 - X_2)/\sqrt{2\sigma^2}}{|X_3 + X_4 - 2\mu|/\sqrt{2\sigma^2}} = \frac{Z}{\sqrt{\xi_1^2/1}} \sim t(1).$$

试题 9.2 设 $X \sim t(n)$, $Y = 1/X^2$, 则 (   ).

A. $Y \sim \chi^2(n)$ B. $Y \sim \chi^2(n-1)$ C. $Y \sim F(n,1)$ D. $Y \sim F(1,n)$

答 C.

设 $Z \sim N(0,1)$, $\xi^2 \sim \chi^2(n)$, Z, ξ^2 独立, 则 X 和 $\dfrac{Z}{\sqrt{\xi^2/n}}$ 同分布, 于是 $Y = \dfrac{1}{X^2}$ 和 $\dfrac{\xi^2/n}{Z^2}$ 同分布, 即有 $Y \sim F(n,1)$.

试题 9.3 设 $\overline{X}$ 和 S^2 分别是总体 $N(\mu, \sigma^2)$ 的样本均值和样本方差, 以下不正确的是 (   ).

A. $\overline{X}$ 和 S^2 独立   B. $\overline{X}$ 和 $\sum\limits_{j=1}^{n}(X_j - \mu)^2$ 独立

C. $\dfrac{\overline{X} - \mu}{S/\sqrt{n}} \sim t(n-1)$ D. $\sum\limits_{j=1}^{n}(X_j - \mu)^2/\sigma^2 \sim \chi^2(n)$

答 B.

因为其他选项都对.

试题 9.4 设总体 X 和总体 Y 独立, $\overline{X}, \overline{Y}$ 分别是 X, Y 样本量为 n, m 的样本均值. 当 X, Y 均来自正态总体 $N(\mu, \sigma^2)$, 则 $P(|\overline{X} - \overline{Y}| < \sigma)$ 关于 σ (   ).

A. 单调增加   B. 单调减少   C. 增减不定   D. 保持不变

答 D.

因为 $W = \dfrac{\overline{X} - \overline{Y}}{\sigma} \sim N(0, 1/n+1/m)$, 所以 W 的分布与 σ 无关. 即有 $P(|\overline{X}-\overline{Y}| < \sigma) = P(|W| < 1)$ 与 σ 无关.

试题 9.5 设总体 $X \sim N(\mu_1, \sigma_1^2)$, 总体 $Y \sim N(\mu_2, \sigma_2^2)$, $\overline{X}, \overline{Y}$ 分别是 X, Y 样本量为 $n = 10, m = 12$ 的样本均值. 记 $p_1 = P(|\overline{X} - \mu_1| < \sigma_1)$, $p_2 = P(|\overline{Y} - \mu_2| < \sigma_2)$, 则有 ( ).

A. $p_1 < p_2$ B. $p_1 > p_2$ C. $p_1 = p_2$ D. $p_1 = 2, p_2 = 3$

答 A.

因为设 $Z \sim N(0,1)$, 则有

$$p_1 = P(|\overline{X} - \mu_1| < \sigma_1) = P\Big(\frac{|\overline{X} - \mu_1|}{\sigma_1/\sqrt{10}} < \sqrt{10}\Big) = P(|Z| < \sqrt{10}),$$

$$p_2 = P(|\overline{Y} - \mu_2| < \sigma_2) = P\Big(\frac{|\overline{Y} - \mu_2|}{\sigma_2/\sqrt{12}} < \sqrt{12}\Big) = P(|Z| < \sqrt{12}),$$

所以 $p_1 < p_2$.

试题 9.6 设 $X_i, i = 1, 2, \cdots, n$ 是泊松总体 $\mathcal{P}(\lambda)$ 的 (简单随机) 样本, 对于统计量 $\hat{\lambda}_1 = \dfrac{1}{n}\sum\limits_{j=1}^{n} X_j$, $\hat{\lambda}_2 = \dfrac{1}{n-1}\sum\limits_{j=1}^{n-1} X_j + \dfrac{X_n}{n}$, 有 ( ).

A. $\mathrm{E}\hat{\lambda}_1 > \mathrm{E}\hat{\lambda}_2, \mathrm{D}(\hat{\lambda}_1) > \mathrm{D}(\hat{\lambda}_2)$ B. $\mathrm{E}\hat{\lambda}_1 > \mathrm{E}\hat{\lambda}_2, \mathrm{D}(\hat{\lambda}_1) < \mathrm{D}(\hat{\lambda}_2)$

C. $\mathrm{E}\hat{\lambda}_1 < \mathrm{E}\hat{\lambda}_2, \mathrm{D}(\hat{\lambda}_1) > \mathrm{D}(\hat{\lambda}_2)$ D. $\mathrm{E}\hat{\lambda}_1 < \mathrm{E}\hat{\lambda}_2, \mathrm{D}(\hat{\lambda}_1) < \mathrm{D}(\hat{\lambda}_2)$

答 D.

因为 $\mathrm{E}\hat{\lambda}_1 = \lambda$, $\mathrm{E}\hat{\lambda}_2 = \lambda + \lambda/n < \lambda$,

$\mathrm{D}(\hat{\lambda}_1) = \lambda/n$, $\mathrm{D}(\hat{\lambda}_2) = \lambda/(n-1) + \lambda/n^2 > \lambda/n$.

试题 9.7 设 $X_i, i = 1, 2, \cdots, 6$ 是总体 $N(0, 3)$ 的 (简单随机) 样本, 求 a, b, c 使得
$$aX_1^2 + b(X_2 + X_3)^2 + c(X_4 + X_5 + X_6)^2 \sim \chi^2(3).$$

解 $a = 1/3$, $b = 1/6$, $c = 1/9$.

因为 $X_1, X_2 + X_3, X_4 + X_5 + X_6$ 相互独立, 都服从均值为 0 的正态分布, 所以只要 $\mathrm{E}(aX_1^2) = 3a = 1$, $\mathrm{E}(b(X_2 + X_3)^2) = 6b = 1$, $\mathrm{E}(c(X_4 + X_5 + X_6)^2) = 9c = 1$ 即可.

试题 9.8 设 $X_i, i = 1, 2, \cdots, 6$ 是总体 $N(2, 3)$ 的 (简单随机) 样本, 求 a_i, b_i, c_i 使得
$$a_1(X_1 - a_2)^2 + b_1(X_2 + X_3 - b_2)^2 + c_1(X_4 + X_5 + X_6 - c_2)^2 \sim \chi^2(3).$$

解 $a_1 = 1/3$, $a_2 = 2$; $b_1 = 1/6$, $b_2 = 4$; $c_1 = 1/9$, $c_2 = 6$.

理由同试题 9.7.

试题 9.9 设总体 X, Y 独立都服从 $N(\mu, \sigma^2)$ 分布, $\{X_j\}, \{Y_j\}$ 分别是 X, Y 的简单随机样本,

(1) 对 $n-1=m>1$, 判断统计量 $\xi^2 = \sum\limits_{j=1}^{n}(X_j-\overline{X})^2 \Big/ \sum\limits_{j=1}^{m}(Y_j-\mu)^2$ 的概率分布;

(2) $n=m>1$, 判断统计量 $\eta^2 = \sum\limits_{j=1}^{n}(X_j-\overline{X})^2 \Big/ \sum\limits_{j=1}^{m}(Y_j-\overline{Y})^2$ 的概率分布.

解　(1) $F(m,m)$;　(2) $F(m-1,m-1)$.

因为在 (1) 中 $\sum\limits_{j=1}^{n}(X_j-\overline{X})^2/\sigma^2$ 和 $\sum\limits_{j=1}^{m}(Y_j-\mu)^2/\sigma^2$ 独立, 都服从 $\chi^2(m)$ 分布, 在

(2) 中 $\sum\limits_{j=1}^{n}(X_j-\overline{X})^2/\sigma^2$ 和 $\sum\limits_{j=1}^{m}(Y_j-\overline{Y})^2/\sigma^2$ 独立, 都服从 $\chi^2(m-1)$ 分布.

试题 9.10　设总体 $(X,Y) \sim N(1,2;3,4;0)$, 判断 $\xi^2 = \dfrac{4(X-1)^2}{3(Y-2)^2}$ 和 $\eta^2 = (X-1)^2/3+(Y-2)^2/4$ 的概率分布.

解　$F(1,1)$, $\chi^2(2)$.

因为 $X \sim N(1,3)$, $Y \sim N(2,4)$, X,Y 独立, 所以 $Z_1 = (X-1)/\sqrt{3} \sim N(0,1)$, $Z_2 = (Y-2)/2 \sim N(0,1)$. 最后得到

$$\xi^2 = \frac{4(X-1)^2}{3(Y-2)^2} = \frac{Z_1^2}{Z_2^2} \sim F(1,1), \quad \eta^2 = Z_1^2+Z_2^2 \sim \chi^2(2).$$

试题 9.11　设总体 X,Y 独立, 都服从 $N(1,9)$ 分布, $\{X_j\}$, $\{Y_j\}$ 分别是 X,Y 的简单随机样本, 判断

$$\xi^2 = \frac{9-\sum\limits_{j=1}^{9}X_j}{\sqrt{\sum\limits_{j=1}^{9}(Y_j-1)^2}}$$

的概率分布.

解　$t(9)$.

因为 $\left(9-\sum\limits_{j=1}^{9}X_j\right) \sim N(0,9^2)$, $\xi^2 = \sum\limits_{j=1}^{9}(Y_j-1)^2/9 \sim \chi^2(9)$, Z 和 ξ^2 独立, 所以从

$Z = \left(9-\sum\limits_{j=1}^{9}X_j\right)/9 \sim N(0,1)$ 得到

$$\xi^2 = \frac{\left(9-\sum\limits_{j=1}^{9}X_j\right)/9}{\sqrt{\sum\limits_{j=1}^{9}(Y_j-1)^2/(9\times9)}} = \frac{Z}{\sqrt{\xi^2/9}} \sim t(9).$$

试题 9.12　设一批零件的长度服从正态分布 $N(\mu,\sigma^2)$, 从中随机抽取 16 个得到样本均值 $\overline{X}=20$, 样本标准差 $S=1$, 则 μ 的置信水平为 0.9 的置信区间为 (　　).

A. $\left[20 - \frac{1}{4}t_{0.05}(16), 20 + \frac{1}{4}t_{0.05}(16)\right]$ B. $\left[20 - \frac{1}{4}t_{0.1}(16), 20 + \frac{1}{4}t_{0.1}(16)\right]$

C. $\left[20 - \frac{1}{4}t_{0.05}(15), 20 + \frac{1}{4}t_{0.05}(15)\right]$ D. $\left[20 - \frac{1}{4}t_{0.1}(15), 20 + \frac{1}{4}t_{0.1}(15)\right]$

答　C.

因为未知方差时, μ 的置信水平为 $1 - \alpha = 0.9$ 的置信区间为

$$\left[\overline{X} - \frac{S}{\sqrt{n}}t_{\alpha/2}(n-1), \overline{X} + \frac{S}{\sqrt{n}}t_{\alpha/2}(n-1)\right].$$

试题 9.13　总体 X 服从正态分布 $N(\mu, 8)$,

(1) 得到 X 的 10 个观测值, 算出 $\overline{X} = 1\,500$, 求 μ 的置信水平为 0.95 的置信区间;

(2) 在置信水平 0.95 下, 要使得 μ 的置信区间的长度小于 1, 求最小的样本容量;

(3) $n = 100$ 时, 以 $[\overline{X} - 1, \overline{X} + 1]$ 作为 μ 的置信区间, 置信水平是多少?

解　(1) 已知 $\sigma^2 = 8$ 时, μ 的置信水平为 $1 - \alpha = 0.95$ 的置信区间是

$$\left[\overline{X} - \frac{\sigma}{\sqrt{n}}z_{0.025}, \overline{X} + \frac{\sigma}{\sqrt{n}}z_{0.025}\right].$$

将 $n = 10, \sigma^2 = 8, \overline{X} = 1\,500, z_{0.025} = 1.96$ 代入, 得到置信区间 $[1\,498, 1\,502]$.

(2) 置信区间的长度要满足

$$L = 2\frac{\sigma}{\sqrt{n}}z_{0.025} = 2\frac{\sqrt{8}}{\sqrt{n}} \times 1.96 < 1.$$

从中解出 $n > (2\sqrt{8} \times 1.96)^2 \approx 122.93$. 于是, $n = 123$ 满足要求.

(3) $n = 100, \sigma^2 = 8$ 时, μ 的置信水平为 $1 - \alpha$ 的置信区间是

$$\left[\overline{X} - \frac{\sigma}{\sqrt{n}}z_{\alpha/2}, \overline{X} + \frac{\sigma}{\sqrt{n}}z_{\alpha/2}\right].$$

和 $[\overline{X} - 1, \overline{X} + 1]$ 比较, 知道

$$\frac{\sigma}{\sqrt{n}}z_{\alpha/2} = 1,$$

于是 $z_{\alpha/2} = \sqrt{100/8} = 3.53$.

$$\alpha/2 = P(Z \geqslant 3.53) = 1 - \Phi(3.53) = 1 - 0.999\,8 = 0.000\,2.$$

由此得到置信水平

$$1 - \alpha = 1 - 2 \times 0.000\,2 = 0.999\,6.$$

试题解析九(1)

试题解析九(2)

第十章　正态总体的假设检验

基本内容

正态总体的显著性检验表

一个正态总体的显著性检验表 (显著水平为 α)

条件	H_0 vs H_1	H_0 的拒绝域 W	检验的 p 值及 MATLAB 调用命令	检验统计量
σ^2 已知	$\mu = \mu_0$ vs $\mu \neq \mu_0$	$\|z\| \geqslant z_{\alpha/2}$	$p = 2P(Z \geqslant \|z\|)$ 2*normcdf(-abs(z))	$z = \dfrac{\overline{x}_n - \mu_0}{\sigma/\sqrt{n}}$
	$\mu = (\text{或} \geqslant)\mu_0$ vs $\mu < \mu_0$	$z \leqslant -z_\alpha$	$p = P(Z \leqslant z)$ normcdf(z)	
	$\mu = (\text{或} \leqslant)\mu_0$ vs $\mu > \mu_0$	$z \geqslant z_\alpha$	$p = P(Z \geqslant z)$ normcdf(-z)	
σ^2 未知	$\mu = \mu_0$ vs $\mu \neq \mu_0$	$\|t\| \geqslant t_{\alpha/2}(n-1)$	$p = 2P(T_{n-1} \geqslant \|t\|)$ 2*tcdf(-abs(t),n-1)	$t = \dfrac{\overline{x}_n - \mu_0}{s/\sqrt{n}}$
	$\mu = (\text{或} \geqslant)\mu_0$ vs $\mu < \mu_0$	$t \leqslant -t_\alpha(n-1)$	$p = P(T_{n-1} \leqslant t)$ tcdf(t,n-1)	
	$\mu = (\text{或} \leqslant)\mu_0$ vs $\mu > \mu_0$	$t \geqslant t_\alpha(n-1)$	$p = P(T_{n-1} \geqslant t)$ tcdf(-t,n-1)	
μ 未知	$\sigma^2 = \sigma_0^2$ vs $\sigma^2 \neq \sigma_0^2$	$\chi^2 \geqslant \chi_{\alpha/2}^2(n-1)$ 或 $\leqslant \chi_{1-\alpha/2}^2(n-1)$	$p = 2P^*$ Q^*	$\chi^2 = \dfrac{(n-1)s^2}{\sigma_0^2}$
	$\sigma^2 = (\text{或} \geqslant)\sigma_0^2$ vs $\sigma^2 < \sigma_0^2$	$\chi^2 \leqslant \chi_{1-\alpha}^2(n-1)$	$p = P(\chi_{n-1}^2 \leqslant \chi^2)$ chi2cdf(χ^2,n-1)	
	$\sigma^2 = (\text{或} \leqslant)\sigma_0^2$ vs $\sigma^2 > \sigma_0^2$	$\chi^2 \geqslant \chi_\alpha^2(n-1)$	$p = P(\chi_{n-1}^2 \geqslant \chi^2)$ 1-chi2cdf(χ^2,n-1)	

其中

$$P^* = \min\{P(\chi_{n-1}^2 \leqslant \chi^2), P(\chi_{n-1}^2 \geqslant \chi^2)\},$$

$$Q^* = 2*\min(\text{chi2cdf}(\chi^2,\text{n-1}), 1-\text{chi2cdf}(\chi^2,\text{n-1})).$$

两个正态总体的显著性检验表 (显著水平为 α)

条件	H_0 vs H_1	H_0 的拒绝域 W	检验的 p 值及 MATLAB 调用命令	检验统计量
σ_1^2, σ_2^2 已知	$\mu_1 = \mu_2$ vs $\mu_1 \neq \mu_2$	$\lvert z \rvert \geqslant z_{\alpha/2}$	$p = 2P(Z \geqslant \lvert z \rvert)$ 2*normcdf(-abs(z))	$z = \dfrac{\overline{x}_n - \overline{y}_m}{\sqrt{\dfrac{\sigma_1^2}{n} + \dfrac{\sigma_2^2}{m}}}$
	$\mu_1 = (\text{或} \geqslant)\mu_2$ vs $\mu_1 < \mu_2$	$z \leqslant -z_\alpha$	$p = P(Z \leqslant z)$ normcdf(z)	
	$\mu_1 = (\text{或} \leqslant)\mu_2$ vs $\mu_1 > \mu_2$	$z \geqslant z_\alpha$	$p = P(Z \geqslant z)$ normcdf(-z)	
σ_1^2, σ_2^2 相等, 但未知	$\mu_1 = \mu_2$ vs $\mu_1 \neq \mu_2$	$\lvert t \rvert \geqslant t_{\alpha/2}(n + m - 2)$	$p = 2P(T_{n+m-2} \geqslant \lvert t \rvert)$ 2*tcdf(-abs(t),n+m-2)	$t = \dfrac{\overline{x}_n - \overline{y}_m}{s_W\sqrt{\dfrac{1}{n} + \dfrac{1}{m}}}$
	$\mu_1 = (\text{或} \geqslant)\mu_2$ vs $\mu_1 < \mu_2$	$t \leqslant -t_\alpha(n + m - 2)$	$p = P(T_{n+m-2} \leqslant t)$ tcdf(t,n+m-2)	
	$\mu_1 = (\text{或} \leqslant)\mu_2$ vs $\mu_1 > \mu_2$	$t \geqslant t_\alpha(n + m - 2)$	$p = P(T_{n+m-2} \geqslant t)$ tcdf(-t,n+m-2)	
成对数据	$\mu_1 = \mu_2$ vs $\mu_1 \neq \mu_2$	$\lvert t \rvert \geqslant t_{\alpha/2}(n - 1)$	$p = 2P(T_{n-1} \geqslant \lvert t \rvert)$ 2*tcdf(-abs(t),n-1)	$t = \dfrac{\overline{x}_n - \overline{y}_n}{s_z/\sqrt{n}},$ $z_j = x_j - y_j$
	$\mu_1 = (\text{或} \geqslant)\mu_2$ vs $\mu_1 < \mu_2$	$t \leqslant -t_\alpha(n - 1)$	$p = P(T_{n-1} \leqslant t)$ tcdf(t,n-1)	
	$\mu_1 = (\text{或} \leqslant)\mu_2$ vs $\mu_1 > \mu_2$	$t \geqslant t_\alpha(n - 1)$	$p = P(T_{n-1} \geqslant t)$ tcdf(-t,n-1)	
μ_1, μ_2 未知	$\sigma_1^2 = \sigma_2^2$ vs $\sigma_1^2 \neq \sigma_2^2$	$F \geqslant F_{\alpha/2}^*$	$p = 2P^*$	$F = \dfrac{\max\{s_1^2, s_2^2\}}{\min\{s_1^2, s_2^2\}}$
	$\sigma_1^2 = (\text{或} \geqslant)\sigma_2^2$ vs $\sigma_1^2 < \sigma_2^2$	$F \leqslant F_{1-\alpha}$	$p = P(F_{n-1,m-1} \leqslant F)$ fcdf(F,n-1,m-1)	$F = s_1^2/s_2^2$
	$\sigma_1^2 = (\text{或} \leqslant)\sigma_2^2$ vs $\sigma_1^2 > \sigma_2^2$	$F \geqslant F_\alpha$	$p = P(F_{n-1,m-1} \geqslant F)$ 1-fcdf(F,n-1,m-1)	

其中

$$s_W = \sqrt{\frac{(n-1)s_1^2 + (m-1)s_2^2}{n + m - 2}},$$

$$F_{\alpha/2}^* = \begin{cases} F_{\alpha/2}(n-1, m-1), & \text{当 } s_1^2 \geqslant s_2^2, \\ F_{\alpha/2}(m-1, n-1), & \text{当 } s_2^2 > s_1^2, \end{cases}$$

$$P^* = \begin{cases} P(F_{n-1,m-1} \geqslant F), & \text{当 } s_1^2 \geqslant s_2^2, \\ P(F_{m-1,n-1} \geqslant F), & \text{当 } s_2^2 > s_1^2, \end{cases}$$

$$F_\alpha = F_\alpha(n-1, m-1),$$

$$F_{1-\alpha} = F_{1-\alpha}(n-1, m-1).$$

习题十参考解答

10.1 在例 10.1.1 中如果检验假设 $H_0 : p \geqslant 0.35$ vs $H_1 : p < 0.35$, 会是什么结果?

解 因为实际数据已经预示 $p > 0.35$, 所以不可能得到拒绝 H_0 的结论. 具体来讲, 在 H_0 下, p 可以接近 1, 这时四起交通事故都发生在隧道南的概率 p^4 也比较大, 所以不会得到拒绝 H_0 的结论.

10.2 假设得到了正态总体 $N(\mu, \sigma^2)$ 的样本均值 $\bar{x}_n = 98.6$, 在显著水平 $\alpha < 0.05$ 时, 检验假设 $H_0 : \mu \leqslant 98.7$ vs $H_1 : \mu > 98.7$ 时, 会得到什么结果? 检验假设 $H_0 : \mu \geqslant 98.5$ vs $H_1 : \mu < 98.5$ 时, 会得到什么结果?

解 因为实际数据 $\bar{x}_n = 98.6 < 98.7$, 所以不可能得到拒绝 $H_0 : \mu \leqslant 98.7$ 的结论. 因为实际数据 $\bar{x}_n = 98.6 > 98.5$, 所以也不可能得到拒绝 $H_0 : \mu \geqslant 98.5$ 的结论. 详细原因同上题.

10.3 概率统计课程分 6 个班上课, 期末考试用统一的试卷. 根据试卷的情况, 校方预测这 6 个班的平均分应当为 76 分. 考试结束后, 这 6 个班的平均成绩分别是

班	1	2	3	4	5	6
平均分	71.3	78.5	73.1	77.3	79.2	82.2

(a) 能否认为这 6 个班的平均成绩来自正态总体?

(b) 在显著水平 $\alpha = 0.05$ 下, 校方的预测是否正确?

(c) 在显著水平 $\alpha = 0.05$ 下, 能否认为总体水平显著地超过了学校的预测.

解 (a) 因为各班的平均成绩都是多个独立同分布的单个成绩的平均, 根据中心极限定理知道可以认为 6 个班的平均成绩来自正态总体.

(b) 因为 $\bar{x}_n = 76.9333$, $s = 4.0471$, 关于假设

$$H_0 : \mu = 75 \text{ vs } H_1 : \mu \neq 75$$

因为

$$|T| = \frac{|\bar{x}_n - 75|}{s/\sqrt{6}} = 0.5649 < t_{0.025}(5) = 2.571,$$

所以检验不显著, 不能否认校方预测的正确性.

(c) 关于假设

$$H_0 : \mu \leqslant 75 \text{ vs } H_1 : \mu > 75$$

因为

$$T = \frac{\overline{x}_n - 75}{s/\sqrt{6}} = 0.564\,9 < t_{0.05}(5) = 2.015,$$

所以检验不显著, 总体水平也没有显著地超过学校的预测.

10.4 以相同的仰角发射了 8 颗库存了 3 年的同型号炮弹, 射程 (单位: km) 分别是

$$21.84 \quad 21.46 \quad 22.31 \quad 21.75 \quad 20.95 \quad 21.51 \quad 21.43 \quad 21.74$$

若射程服从正态分布, 在显著水平 0.05 下, 能否认为这批炮弹的平均射程小于 21.7 km?

解 因为 $\overline{x}_n = 21.623\,8 < 21.7$, 所以应当对于

$$H_0 : \mu = (\text{或} \geqslant)21.7 \text{ vs } H_1 : \mu < 21.7$$

作检验. 经计算 $s = 0.3925$,

$$T = \frac{\overline{x}_n - 21.7}{s/\sqrt{8}} = -0.549\,5 > -t_{0.05}(7) = -1.895,$$

所以检验不显著, 不能认为射程显著地小于 21.7 km.

10.5 验证在例 10.2.3 中, 作单侧检验时, 可以在显著水平 0.025 下拒绝 $H_0 : \mu \geqslant 500$. 但作双侧检验时, 不能在显著水平 0.02 下拒绝 $H_0 : \mu = 500$.

解 在例 10.2.3 中, $\overline{X}_n = 499.412$, $n = 9$, 方差未知. 在显著水平 0.025 下 $H_0 : \mu \geqslant 500$ vs $H_1 : \mu < 500$ 的拒绝域是

$$T = \frac{\overline{X}_n - \mu}{S/\sqrt{n}} \leqslant -t_{0.025}(8) = -2.306,$$

计算得到 $T = -2.610\,3 < -2.306$, 所以在显著水平 0.025 下拒绝 $H_0 : \mu \geqslant 500$.

在显著水平 0.02 下

$$H_0 : \mu = 500 \text{ vs } H_1 : \mu \neq 500.$$

的拒绝域是

$$|T| = \frac{|\overline{X}_n - \mu|}{S/\sqrt{n}} \geqslant t_{0.01}(8) = 2.896$$

现在 $|T| = 2.610\,3 < 2.896$, 所以不能在显著水平 0.02 下拒绝 $H_0 : \mu = 500$.

10.6 在习题 10.3 中, 已知各班的人数和各班考试成绩的样本标准差 s_j:

班	1	2	3	4	5	6
人数	89	91	85	101	98	78
s_j	12	13	9	23	19	11

就这张试卷来讲, 在显著水平 $\alpha = 0.05$ 下,

(a) 哪些班的实际成绩显著超过了 76 分?

(b) 哪些班的实际成绩显著低于 76 分?

解 因为各班的人数较多, 所以用正态逼近法.

(a) 因为在显著水平 $\alpha = 0.05$ 下, $H_0 : \mu \leqslant 76$ vs $H_1 : \mu > 76$ 的拒绝域是

$$T = \frac{\overline{x}_n - \mu}{S/\sqrt{n}} \geqslant z_{0.05} = 1.645.$$

经过计算, 得到 $(T_1, T_2, \cdots, T_6) = (-3.695\,0, 1.834\,5\ -2.970\,7, 0.568\,0, 1.667\,3, 4.977\,9)$. 可以看出, 对 $i = 2, 5, 6, T_i \geqslant 1.645$. 所以 2、5、6 班的实际成绩显著超过了 76 分.

(b) 因为在显著水平 $\alpha = 0.05$ 下, $H_0 : \mu \geqslant 76$ vs $H_1 : \mu < 76$ 的拒绝域是

$$T = \frac{\overline{x}_n - \mu}{S/\sqrt{n}} \leqslant -z_{0.05} = -1.645.$$

经过计算, 得到 $(T_1, T_2, \cdots, T_6) = (-3.695\,0, 1.834\,5\ -2.970\,7, 0.568\,0, 1.667\,3, 4.977\,9)$. 可以看出, 对 $i = 1, 3, T_i \leqslant -1.645$. 所以 1、3 班的实际成绩显著低于 76 分.

注 因为样本量都超过了 62, 所以可以用 $t_{0.05}(n) \approx z_{0.05}$. 根据中心极限定理, 也可以认为近似地有

$$T = \frac{\overline{X}_n - \mu}{S/\sqrt{n}} \sim N(0, 1).$$

10.7 测量了某块金属的密度 (单位: g/cm^3) 12 次, 得到样本均值 $\overline{x}_n = 19.28$, 样本标准差 $s = 0.05$. 已知纯金的密度是 $19.3\ \text{g/cm}^3$. 在显著水平 0.05 下,

(a) 能否否认这块金属的密度等于 19.3?

(b) 如果样本标准差是 0.03, 能否认为这块金属的密度小于 19.3?

(c) 如果样本标准差是 0.04, 能否认为这块金属的密度小于 19.3?

(d) 试解释 (b), (c) 结论不同的原因.

解 因为测量误差服从正态分布, 所以认为样本来自正态总体. $n = 12, \overline{x}_n = 19.28,$ $s = 0.05$.

(a) 因为在显著水平 $\alpha = 0.05$ 下, $H_0 : \mu = 19.3$ vs $H_1 : \mu \neq 19.3$ 的拒绝域是

$$|T| = \frac{|\overline{x}_n - \mu|}{s/\sqrt{n}} \geqslant t_{0.025}(11) = 2.201.$$

计算得到 $|T| = 1.385\,6 < 2.201$, 检验结果是不显著, 所以不能否认这块金属的密度等于 19.3.

(b) 这时 $s = 0.03$, $|T| = 2.309\,4 > 2.201$, 检验结果是显著, 应当否认这块金属的密度等于 19.3.

(c) 在显著水平 $\alpha = 0.05$ 下, $H_0: \mu = 19.3$ vs $H_1: \mu < 19.3$ 的拒绝域是

$$T = \frac{\overline{x}_n - \mu}{s/\sqrt{n}} < -t_{0.05}(11) = -1.796.$$

$s = 0.04$, 计算得到 $T = -1.732\,1 > -1.796$, 检验结果是不显著, 所以不能否认这块金属的密度等于 19.3.

(d) 当样本均值和样本量不变, 样本标准差越大越不能得到显著的结果.

10.8 抽查了 5 mm 玻璃样本量为 $n = 9$ 的样本, 得到数据 (单位: mm):

$$4.8 \quad 4.1 \quad 4.4 \quad 4.4 \quad 4.0 \quad 4.5 \quad 4.1 \quad 4.9 \quad 4.2$$

在显著水平 0.05 下,

(a) 能否认为 5 mm 玻璃总体厚度 μ 达到标准?

(b) 能否认为 $\mu \geqslant 4.8$?

(c) 在置信水平 0.95 下, 计算玻璃平均厚度的单侧置信上、下限.

解 认为玻璃厚度的随机误差服从正态分布.

(a) 因为在显著水平 $\alpha = 0.05$ 下, $H_0: \mu = 5$ vs $H_1: \mu \neq 5$ 的拒绝域是

$$|T| = \frac{|\overline{x}_n - \mu|}{s/\sqrt{n}} \geqslant t_{0.025}(8) = 2.306.$$

计算得到 $|T| = 5.919\,4 > 2.306$, 检验结果是显著, 应当否认玻璃总体厚度 $\mu = 4.8$. 计算得到 $\overline{x} = 4.377\,8$, 所以应当否认玻璃总体厚度 μ 达到标准.

(b) 这时 $\overline{x}_n = 4.377\,8$, $s = 0.315\,3$. 在显著水平 $\alpha = 0.05$ 下, $H_0: \mu \geqslant 4.8$ vs $H_1: \mu < 4.8$ 的拒绝域是

$$T = \frac{\overline{x}_n - \mu}{s/\sqrt{n}} \leqslant -t_{0.05}(8) = -1.86.$$

计算得到 $T = -4.016\,7 < -1.86$, 检验结果是显著, 应当否认玻璃总体厚度 μ 达到 4.8 mm.

(c) 在置信水平 0.95 下, 玻璃平均厚度的单侧置信上、下限分别是

$$\overline{\mu} = \overline{x}_n + t_{0.05}(8)\frac{s}{3} = 4.573\,3,$$

$$\underline{\mu} = \overline{x}_n - t_{0.05}(8)\frac{s}{3} = 4.182\,3.$$

10.9 设 $X \sim N(\mu_1, \sigma_1^2)$, $Y \sim N(\mu_2, \sigma_2^2)$, $X_1, X_2, \cdots, X_n$ 是总体 X 的样本, $Y_1, Y_2, \cdots, Y_m$ 是总体 Y 的样本, 总体 X, Y 独立. 对已知的正数 σ_0^2 和显著水平 α, 总结出以下假设的检验法:

(a) $H_0: \sigma_1^2 = \sigma_0^2$ vs $H_1: \sigma_1^2 \neq \sigma_0^2$;

(b) $H_0: \sigma_1^2 \leqslant \sigma_0^2$ vs $H_1: \sigma_1^2 > \sigma_0^2$;

(c) $H_0 : \sigma_1^2 \geqslant \sigma_2^2$ vs $H_1 : \sigma_1^2 < \sigma_2^2$;

(d) $H_0 : \sigma_1^2 = \sigma_2^2$ vs $H_1 : \sigma_1^2 \neq \sigma_2^2$.

解 (a) 因为在 $H_0 : \sigma_1^2 = \sigma_0^2$ 下,

$$U_0 = \frac{(n-1)S_1^2}{\sigma_0^2} \sim \chi^2(n-1),$$

而 U_0 取值较大或较小时都要拒绝 H_0, 所以显著水平为 α 的拒绝域是

$$W = \{U_0 \leqslant \chi_{1-\alpha/2}^2(n-1)\} \cup \{U_0 \geqslant \chi_{\alpha/2}^2(n-1)\}.$$

(b) 因为在 $H_0 : \sigma_1^2 = \sigma_0^2$ 下,

$$U_0 = \frac{(n-1)S_1^2}{\sigma_0^2} \sim \chi^2(n-1),$$

而 U_0 取值较大时要接受 H_1, 所以显著水平 α 的拒绝域是

$$W = \{U_0 \geqslant \chi_{\alpha}^2(n-1)\}.$$

这是因为在 $H_0 : \sigma_1^2 \leqslant \sigma_0^2$ 下,

$$U = \frac{(n-1)S_1^2}{\sigma_1^2} \sim \chi^2(n-1), \ 并且 \ U \geqslant U_0 = \frac{(n-1)S_1^2}{\sigma_0^2},$$

所以由

$$P(U_0 \geqslant \chi_{\alpha}^2(n-1)) \leqslant P(U \geqslant \chi_{\alpha}^2(n-1)) = \alpha$$

知道 H_0 的显著水平不超过 α 的拒绝域是上述 W.

(c) 因为在 $H_0 : \sigma_1^2 = \sigma_2^2$ 下, $F_0 = S_1^2/S_2^2 \sim F(n-1, m-1)$, 而 F 取值较小时应当接受 H_1, 所以 $H_0 : \sigma_1^2 \geqslant \alpha_2^2$ vs $H_1 : \sigma_1^2 < \sigma_2^2$ 的显著水平为 α 的拒绝域是

$$W = \{F_0 \leqslant F_{1-\alpha}(n-1, m-1)\}.$$

这是因为在条件 $H_0 : \sigma_1^2 \geqslant \sigma_2^2$ 下,

$$F = \frac{S_1^2/\sigma_1^2}{S_2^2/\sigma_2^2} = \frac{S_1^2}{S_2^2}\frac{\sigma_2^2}{\sigma_1^2} \sim F(n-1, m-1), \ 并且 \ F \leqslant F_0,$$

所以由

$$P(F_0 \leqslant F_{1-\alpha}(n-1, m-1)) \leqslant P(F \leqslant F_{1-\alpha}(n-1, m-1)) = \alpha$$

知道 H_0 的显著水平不超过 α 的拒绝域是上述 W.

(d) 因为在 $H_0 : \sigma_1^2 = \sigma_2^2$ 下, $F_0 = S_1^2/S_2^2 \sim F(n-1, m-1)$, 而 F 取值较大或较小时都应当拒绝 H_0, 所以 $H_0 : \sigma_1^2 = \sigma_2^2$ vs $H_1 : \sigma_1^2 \neq \sigma_2^2$ 的显著水平为 α 的拒绝域是

$$W = \{F_0 \leqslant F_{1-\alpha/2}(n-1, m-1)\} \cup \{F_0 \geqslant F_{\alpha/2}(n-1, m-1)\}.$$

10.10 若得到正态总体 $N(\mu, \sigma^2)$ 的样本标准差 $s = 0.65$, 检验假设 $H_0 : \sigma \leqslant 0.66$ vs $H_1 : \sigma > 0.66$ 时, 会得到什么结果? 检验假设 $H_0 : \sigma \geqslant 0.60$ vs $H_1 : \sigma < 0.60$ 时, 会得到什么结果?

解 检验假设 $H_0 : \sigma \leqslant 0.66$ vs $H_1 : \sigma > 0.66$ 时, 因为 $s = 0.65 < 0.66$ 已经成立, 所以检验的结论必然是不显著. 检验假设 $H_0 : \sigma \geqslant 0.60$ vs $H_1 : \sigma < 0.60$ 时, 因为 $s = 0.65 > 0.60$ 已经成立, 所以检验的结论必然是不显著.

10.11 已知一种尼龙绳在 22 ℃ 时的断裂强度 (单位: kg) 为 $\mu = 680$, 标准差是 $\sigma = 9.5$. 现在 50 ℃ 时测量了 20 根同型号的尼龙绳, 得到断裂强度的样本均值 $\overline{x}_n = 675$, 样本标准差 $s = 12$. 在显著水平 0.05 下, 完成以下工作:

(a) 能否认为在 50 ℃ 时, 尼龙绳的断裂强度有显著的变化?

(b) 能否认为在 50 ℃ 时, 尼龙绳的断裂强度有显著的降低?

(c) 能否认为在 50 ℃ 时, 断裂强度的标准差有显著的变化?

(d) 能否认为在 50 ℃ 时, 断裂强度的标准差有显著的增加?

解　因为测量误差服从正态分布, 所以设 50 ℃ 时的断裂强度为 $X \sim N(\mu, \sigma^2)$.

(a) 检验 $H_0 : \mu = 680$ vs $H_1 : \mu \neq 680$. 这时 $n = 20$, $\overline{x}_n = 675$, $s = 12$,

$$|T| = \frac{|\overline{x}_n - 680|}{s/\sqrt{n}} = 1.863\,4 < t_{0.025}(19) = 2.093.$$

检验结果是不显著, 不能认为断裂强度有显著的变化.

(b) 检验 $H_0 : \mu = (或 \geqslant)680$ vs $H_1 : \mu < 680$. 这时

$$T = \frac{\overline{x}_n - 680}{s/\sqrt{n}} = -1.863\,4 < -t_{0.05}(19) = -1.729.$$

检验结果是显著, 应当认为断裂强度有显著的降低.

(c) 检验 $H_0 : \sigma^2 = 9.5^2$ vs $H_1 : \sigma^2 \neq 9.5^2$. 因为 $s = 12$, $\chi_{0.025}(19) = 32.852$, $\chi_{0.975}(19) = 8.907$,

$$U_0 = \frac{(n-1)s^2}{\sigma_0^2} = \frac{19 \times 12}{9.5^2} = 30.315\,8 \in [8.907, 32.852]$$

所以检验结果是不显著 (参考习题 10.9(a)), 不能认为断裂强度的 (方差) 标准差有显著的变化.

(d) 需要对 $H_0 : \sigma^2 = (或 \leqslant)9.5^2$ vs $H_1 : \sigma^2 > 9.5^2$ 进行检验. 因为 $s = 12$,

$$U_0 = \frac{(n-1)s^2}{\sigma_0^2} = \frac{19 \times 12}{9.5^2} = 30.315\,8 > \chi_{0.05}(19) = 30.144,$$

检验结果是显著, 应当认为断裂强度的 (方差) 标准差有显著的增加.

10.12　概率统计课程分 A, B 两个班上课, A 班 98 人, B 班 90 人. A 班期末考试的平均成绩是 78 分, 标准差是 16 分. B 班期末考试的平均成绩是 75 分, 标准差是 19 分. 根据试卷的难度, 校方认为期末考试的平均分应当达到 76 分. 在显著水平 0.05 下,

(a) 能否认为这两个班的实际水平都显著地满足了校方的要求?

(b) 能否认为 A 班的实际水平显著高于 76 分?

(c) 能否认为 B 班的实际水平显著低于 76 分?

(d) 能否认为 A 班的实际水平显著地好于 B 班的实际水平?

解　$n = 98, \overline{x}_n = 78, s_1 = 16, m = 90, \overline{y}_m = 75, s_2 = 19$. 因为 n, m 都比较大了, 所以可以用未知方差时的大样本检验方法.

(a) 对 $H_0 : \mu = 76$ vs $H_1 : \mu \neq 76$ 做检验. 因为

$$T_1 = \frac{\bar{x}_n - 76}{s/\sqrt{n}} = 1.237\,4, \quad T_2 = \frac{\bar{y}_m - 76}{s/\sqrt{m}} = -0.499\,3,$$

所以从 $|T_1| < z_{0.025} = 1.96$, $|T_2| = 0.499\,3 < z_{0.025} = 1.96$, 知道检验的结论都是不显著. 在显著水平 0.05 下, 不能否认这两个班的实际水平都满足了校方的要求.

(b) 对于 A 班, 因为 $\bar{x}_n = 78 > 76$, 所以要对 $H_0 : \mu \leqslant 76$ vs $H_1 : \mu > 76$ 作检验.

$$T = \frac{\bar{x}_n - 76}{s/\sqrt{n}} = 1.237\,4 < z_{0.05} = 1.645,$$

检验的结论是不显著, 所以在显著水平 0.05 下, 不能认为 A 班的实际水平显著高于 76 分.

(c) 对于 B 班, 因为 $\bar{y}_m = 75 < 76$, 所以要对 $H_0 : \mu \geqslant 76$ vs $H_1 : \mu < 76$ 作检验. 计算得到

$$T = \frac{\bar{y}_m - 76}{s/\sqrt{m}} = -0.499\,3 > -z_{0.05} = -1.645,$$

检验的结论也是不显著. 所以在显著水平 0.05 下, 不能认为 B 班的实际水平显著低于 76 分.

(d) 因为 $\bar{x}_n > \bar{y}_m$, 需要对于 $H_0 : \mu_1 = ($或 $\leqslant)\mu_2$ vs $H_1 : \mu_1 > \mu_2$ 作检验. 这时

$$Z = \frac{\bar{x}_n - \bar{y}_m}{\sqrt{s_1^2/n + s_2^2/m}} = 1.165\,7 < z_{0.05} = 1.645.$$

检验的结论是不显著. 所以在显著水平 0.05 下, 不能认为 A 班的实际水平显著地好于 B 班的实际水平.

10.13 某公司的工会对职工参加体育活动的情况进行了抽样调查, 情况如下:

	A 每天锻炼	B 每周锻炼	C 很少锻炼
人数	9	16	28
平均体重/kg	71	74	73.2

如果已知这三类人体重的方差都是 32, 在显著水平 0.05 下,

(a) 这三类人的体重有无显著的差异?

(b) 能否认为 A 类的体重显著小于 B 类的体重?

(c) 能否认为 B 类的体重显著大于 C 类的体重?

(d) 能否认为 A 类的体重显著小于 C 类的体重?

解 认为样本平均服从正态分布. 将 A, B, C 类简称为 1, 2, 3 类, 并用 μ_i 表示第 i 类人的体重. 对于 $\alpha = 0.05$, $z_\alpha = 1.645$.

(a) 因为 $\hat{\mu}_1 = 71$, $\hat{\mu}_2 = 74$, $\hat{\mu}_3 = 73.2$, $\sigma^2 = 32$, 先比较 μ_1 和 μ_2 有无显著的差异. 计算得到

$$|z_{12}| = \frac{|71 - 74|}{\sqrt{32 \times (1/9 + 1/16)}} = 1.272\,8 < 1.645.$$

于是关于 $H_0 : \mu_1 = \mu_2$ vs $H_1 : \mu_1 \neq \mu_2$ 的检验结果不显著. 不能认为 μ_1 和 μ_2 有显著的差异. 同理计算出

$$|z_{23}| = \frac{|74 - 73.2|}{\sqrt{32 \times (1/16 + 1/28)}} = 0.451\,3 < 1.645,$$

$$|z_{13}| = \frac{|71 - 73.2|}{\sqrt{32 \times (1/9 + 1/28)}} = 1.015\,0 < 1.645.$$

于是, 不能认为这三类人的体重 (两两之间) 有显著的差异.

(b) 检验假设 $H_0 : \mu_1 =$ (或 $\geqslant$) μ_2 vs $H_1 : \mu_1 < \mu_2$ 时, 因为 $z_{12} = -1.272\,8 > -1.645$, 所以不能认为 A 类的体重显著小于 B 类的体重.

(c) 检验假设 $H_0 : \mu_2 =$ (或 $\leqslant$) μ_3 vs $H_1 : \mu_2 > \mu_3$ 时, 因为 $z_{23} = 0.451\,3 < 1.645$, 所以检验不显著. 不能认为 B 类的体重显著大于 C 类体重.

(d) 检验假设 $H_0 : \mu_1 =$ (或 $\geqslant$) μ_3 vs $H_1 : \mu_1 < \mu_3$ 时, 因为 $z_{13} = -1.015\,0 > -1.645$, 所以检验不显著. 不能认为 A 类的体重显著小于 C 类体重.

10.14 某钢厂生产直径为 6 mm 的钢筋, 当标准差 $\leqslant 0.05$ 时为优等品. 现在抽查了 10 个样品, 得到样本均值 $\overline{x} = 6.0$, 样本方差 $s^2 = 0.005$, 在显著水平 0.05 下, 能否认为钢筋为优等品.

解 $n = 10$, $s^2 = 0.005$. 因为 $s = 0.070\,7 > 0.05$, 所以要对 $H_0 : \sigma \leqslant 0.05$ vs $H_1 : \sigma > 0.05$ 作检验. 计算得到

$$U_0 = \frac{(n-1)s^2}{0.05^2} = 18 > \chi^2_{0.05}(9) = 16.919,$$

检验结果显著. 在显著水平 0.05 下, 否认钢筋为优等品.

10.15 以 $46°$ 的仰角发射了 9 颗库存了 1 个月的同型号炮弹, 射程 (单位: km) 分别是

     30.89   31.74   33.82   32.79   31.87   31.85   31.79   31.70   32.23

又以相同的仰角发射了 8 颗库存了 2 年的同型号炮弹, 射程 (单位: km) 分别是

     32.84   31.46   32.31   31.75   30.15   31.51   31.43   31.74

在正态分布的假设和显著水平 0.05 下,

(a) 能否认为这两批炮弹射程的标准差 σ_1, σ_2 有显著的差异;

(b) 认为 $\sigma_1 = \sigma_2$ 时, 能否认为这两批炮弹的平均射程 μ_1, μ_2 有显著的差异.

解 $n = 9$, $m = 8$, 计算得到 $s_1 = 0.676\,4$, $s_2 = 0.603\,4$.

(a) 假设 $H_0 : \sigma_1 = \sigma_2$ vs $H_1 : \sigma_1 \neq \sigma_2$ 的拒绝域是

$$F = \frac{S_1^2}{S_2^2} \notin (F_{1-0.025}(8,7), F_{0.025}(8,7)).$$

经过查表和计算得到

$$F_{1-0.025}(8,7)) = 1/4.53 = 0.221, \quad F_{0.025}(8,7) = 4.9, \quad F = 1.121 \in (0.221, 4.9).$$

检验结果是不显著. 不能认为 σ_1 和 σ_2 有显著的差异.

注 单侧检验也不显著.

(b) 认为 $\sigma_1 = \sigma_2$. 假设 $H_0 : \mu_1 = \mu_2$ vs $H_1 : \mu_1 \neq \mu_2$ 的拒绝域是 $|T| \geqslant t_{0.025}(15) = 2.131$, 其中

$$T = \frac{\overline{X}_n - \overline{Y}_m}{S_W \sqrt{1/n + 1/m}}, \quad S_W^2 = \frac{(n-1)S_1^2 + (m-1)S_2^2}{n + m - 2}.$$

计算得到 $T = 1.095\,9 < 2.131$, 检验结果是不显著. 不能认为这两批炮弹的平均射程 μ_1, μ_2 有显著的差异.

注 单侧检验也不显著.

10.16 假设等离子电视机的使用寿命遵从正态分布 $N(\mu, \sigma^2)$, 其中 σ^2 为未知参数. 在试制阶段, 产品的平均寿命未达到规定的标准 μ_0. 采用新技术后, 厂方声称产品已达到标准, 即 $\mu \geqslant \mu_0$. 为确认产品已达到标准, 验收人员采用保守方法进行检验. 问该负责人应该采用下面 (a), (b) 中哪一种假设进行检验, 并说明理由.

(a) $H_0 : \mu \leqslant \mu_0$ vs $H_1 : \mu > \mu_0$;

(b) $H_0 : \mu \geqslant \mu_0$ vs $H_1 : \mu < \mu_0$.

解 应当对 (a) $H_0 : \mu \leqslant \mu_0$ vs $H_1 : \mu > \mu_0$ 进行检验. 因为检验结果显著, 认为产品已达到标准而犯错误时, 犯错误的概率得到了控制. 检验结果不显著, 继续改进产品质量就行了.

对 (b) 进行检验, 如果检验结果是不显著, 则认为产品合格. 这时犯错误的概率是未知的.

10.17 在题 10.16 中, 设 $X_1, X_2, \cdots, X_n$ 为一组样本, 对于给定的显著水平 α,

(a) 写出上题选中的假设的检验拒绝域和检验过程;

(b) 如果已知标准差 $\sigma = 5$, 为假设 $H_0 : \mu \leqslant \mu_0$ vs $H_1 : \mu > \mu_0$ 给出一个检验法 W, 使得对于满足 $\mu > \mu_0 + 5$ 的平均寿命 μ, 犯第一类和第二类错误的概率都小于 0.05.

解 (a) 检验统计量是 $t = (\overline{x}_n - \mu_0)\sqrt{n}/s$, 拒绝域是 $W = \{t \geqslant t_\alpha(n-1)\}$. 如果 $t \geqslant t_\alpha(n-1)$, 认为产品合格, 否则不能认为合格.

(b) 按照教材中例 10.5.1 的解法, 设 $\mu_1 = \mu_0 + 5$, 因为

$$\frac{[(z_{(0.025} + z_{0.025})\sigma]^2}{(\mu_1 - \mu_0)^2} = \frac{[(1.645 + 1.645) \times 5]^2}{5^2} = 10.82,$$

所以只需要样本量 $n \geqslant 11$, 并采用 (a) 中的检验方法, 不能拒绝时就接受即可.

10.18 某医院欲买一台昂贵的新仪器, 经过论证认为只有新仪器能使检测的时间平均缩短 8% 时方值得购买. 现对新仪器进行了 6 次试验, 测得平均缩短时间 7.7%, 样本标准差为 0.3%. 假设新仪器缩短的检测时间服从正态分布, 是否明显不值得购买这台新仪器 (取显著水平为 0.05)?

解 需要对 $H_0 : \mu \geqslant 0.08$ vs $H_1 : \mu < 0.08$ 进行检验. 计算得到

$$T = \frac{0.077 - 0.08}{0.003/\sqrt{6}} = -2.449\,5 < -t_{0.05}(5) = -2.015.$$

检验显著, 否定 $\mu \geqslant 0.08$, 不值得购买.

10.19 在 10.5 节的验收检验问题中, 如果对于假设 $H_0 : \mu \leqslant \mu_1 = 70$ (电池是等外品) 作检验, 证明随机抽样检查的电池数满足 (10.5.10) 时, 以

$$W_\beta = \{Z \geqslant z_\beta\}, \quad \text{其中} \ \ Z = \frac{\overline{X}_n - \mu_1}{\sigma/\sqrt{n}}$$

为拒绝域的检验法也满足双方的要求.

解 因为假设 $H_0 : \mu \leqslant \mu_1 = 70$ (电池是等外品) 的显著水平为 β 的拒绝域是

$$W_\beta = \{Z \geqslant z_\beta\}, \quad \text{其中} \ \ Z = \frac{\overline{X}_n - \mu_1}{\sigma/\sqrt{n}}.$$

当 $Z \geqslant z_\beta$ 时检验显著, 检验显著时拒绝电池是等外品而犯错误的概率不超过 β. 这样就满足了销售方的要求.

当检验不显著时, 还要求拒绝一等品时犯错误的概率 $\leqslant \alpha$, 即要在真值 $\mu \geqslant \mu_2 = 72$ 时, 保证检验不显著之概率

$$P(\overline{W}_\beta) \leqslant \alpha.$$

因为样本均值 $\overline{X}_n \sim N(\mu, \sigma^2/n)$, 所以在 $\mu \geqslant \mu_2$ 时, 利用

$$Z = \frac{\overline{X}_n - \mu}{\sigma/\sqrt{n}} \sim N(0, 1) \ \ \text{和} \ \ \mu_1 - \mu \leqslant \mu_1 - \mu_2$$

得到

$$
\begin{aligned}
P(\overline{W}_\beta) &= P\Big(\frac{\overline{X}_n - \mu_1}{\sigma/\sqrt{n}} < z_\beta\Big) \\
&= P\Big(\frac{\overline{X}_n - \mu}{\sigma/\sqrt{n}} < z_\beta + \frac{\mu_1 - \mu}{\sigma/\sqrt{n}}\Big) \\
&= P\Big(Z < z_\beta + \frac{\mu_1 - \mu}{\sigma/\sqrt{n}}\Big) \\
&\leqslant P\Big(Z < z_\beta + \frac{\mu_1 - \mu_2}{\sigma/\sqrt{n}}\Big).
\end{aligned}
$$

于是只要条件

$$P\Big(Z < z_\beta + \frac{\mu_1 - \mu_2}{\sigma/\sqrt{n}}\Big) \leqslant \alpha = P(Z < -z_\alpha)$$

满足即可. 也就是说只要

$$z_\beta + \frac{\mu_1 - \mu_2}{\sigma/\sqrt{n}} \leqslant -z_\alpha$$

即可. 由此得到 (10.5.10) 式. 即随机抽样检查的电池数满足

$$n \geqslant \Big[\frac{(z_\alpha + z_\beta)\sigma}{\mu_2 - \mu_1}\Big]^2.$$

时, 以

$$W_\beta = \{Z \geqslant z_\beta\}, \quad \text{其中} \ \ Z = \frac{\overline{X}_n - \mu_1}{\sigma/\sqrt{n}},$$

为拒绝域的检验法也满足双方的要求.

试题参考解答

试题 10.1 设 $x_1, x_2, \cdots, x_n$ 是来自总体 $N(\mu, \sigma^2)$ 的简单随机样本, 对于 $H_0 : \mu = \mu_0$ vs $H_1 : \mu \neq \mu_0$ 作检验, 则 (   ).

A. 如果在显著水平 0.05 下拒绝 H_0, 则必然在显著水平 0.01 下拒绝 H_0

B. 如果在显著水平 0.05 下拒绝 H_0, 则必然在显著水平 0.01 下接受 H_0

C. 如果在显著水平 0.05 下接受 H_0, 则必然在显著水平 0.01 下拒绝 H_0

D. 如果在显著水平 0.05 下接受 H_0, 则必然在显著水平 0.01 下接受 H_0

答 D.

因为拒绝域是 $|z| \geqslant z_\alpha$, 其中 $z = \sqrt{n}(\overline{x} - \mu_0)/\sigma$. 只要明确: $z_{0.05/2} < z_{0.01/2}$.

选项 A 错: $z_{0.05/2} < |z| < z_{0.01/2}$ 否定了 "A".

选项 B 错: $|z| > z_{0.01/2} > z_{0.05/2}$ 否定了 "B".

选项 C 错: $|z| < z_{0.05/2} < z_{0.01/2}$ 否定了 "C".

选项 D 对: $|z| < z_{0.05/2} < z_{0.01/2}$ 保证了 "D".

试题 10.2 设总体 $X \sim N(\mu, \sigma^2)$, σ^2 未知, 在显著水平 0.05 下, 假设 $H_0 : \mu \leqslant \mu_0$ vs $H_1 : \mu > \mu_0$ 的拒绝域是 (   ).

A. $|\overline{X} - \mu_0| \geqslant z_{0.05}$ 　　　　　　B. $\overline{X} \geqslant \mu_0 + t_{0.05}(n-1)\dfrac{S}{\sqrt{n}}$

C. $|\overline{X} - \mu_0| \geqslant t_{0.05}(n-1)\dfrac{S}{\sqrt{n}}$ 　　D. $\overline{X} \leqslant \mu_0 - t_{0.05}(n-1)\dfrac{S}{\sqrt{n}}$

答 B.

因为未知方差时用 $n-1$ 个自由度的 t 分布, 单侧假设拒绝域中的不等号方向和 H_1 中的不等号方向一致, 且检验统计量不带绝对值.

试题 10.3 在假设检验问题中, 用 H_0 表示原假设, 用 H_1 表示备择假设, 犯第二类错误指 (   ).

A. H_0 为真, 接受了 H_0 　　　　　　B. H_0 为真, 拒绝了 H_0

C. H_0 不真, 接受了 H_0 　　　　　　D. H_0 不真, 拒绝了 H_0

答 C.

试题 10.4 一台包装机正常工作时包装的食盐质量服从正态分布 $N(0.5, 0.015^2)$. 现在随机抽查了 9 袋食盐, 测得样本均值 $\overline{X} = 0.511$, 在显著水平 0.05 下检验包装机是否在正常工作?

解 要检验 $H_0 : \mu = 0.5$ vs $H_1 : \mu \neq 0.5$. 拒绝域是

$$u = \left| \frac{\overline{X} - 0.5}{0.015/\sqrt{9}} \right| \geqslant z_{0.025},$$

其中 $z_{0.025} = 1.96$. 计算得到

$$u = \left| \frac{0.511 - 0.5}{0.015/\sqrt{9}} \right| = 2.22 > 1.96.$$

检验结果是显著的. 拒绝 H_0, 认为包装机工作不正常.

试题 10.5 某课程全年级统一考试, 出题老师预计全年级平均成绩应该在 70 分. 考试后随机抽调了 36 个学生的成绩, 得到样本均值 $\overline{X} = 66.5$, 样本标准差 $S = 15$. 在显著水平 0.05 下能否认为出题老师的判断失误?

解 要检验 $H_0 : \mu = 70$ vs $H_1 : n \neq 70$. 拒绝域是

$$u = \left| \frac{\overline{X} - 70}{S/\sqrt{n}} \right| \geqslant z_{0.025},$$

其中 $z_{0.025} = 1.96$. 计算得到

$$u = \left| \frac{66.5 - 70}{15/\sqrt{36}} \right| = 1.4 < 1.96.$$

检验不显著. 不能认为出题老师的判断失误.

注 本题中 n 较大, 不必假设正态总体. 另外, 做单侧检验结果也是不显著.

试题 10.6 A, B 两个厂家生产相同型号的耐压部件, 现在测得两个厂家耐压部件的抗压数据如下:

A: 88, 87, 92, 90, 91.

B: 89, 89, 90, 84, 88.

假设两个厂家的抗压数据的方差相同, 且都服从正态分布. 在显著水平 0.05 下能否认为这两个厂家的耐压产品有显著的差异?

解 要检验 $H_0 : \mu_1 = \mu_2$ vs $H_1 : \mu_1 \neq \mu_2$. 方差相等时的拒绝域是

$$t = \left| \frac{\overline{X} - \overline{Y}}{S_W \sqrt{1/n + 1/m}} \right| \geqslant t_{0.025}(n + m - 2),$$

其中 $n = m = 5$, $S_W^2 = \dfrac{(n-1)S_1^2 + (m-1)S_2^2}{n + m - 2}$, $t_{0.025}(8) = 2.3$. 计算得到 $S_W = 2.2136$, $\overline{X} = 89.6$, $\overline{Y} = 88$,

$$t = \left| \frac{89.6 - 88}{2.2136\sqrt{2/5}} \right| = 1.1429 < 2.3.$$

检验结论是不显著. 在显著水平 0.05 下, 不能认为这两个厂家的耐压产品有显著的差异.

试题 10.7 高频管的某项指标服从正态分布 $N(\mu, \sigma^2)$, 现在随机抽样测得该高频管的该项指标如下

$$66, 43, 70, 65, 55, 56, 60, 72.$$

在检验水平 $\alpha = 0.05$ 下,

(1) 已知 $\mu = 60$ 时, 检验 $\sigma^2 = 64$;

(2) 未知 μ 时, 检验 $\sigma^2 = 64$.

解 本题要检验 $H_0 : \sigma^2 = 64$ vs $H_1 : \sigma^2 \neq 64$. 设 $n = 8$.

(1) 已知 $\mu = 60$ 时, 在 H_0 下

$$\xi^2 = \frac{1}{\sigma^2} \sum_{j=1}^{n} (X_j - \mu)^2 \sim \chi^2(n),$$

假设 H_0 的拒绝域为

$$W = \left\{ \xi^2 \leqslant \chi_{1-0.025}^2(n) \right\} \cup \left\{ \xi^2 \geqslant \chi_{0.025}^2(n) \right\}$$

计算得到 $\xi^2 = 9.92$. 因为 $\chi_{1-0.025}^2(8) = 2.18$, $\chi_{0.025}^2(8) = 17.535$, 所以 $\xi^2 \notin W$. 检验结果是不显著, 不能否认 $\sigma^2 = 64$.

(2) 未知 μ 时, 在 H_0 下

$$\eta^2 = \frac{1}{\sigma^2} \sum_{j=1}^{n} (X_j - \overline{X})^2 \sim \chi^2(n-1),$$

H_0 的拒绝域为

$$W = \left\{ \eta^2 \leqslant \chi_{1-0.025}^2(n-1) \right\} \cup \left\{ \eta^2 \geqslant \chi_{0.025}^2(n-1) \right\}$$

计算得到 $\eta^2 = 9.82$. 因为 $\chi_{1-0.025}^2(7) = 1.69$, $\chi_{0.025}^2(7) = 16.01$, 所以 $\eta^2 \notin W$. 检验结果也是不显著, 不能否认 $\sigma^2 = 64$.

试题解析十

第十一章 非正态总体的假设检验

■ 基本内容

拟合优度检验, 比例的假设检验, 正态逼近法, 列联表的独立性检验.

■ 习题十一参考解答

11.1 某城市在 3 年记录的 82 次交通事故分散在周一至周日如下, 在显著水平 0.1 下, 能否认为事故的发生和周几有关.

周	一	二	三	四	五	六	日
次	11	13	12	9	15	14	8

解 假设事故的发生和周几无关, 则等价于假设 $p_i = 1/7$, $i = 1, 2, \cdots, 7$. 因为 $n = 82$, $m = 7$,

$$(\hat{p}_1, \hat{p}_2, \cdots, \hat{p}_7) = (11, 13, 12, 9, 15, 14, 8)/82,$$

按照拟合优度检验方法, 计算得到

$$U = U = \sum_{j=1}^{m} \frac{n}{p_j} (\hat{p}_j - p_j)^2 = 3.365\,9.$$

查表得到 $\chi^2_{0.1}(6) = 10.645$. 因为 $U < \chi^2_{0.1}(6)$, 所以检验结果是不显著. 不能认为事故的发生和周几有关.

11.2 在对一种新的流感疫苗进行人体实验时, 为试验组的 900 位志愿者注射了新疫苗, 在 2 个月内他们中有 9 人得了流感. 为对照组的 900 位志愿者注射了老疫苗, 在 2 个月内他们中有 19 人得了流感. 在显著水平 0.05 下, 新疫苗是否更有效?

解 用比例的假设检验. 因为 $\hat{p}_1 = 1/100 < \hat{p}_2 = 19/900$, 所以应当对于 $H_0 : p_1 =$

p_2 vs $H_1 : p_1 < p_2$ 进行检验. 按照教材中 (11.2.8) 和 (11.2.9) 式计算出

$$\hat{p} = \frac{9+19}{900+900} = 0.015\,6, \quad Z_{n,m} = \frac{\hat{p}_1 - \hat{p}_2}{\sqrt{(1/n + 1/m)\hat{p}(1-\hat{p})}} = -1.904\,7.$$

拒绝域是 $W = \{Z_{n,m} \leqslant -z_{0.05}\}$, $-z_{0.05} = -1.645$. 现在 $Z_{n,m} < -z_{0.05}$, 检验结果是显著. 应当认为新疫苗更有效.

11.3 投掷一枚硬币 100 次, 在显著水平 0.05 下给出判断硬币是否均匀的规则.

解 用 p 表示正面朝上的概率. 需要对 $H_0 : p = 0.5$ vs $H_1 : p \neq 0.5$ 进行检验. 投掷一枚硬币 100 次时, 用 $\hat{p}$ 表示正面朝上的比例. 当

$$\frac{|\hat{p} - 0.5|}{\sqrt{0.5(1-0.5)/100}} = 20|\hat{p} - 0.5| \geqslant 1.96$$

时拒绝硬币均匀. 故正面朝上次数 $\leqslant 40$ 或 $\geqslant 60$ 时认为硬币不均匀.

11.4 一种新药说明书注明, 该药对至少 90% 的头痛在 10 min 内有明显缓解作用. 现在随机选取了 200 位头痛患者服药, 发现有 170 人在 10 min 内明显头痛缓解, 在显著水平 0.05 下判定说明书是否真实.

解 用 p 表示 10 min 内的真实缓解率. 因为 $\hat{p} = 170/200 < 90\%$, 所以对 $H_0 : p \geqslant 0.9$ vs $H_1 : p < 0.9$ 进行检验. 用 $n = 200, p_0 = 0.9$ 计算得到

$$\frac{\hat{p} - p_0}{\sqrt{\hat{p}(1-\hat{p})/n}} = -1.980\,3 < -z_{0.05} = -1.645.$$

检验结果是显著. 在显著水平 0.05 下否定说明书的真实性.

另解 用 p 表示 10 min 内的真实缓解率. 因为 $\hat{p} = 170/200 < 90\%$, 所以对 $H_0 : p = 0.9$ vs $H_1 : p < 0.9$ 进行检验. 用 $n = 200, p_0 = 0.9$ 计算得到

$$\frac{\hat{p} - p_0}{\sqrt{p_0(1-p_0)/n}} = -2.357\,0 < -z_{0.05} = -1.645.$$

检验结果是显著. 在显著水平 0.05 下否定说明书的真实性.

11.5 如果一个会场内 800 只节能灯的使用寿命 (单位: h) 的样本均值是 18 640, 样本标准差是 1 000.

(a) 在显著水平 0.05 下, 能否认为这批节能灯使用寿命的总体均值 $\mu = 18\,700$;

(b) 在显著水平 0.1 下, 能否认为这批节能灯使用寿命的总体均值 $\mu = 18\,700$.

解 因为 $n = 800$ 已经很大, 所以从中心极限定理 (教材中定理 6.3.3) 知道近似地有

$$Z = \frac{\overline{X}_n - \mu}{S/\sqrt{n}} \sim N(0,1).$$

现在 $\overline{X}_n = 18\,640, S = 1\,000, \mu_0 = 18\,700$.

(a) 需要检验 $H_0 : \mu = \mu_0$ vs $H_1 : \mu \neq \mu_0$. 拒绝域是

$$|Z| = \frac{|\overline{X}_n - \mu_0|}{S/\sqrt{n}} \leqslant z_{0.025} = 1.96.$$

计算得到 $|Z| = 1.697\,1 < 1.96$. 检验结果是不显著. 在显著水平 0.05 下不能否认这批节能灯使用寿命的总体均值 $\mu = 18\,700$.

(b) 因为 $z_{0.1/2} = z_{0.05} = 1.645$, $|Z| = 1.6971 > 1.645$, 检验结果是显著. 在显著水平 0.1 下, 应当否认这批节能灯使用寿命的总体均值 $\mu = 18\,700$.

11.6 在习题 11.5 中, 对于假设 $H_0 : \mu_0 \geqslant 18\,700$ vs $H_1 : \mu_0 < 18\,700$,

(a) 在显著水平 0.05 下进行检验;

(b) 在显著水平 0.01 下进行检验.

解 显著水平 α 下, 假设 $H_0 : \mu_0 \geqslant 18\,700$ vs $H_1 : \mu_0 < 18\,700$ 的拒绝域是

$$Z = \frac{\overline{X}_n - \mu_0}{S/\sqrt{n}} \leqslant -z_\alpha.$$

(a) 因为 $Z = -1.6971 < -z_{0.05} = -1.645$, 所以检验结果是显著, 在显著水平 0.05 下否认这批节能灯使用寿命的总体均值 $\mu \geqslant 18\,700$.

(b) 因为 $Z = -1.6971 > -z_{0.01} = -2.326$, 所以检验结果是不显著, 在显著水平 0.01 下不能否认这批节能灯使用寿命的总体均值 $\mu \geqslant 18\,700$.

11.7 在 A 村中随机调查了 90 位男村民, 其中有 45 人对现任村委主任表示满意; 随机调查了 100 位女村民, 有 69 人对现任村委主任表示满意. 在显著水平 0.05 下,

(a) 能否认为男、女村民的态度有明显的差异;

(b) 求村中对村委主任满意的男村民的比例 p_1 的置信区间, 置信水平为 0.95;

(c) 求村中对村委主任满意的女村民的比例 p_2 的置信区间, 置信水平为 0.95;

(d) 能否认为 $p_1 < p_2$.

解 用 p_1 和 p_2 分别表示男村民和女村民对现任村委主任的总体满意率. 已知 $n = 90$, $\hat{p}_1 = 45/n$, $m = 100$, $\hat{p}_2 = 69/m$,

$$\hat{p} = \frac{45 + 69}{n + m} = 0.60, \quad Z_{n,m} = \frac{\hat{p}_1 - \hat{p}_2}{\sqrt{(1/n + 1/m)\hat{p}(1 - \hat{p})}} = -2.669\,3.$$

(a) 要对 $H_0 : p_1 = p_2$ vs $H_1 : p_1 \neq p_2$ 进行检验. 拒绝域是 $|Z_{n,m}| \geqslant z_{0.05/2} = 1.96$, 现在 $|Z_{n,m}| = 2.669\,3$, 检验显著. 在显著水平 0.05 下, 认为男、女村民的态度有明显的差异.

(b) 按照教材中 (9.4.4) 式, p_1 的置信水平近似为 $1 - \alpha = 0.95$ 的置信区间为

$$\left[\hat{p}_1 - z_{\alpha/2}\frac{\hat{\sigma}_1}{\sqrt{n}}, \hat{p}_1 + z_{\alpha/2}\frac{\hat{\sigma}_1}{\sqrt{n}}\right] = [0.396\,7, 0.603\,3].$$

其中 $\hat{\sigma}_1 = \sqrt{\hat{p}_1(1 - \hat{p}_1)}$, $n = 90$, $z_{\alpha/2} = 1.96$.

(c) p_2 的置信水平近似为 $1 - \alpha = 0.95$ 的置信区间为

$$\left[\hat{p}_2 - z_{\alpha/2}\frac{\hat{\sigma}_2}{\sqrt{m}}, \hat{p}_2 + z_{\alpha/2}\frac{\hat{\sigma}_2}{\sqrt{m}}\right] = [0.599\,4, 0.780\,6].$$

其中 $\hat{\sigma}_2 = \sqrt{\hat{p}_2(1-\hat{p}_2)}$, $m = 100$, $z_{\alpha/2} = 1.96$.

(d) 因为 $\hat{p}_1 < \hat{p}_2$, 所以对 $H_0: p_1 = p_2$ vs $H_1: p_1 < p_2$ 进行检验. 检验的拒绝域是 $Z_{n,m} \leqslant -z_{0.05} = -1.645$, 现在 $Z_{n,m} = -2.6693 < -1.645$, 检验结果是显著. 在显著水平 0.05 下认为 $p_1 < p_2$.

另解 (d) 因为 $\hat{p}_1 < \hat{p}_2$, 所以对 $H_0: p_1 \geqslant p_2$ vs $H_1: p_1 < p_2$ 进行检验. 按照教材中 (11.2.15) 式, 拒绝域是

$$\eta_{n,m} = \frac{\hat{p}_1 - \hat{p}_2}{\sqrt{\hat{\sigma}_1^2/n + \hat{\sigma}_2^2/m}} < -1.645.$$

其中 $\hat{\sigma}_1^2 = \hat{p}_1(1-\hat{p}_1)$, $\hat{\sigma}_2^2 = \hat{p}_2(1-\hat{p}_2)$ 计算得到 $\eta_{n,m} = -2.7097 < -1.645$, 检验结果是显著. 在显著水平 0.05 下认为 $p_1 < p_2$.

11.8 1976—1977 年美国佛罗里达州 20 个地区的杀人案中的被告与是否判死刑的 326 个人的情况如下 (数据选自教材参考书目 [6]):

种族	判刑		合计
	死刑	非死刑	
白人	19	141	160
黑人	17	149	166
合计	36	290	326

在显著水平 0.10 下, 仅从这些数据能否认为是否被判死刑和被告的肤色有关.

解 按照 2×2 列联表的独立性检验方法, 在显著水平 0.10 下否定被判死刑和被告的肤色有关的拒绝域是

$$V_n = \frac{n(n_{11}n_{22} - n_{12}n_{21})^2}{n_{1\cdot}n_{2\cdot}n_{\cdot 1}n_{\cdot 2}} \geqslant \chi_{0.1}^2(1) = 2.706.$$

计算得到 $V_n = 0.2214$, 检验结果是不显著. 在显著水平 0.10 下不能认为是否被判死刑和被告的肤色有关.

11.9 社会学家们关心吸烟和赌博的关系. 通过对 1 000 人的吸烟与赌博的情况调查, 得到了如下的数据 (教材参考书目 [6]):

X	Y		合计
	吸烟	不吸烟	
赌博者	120	30	150
非赌博者	479	371	850
合计	599	401	1 000

在显著水平 0.01 下, 能否认为吸烟与赌博无关.

解 按照 2×2 列联表的独立性检验方法, 在显著水平 0.01 下否定吸烟与赌博无关的拒绝域是

$$V_n = \frac{n(n_{11}n_{22} - n_{12}n_{21})^2}{n_1 \cdot n_2 \cdot n_{\cdot 1} n_{\cdot 2}} \geqslant \chi^2_{0.01}(1) = 6.635.$$

计算得到 $V_n = 29.682\,0$, 检验结果是显著. 在显著水平 0.01 下, 否认吸烟与赌博无关.

11.10 A, B, C 三个车间生产同型号的部件, 经过随机抽查, 得到 2×3 列联表如下:

X	车间			合计
	A	B	C	
合格	45	40	59	144
次品	9	11	12	32
合计	54	51	71	176

在显著水平 0.05 下, 试从这批调查数据分析产品的合格率是否和哪个车间生产的有关.

解 按照 2×3 列联表的独立性检验方法, 在显著水平 0.05 下否定合格率和哪个车间生产有关的拒绝域是

$$V_n = n\left(\sum_{i=1}^{2} \sum_{j=1}^{3} \frac{n_{ij}^2}{n_i \cdot n_{\cdot j}} - 1 \right) \geqslant \chi^2_{0.05}(2) = 5.991.$$

计算得到

$$V_n = 176\left(\frac{45^2}{54 \times 144} + \frac{40^2}{51 \times 144} + \frac{59^2}{71 \times 144} + \frac{9^2}{32 \times 54} + \frac{11^2}{32 \times 51} + \frac{12^2}{32 \times 71} - 1 \right) = 0.554\,8.$$

检验结果是不显著, 在显著水平 0.05 下, 不能认为产品的合格率和其生产车间有关.

第十二章 线性回归分析

基本内容

数据的相关性, 样本相关系数, 相关性检验, 一元线性回归, 平方和分解公式, 斜率的检验, 预测的置信区间.

习题十二参考解答

12.1 验证 $|\hat{\rho}_{xy}| \leqslant 1$, 且 $|\hat{\rho}_{xy}| = 1$ 的充分必要条件是 (x_i, y_i) $(i = 1, 2, \cdots, n)$ 在一条直线上.

证明 设 $\tilde{\boldsymbol{x}} = (x_1 - \overline{x}, x_2 - \overline{x}, \cdots, x_n - \overline{x})$, $\tilde{\boldsymbol{y}} = (y_1 - \overline{y}, y_2 - \overline{y}, \cdots, y_n - \overline{y})$,

$$l_{xx} = \sum_{i=1}^{n}(x_i - \overline{x})^2 = (n-1)s_x^2,$$

$$l_{yy} = \sum_{i=1}^{n}(y_i - \overline{y})^2 = (n-1)s_y^2,$$

$$l_{xy} = \sum_{i=1}^{n}(x_i - \overline{x})(y_i - \overline{y}) = (n-1)s_{xy}.$$

则对任何 t, 有

$$g(t) \stackrel{\text{def}}{=\!=} (t\tilde{\boldsymbol{x}} + \tilde{\boldsymbol{y}})(t\tilde{\boldsymbol{x}} + \tilde{\boldsymbol{y}})^{\text{T}} = l_{xx}t^2 + 2l_{xy}t + l_{yy} \geqslant 0.$$

这等价于判别式

$$(2l_{xy})^2 - 4l_{xx}l_{yy} \leqslant 0.$$

而上式等价于

$$|\hat{\rho}_{xy}| = \frac{s_{xy}}{s_x s_y} \leqslant 1.$$

且上式中等号成立的充分必要条件是判别式

$$(2l_{xy})^2 - 4l_{xx}l_{yy} = 0.$$

即有 t_0 使得 $g(t_0) = (t_0\tilde{x} + \tilde{y})(t_0\tilde{x} + \tilde{y})^{\mathrm{T}} = 0$. 这等价于 $t_0\tilde{x} + \tilde{y} = 0$, 即 (x_i, y_i) $(i = 1, 2, \cdots, n)$ 在直线上 $y + t_0 x = c_0$ 上, 其中 $c_0 = \overline{y} + t_0\overline{x}$.

12.2 海牛是一种体型较大的水生哺乳动物, 体重可达到 700 kg, 以水草为食. 美洲海牛生活在美国的佛罗里达州, 在船舶运输繁忙季节, 经常被船的螺旋桨击伤致死. 下面是佛罗里达州记录的 1977—1990 年机动船只数目 x 和被船只撞死的海牛数 y 的数据 (教材参考书目 [5]):

年份	1977	1978	1979	1980	1981	1982	1983
船只数量 x	447	460	481	498	513	512	526
撞死海牛数 y	13	21	24	16	24	20	15

年份	1984	1985	1986	1987	1988	1989	1990
船只数量 x	559	585	614	645	675	711	719
撞死海牛数 y	34	33	33	39	43	50	47

(1) 画出数据的散点图;

(2) 计算 x, y 的样本相关系数 $\hat{\rho}_{xy}$;

(3) 随着机动船只数量的增加, 被撞死的海牛数是否会增加?

(4) 为数据建立回归直线;

(5) 当机动船只增加到 750, 被撞死的海牛会是多少?

(6) 当机动船只增加到 750, 在置信水平 0.95 下, 求被撞死的海牛数的置信区间.

解 用 MATLAB 解决计算问题.

(1) 用命令语句

x=[447;460;481;498;513;512;526;559;585;614;645;675;711;719],

y=[13;21;24;16;24;20;15;34;33;33;39;43;50;47],

plot(x,y,'*')

得到数据的散点图如图 12–1:

(2) 用命令语句

rho=corrcoef(x,y)

计算出 x, y 的样本相关系数 $\hat{\rho}_{xy} = 0.941\,5$.

(3) 因为 x, y 高度正相关, 所以随着机动船只数量的增加, 被撞死的海牛数也会增加.

(4) 用命令语句

ba=polyfit(x,y,1)

计算出 $(b, a) = (0.124\,9, -41.430\,4)$. 相应的回归直线为 $\hat{y} = 0.124\,9x - 41.430\,4$.

(5) 用命令语句

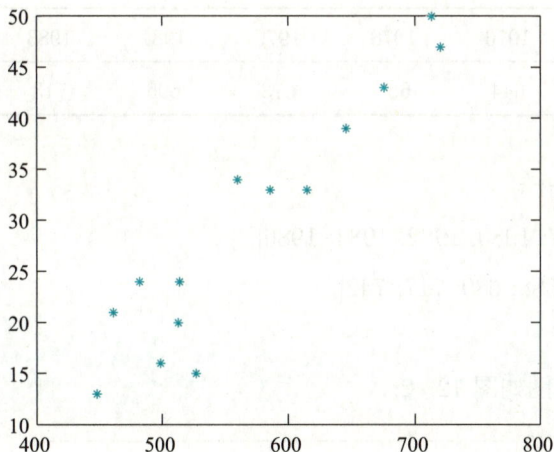

图 12−1

haty=0.1249*750 -41.4304

计算出 $\hat{y} = 0.124\,9 \times 750 - 41.430\,4 = 52.24$.

(6) 用命令语句

a=-41.4304, b=0.1249, Q= norm(a+b*x-y)^2,

n=14, al=2.179, x0=750, haty=b*750+a, sig=sqrt(Q/(n-2)),

y1=haty-al*sig*sqrt(1+1/n+norm(x0-mean(x))^2/((n-1)*var(x))),

y2=haty+al*sig*sqrt(1+1/n+norm(x0-mean(x))^2/((n-1)*var(x)))

计算出置信水平 0.95 下, 求被撞死的海牛数的置信区间 [41.32, 63.17].

12.3 很多人关心比萨 (Pisa) 斜塔的倾斜状况, 下面是 1975—1986 年比萨斜塔的部分测量记录 (教材参考书目 [5]), 其中的倾斜值指测量时塔尖的位置与原始位置的距离. 为了简化数据, 表中只给出小数点后面第 2 至第 4 位的值. 对于以下数据

年份 x	1975	1977	1980	1982	1984	1986
倾斜值 y/mm	642	656	688	689	717	742

(1) 画出数据的散点图;

(2) 计算年份 x 和倾斜值 y 的样本相关系数;

(3) 如果不对比萨斜塔进行维护, 它的倾斜情况是否会逐年恶化?

(4) 建立回归直线, 在散点图中补充回归直线;

(5) 计算残差平方和 Q;

(6) 对 1976, 1978, 1979, 1981, 1983, 1985, 1987 年的倾斜值进行估计, 并和以下的真实测量值进行比较;

(7) 计算 (6) 中预测值的置信区间, 置信水平为 0.95.

年份 x	1976	1978	1979	1981	1983	1985	1987
倾斜真值 y/mm	644	667	673	696	713	725	757

解 (1) 用命令语句

x=[1975; 1977; 1980; 1982; 1984; 1986],

y=[642; 656; 688; 689; 717; 742],

plot(x,y,'*')

得到数据的散点图如图 12−2:

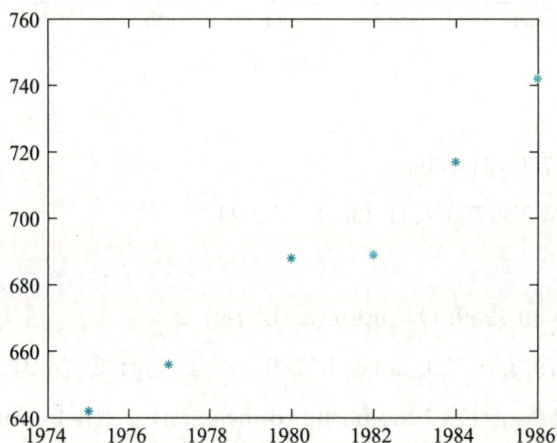

图 12−2

(2) 用命令语句

rho=corrcoef(x,y)

计算出 x, y 的样本相关系数 $\hat{\rho}_{xy} = 0.984\,8$.

(3) 因为 x, y 高度正相关, 如果不对比萨斜塔进行维护, 它的倾斜情况是否会逐年恶化.

(4) 用命令语句

ba=polyfit(x,y,1)

计算出 $(b, a) = (8.75, -16638)$. 相应的回归直线为 $\hat{y} = 8.75x - 16\,638$.

用命令语句

x1=[1972,1990], y1=8.75*x1-16638,

plot(x,y,'*',x1,y1),

画图如图 12−3:

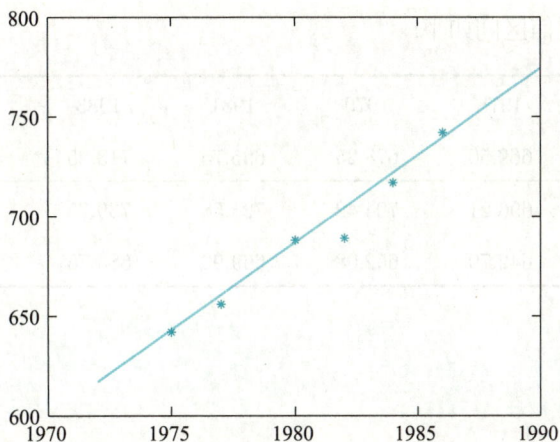

图 12-3

(5) 用命令语句

a=-16638, b=8.75,

Q= norm(a+b*x-y)^2,

计算出残差平方和 $Q = 296.625$.

(6) 用命令语句

x0=[1976; 1978; 1979; 1981; 1983; 1985;1987];

haty=8.75*x0-16638,

计算出相应的预测值

x_0	1976	1978	1979	1981	1983	1985	1987
$\hat{y}_0$	652.00	669.50	678.25	695.75	713.25	730.75	748.25

定义预测的绝对误差为 $|\hat{y}_i - y_i|$. 用命令语句

y2 =[644; 667; 673; 696; 713; 725; 757],

abs(haty - y2),

计算出预测的绝对误差如下:

年份 x	1976	1978	1979	1981	1983	1985	1987
绝对误差	8.00	2.50	5.25	0.25	0.25	5.75	8.75

(7) 用命令语句

n=6, al=tinv(1-0.05/2,n-2), sig=sqrt(Q/(n-2))

y1=haty-al*sig*sqrt(1+1/n+(x0-mean(x)).*(x0-mean(x))/((n-1)*var(x)))

haty+al*sig*sqrt(1+1/n+(x0-mean(x)).*(x0-mean(x))/((n-1)*var(x)))

计算出预测的置信区间如下：

x_0	1976	1978	1979	1981	1983	1985	1987
$\hat{y}_0$	652.00	669.50	678.25	695.75	713.25	730.75	748.25
$\hat{y}^+$	680.45	696.21	704.42	721.58	739.75	758.85	778.73
$\hat{y}^-$	623.55	642.79	652.08	669.92	686.75	702.65	717.77

2020—2022年考研试题解析

2020 年

2020 1　设事件 A, B, C 满足 $P(A) = P(B) = P(C) = 1/4, P(AB) = 0, P(AC) = P(BC) = 1/12$, 则 A, B, C 中恰有一个事件发生的概率为（　　）.

A. $3/4$　　　　　　B. $2/3$　　　　　　C. $1/2$　　　　　　D. $5/12$

答　D.

解　$A \cup B \cup C - (AB \cup AC \cup BC)$ 表示 A, B, C 中恰有一个发生. 因为 $AB \cup AC \cup BC \subset A \cup B \cup C, P(AB) = P(ABC) = 0$, 所以用加法公式直接计算得到

$$P(A \cup B \cup C - (AB \cup AC \cup BC))$$

$$= P(A \cup B \cup C) - P(AB \cup AC \cup BC)$$

$$= [P(A) + P(B) + P(C) - P(AB) - P(AC) - P(BC) + P(ABC)]$$

$$- [P(AB) + P(AC) + P(BC) - 3P(ABC) + P(ABC)]$$

$$= P(A) + P(B) + P(C) - 2P(AC) - 2P(BC)$$

$$= 3/4 - 4/12 = 5/12.$$

另解　$A\overline{B}\,\overline{C} \cup \overline{A}B\overline{C} \cup \overline{A}\,\overline{B}C$ 也表示 A, B, C 中恰有一个发生. 用公式

$$P(A\overline{B}) = P(A) - P(\overline{A}B)$$

逐个计算

$$P(A\overline{B}\,\overline{C}) = P(A) - P(A(B \cup C))$$

$$= P(A) - [P(AB) + P(AC) - P(ABC)] = 1/4 - 1/12 = 1/6,$$

$$P(\overline{A}B\overline{C}) = P(B\overline{A}\,\overline{C}) = P(B) - P(B(A \cup C))$$

$$= P(B) - [P(BA) + P(BC) - P(ABC)] = 1/4 - 1/12 = 1/6,$$

$$P(\overline{A}\,\overline{B}C) = P(C\overline{A}\,\overline{C}) = P(C) - P(C(A \cup B))$$

$$= P(C) - [P(CA) + P(CB) - P(ABC)] = 1/4 - 1/6 = 1/12.$$

最后得到

$$P(A\overline{B}\,\overline{C} \cup \overline{A}\,B\overline{C} \cup \overline{A}\,\overline{B}C) = P(A\overline{B}\,\overline{C}) + P(\overline{A}B\overline{C}) + P(\overline{A}\,\overline{B}C)$$

$$= 1/6 + 1/6 + 1/12 = 5/12.$$

2020 2 设 $X_1, X_2, \cdots, X_n$ 是 X 的简单随机样本, $P(X = 0) = P(X = 1) = 0.5$, 则 $P\left(\sum_{i=1}^{100} X_i \leqslant 55\right)$ 的近似值为 ( ).

A. $1 - \varPhi(1)$　　　　B. $\varPhi(1)$　　　　C. $1 - \varPhi(0.2)$　　　　D. $\varPhi(0.2)$

答 B.

设 $n = 100$, $S_n = \sum_{i=1}^{n} X_i$, 由 $\mathrm{E}X_i = 0.5$, $\mathrm{Var}(X_i) = 0.5^2$ 和中心极限定理得到 $S_n \sim N(0.5n, 0.5^2 n)$ 近似成立. 于是

$$P(S_n \leqslant 55) = P\left(\frac{S_n - 0.5n}{\sqrt{0.5^2 n}} \leqslant \frac{55 - 50}{5}\right) \approx P(Z \leqslant 1) = \varPhi(1).$$

其中 $Z \sim N(0, 1)$.

2020 3 设 X 在 $(-\pi/2, \pi/2)$ 中均匀分布, $Y = \sin X$, 则 $\mathrm{Cov}(X, Y) = ($).

答 $2/\pi$.

解 X 有概率密度 $f(x) = 1/\pi$, $x \in (-\pi/2, \pi/2)$. 直接计算

$$\mathrm{E}X = \frac{1}{\pi} \int_{-\pi/2}^{\pi/2} x \, \mathrm{d}x = 0,$$

$$\mathrm{E}(XY) = \mathrm{E}(X \sin X) = \frac{1}{\pi} \int_{-\pi/2}^{\pi/2} x \sin x \, \mathrm{d}x = 2/\pi,$$

$$\mathrm{Cov}(X, Y) = \mathrm{E}(XY) - (\mathrm{E}X)(\mathrm{E}Y) = 2/\pi.$$

另解 直接计算

$$\mathrm{E}X = 0, \quad \mathrm{E}Y = \mathrm{E}\sin X = 0,$$

$$\mathrm{Cov}(X, Y) = \mathrm{E}[(X - \mathrm{E}X)(Y - \mathrm{E}Y)]$$

$$= \mathrm{E}(XY) = \frac{1}{\pi} \int_{-\pi/2}^{\pi/2} x \sin x \, \mathrm{d}x = 2/\pi.$$

2020 4 设 X_1, X_2, X_3 相互独立, X_1, X_2 服从标准正态分布, $P(X_3 = 0) = P(X_3 = 1) = 1/2$, 又设 $Y = X_3 X_1 + (1 - X_3)X_2$.

(1) 求 (X_1, Y) 的联合分布函数, 并用 $\varPhi(x)$ 表示;

(2) 证明 Y 服从标准正态分布.

解 (1) 直接计算得到

$$F(x, y) = P(X_1 \leqslant x, Y \leqslant y)$$

$$= P(X_1 \leqslant x, Y \leqslant y, X_3 = 0) + P(X_1 \leqslant x, Y \leqslant y, X_3 = 1)$$

$$= P(X_1 \leqslant x, X_2 \leqslant y, X_3 = 0) + P(X_1 \leqslant x, X_1 \leqslant y, X_3 = 1)$$

$$= P(X_1 \leqslant x)P(X_2 \leqslant y)P(X_3 = 0) + P(X_1 \leqslant \min\{x, y\})P(X_3 = 1)$$

$$= \Phi(x)\Phi(y)/2 + \Phi(\min\{x, y\})/2.$$

(2) 用 $\Phi(\infty) = 1$, $\min\{\infty, y\} = y$, 得到

$$P(Y \leqslant y) = F(\infty, y) = \Phi(y)/2 + \Phi(y)/2 = \Phi(y).$$

2020 5 某种元件的使用寿命 T 有分布函数

$$F(t) = \begin{cases} 1 - \exp\left[-(t/\theta)^m\right], & t \geqslant 0, \\ 0, & \text{其他}, \end{cases}$$

其中 m, θ 是正的参数.

(1) 对 $s, t > 0$, 计算 $P(T > t)$, $P(T > t + s | T > t)$;

(2) 如果 $t_1, t_2, \cdots, t_n$ 是 T 的简单随机样本, m 已知时求 θ 的最大似然估计.

解 (1) 对 $s, t > 0$, 直接计算得到

$$P(T > t) = 1 - F(t) = \exp[-(t/\theta)^m],$$

$$\begin{aligned} P(T > t + s | T > t) &= \frac{P(T > t + s)}{P(T > t)} \\ &= \frac{\exp[-((t+s)/\theta)^m]}{\exp(-(t/\theta)^m)} \\ &= \exp\left[-\frac{(t+s)^m - t^m}{\theta^m}\right]. \end{aligned}$$

(2) T 的概率密度为 $f(t; \theta) = F'(t)$, 似然函数为

$$\begin{aligned} L(\theta) &= \prod_{j=1}^{n} f(t_i) = \prod_{j=1}^{n} \frac{m t_j^{m-1}}{\theta^m} \exp\left[-\left(\frac{t_j}{\theta}\right)^m\right] \\ &= \frac{c_0}{\theta^{nm}} \exp\left(-\frac{1}{\theta^m} \sum_{j=1}^{n} t_j^m\right). \end{aligned}$$

其中 c_0 是和 θ 无关的数. 对数似然函数是

$$l(\theta) = -nm \ln \theta - \frac{1}{\theta^m} \sum_{j=1}^{n} t_j^m + c_1.$$

其中 c_1 是和 θ 无关的数. 由

$$l'(\theta) = -\frac{nm}{\theta} + \frac{m}{\theta^{m+1}} \sum_{j=1}^{n} t_j^m = 0$$

得到 θ 的最大似然估计

$$\hat{\theta} = \left(\frac{1}{n} \sum_{j=1}^{n} t_j^m\right)^{1/m}.$$

2020 6 设 (X, Y) 服从二维正态分布 $N(0, 0; 1, 4, ; -1/2)$, 则以下随机变量中服从标准正态分布且与 X 独立的是 (　　).

A. $(X+Y)/\sqrt{5}$　　B. $(X-Y)/\sqrt{5}$　　C. $(X+Y)/\sqrt{3}$　　D. $(X-Y)/\sqrt{3}$

答　C.

上述 4 个随机变量都服从数学期望等于零的正态分布, 因为

$$\rho(X,Y) = \frac{\mathrm{Cov}(X,Y)}{\sqrt{\mathrm{Var}(X)\mathrm{Var}(Y)}} = \frac{\mathrm{Cov}(X,Y)}{\sqrt{4}} = -1/2,$$

所以 $\mathrm{Cov}(X,Y) = -1$, 于是

$$\mathrm{Var}(X+Y) = \mathrm{Var}(X) + \mathrm{Var}(Y) + 2\mathrm{Cov}(X,Y) = 1 + 4 - 2 = 3.$$

说明 $(X+Y)/\sqrt{3} \sim N(0,1)$. 再由

$$\mathrm{Cov}(X+Y, X) = \mathrm{Cov}(X,X) + \mathrm{Cov}(Y,X) = 1 - 1 = 0$$

知道 $X+Y$ 与 X 独立, 于是 $(X+Y)/\sqrt{3}$ 与 X 独立.

2020 7　设随机变量 X 有概率分布 $P(X=k) = 2^{-k}$, $k = 1, 2, \cdots$. Y 是 X 被 3 除的余数, 计算 $\mathrm{E}Y$.

解　因为余数 Y 只能是 0, 1, 2, 并且

$$P(Y=0) = \sum_{k=1}^{\infty} = P(X=3k) = \sum_{k=1}^{\infty} 2^{-3k} = \frac{1}{1-2^{-3}} - 1 = 1/7,$$

$$P(Y=1) = \sum_{k=0}^{\infty} P(X=3k+1) = \sum_{k=0}^{\infty} 2^{-3k-1} = \frac{1}{2(1-2^{-3})} = 4/7,$$

$$P(Y=2) = 1 - 1/7 - 4/7 = 2/7.$$

所以 $\mathrm{E}Y = 4/7 + 2 \times 2/7 = 8/7$.

2020 8　设 (X,Y) 在 $D = \{(x,y)|0 < y < \sqrt{1-x^2}\}$ 中均匀分布, 对于

$$Z_1 = \begin{cases} 1, & X-Y > 0, \\ 0, & X-Y \leqslant 0, \end{cases} \qquad Z_2 = \begin{cases} 1, & X+Y > 0, \\ 0, & X+Y \leqslant 0, \end{cases}$$

(1) 求随机向量 (Z_1, Z_2) 概率分布;

(2) 求 Z_1, Z_2 的相关系数.

解　(1) 因为 (X,Y) 在以原点为圆心半径为 1 的单位圆的上半圆 D 上均匀分布, 由 D 的形状知道 $\boldsymbol{Z} = (Z_1, Z_2)$ 有概率分布

$$P(\boldsymbol{Z} = (0,0)) = P(X-Y \leqslant 0, X+Y \leqslant 0) = 1/4,$$

$$P(\boldsymbol{Z} = (0,1)) = P(X-Y \leqslant 0, X+Y > 0) = 1/2,$$

$$P(\boldsymbol{Z} = (1,0)) = P(X-Y > 0, X+Y \leqslant 0) = 0,$$

$$P(\boldsymbol{Z} = (1,1)) = 1 - 1/4 - 1/2 = 1/4.$$

(2) 利用

$$\mathrm{E}Z_1 = P(Z_1 = 1) = P(X-Y > 0) = 1/4,$$

$$\mathrm{E}Z_2 = P(Z_2 = 1) = P(X+Y > 0) = 3/4$$

和 $Z_1^2 = Z_1$, $Z_2^2 = Z_2$ 得到

$$\text{Var}(Z_1) = \text{E}Z_1 - (\text{E}Z_1)^2 = 3/16,$$

$$\text{Var}(Z_2) = \text{E}Z_2 - (\text{E}Z_2)^2 = 3/16,$$

$$\text{Cov}(Z_1, Z_2) = \text{E}(Z_1 Z_2) - (\text{E}Z_1)(\text{E}Z_2) = P(Z_1 Z_2 = 1) - 3/16 = 1/16.$$

最后得到 Z_1, Z_2 的相关系数

$$\rho(X, Y) = \frac{\text{Cov}(Z_1, Z_2)}{\sqrt{\text{Var}(Z_1)\text{Var}(Z_2)}} = \frac{1/16}{3/16} = 1/3.$$

2021 年

2021 1 设 A, B 是随机事件, $P(B) \in (0, 1)$, 以下错误的结论是 (   ).

A. 若 $P(A|B) = P(A)$, 则 $P(A|\overline{B}) = P(A)$

B. 若 $P(A|B) > P(\overline{A})$, 则 $P(\overline{A}|\overline{B}) = P(\overline{A})$

C. 若 $P(A|B) > P(A|\overline{B})$, 则 $P(A|B) = P(A)$

D. 若 $P(A|A \cup B) > P(\overline{A}|A \cup B)$, 则 $P(A) > P(B)$

答 D.

因为取 $A = B$ 时, $P(A|A \cup B) = 1 > 0 = P(\overline{A}|A \cup B)$ 成立, 但是 $P(A) > P(B)$ 不成立. 由此知道结论 D 错误.

注 可以验证 A, B, C 都是正确结论.

2021 2 设 (X_i, Y_i), $i = 1, 2, \cdots, n$ 是 $N(\mu_1, \mu_2; \sigma_1^2, \sigma_2^2; \rho)$ 的简单随机样本. 设 $\theta = \mu_1 - \mu_2$, $\hat{\mu}_1 = \frac{1}{n}\sum_{j=1}^{n} X_i$, $\hat{\mu}_2 = \frac{1}{n}\sum_{j=1}^{n} Y_i$, $\hat{\theta} = \overline{X} - \overline{Y}$, 则

A. $\hat{\theta}$ 是 θ 的无偏估计, $\text{D}(\hat{\theta}) = (\sigma_1^2 + \sigma_2^2)/n$

B. $\hat{\theta}$ 不是 θ 的无偏估计, $\text{D}(\hat{\theta}) = (\sigma_1^2 + \sigma_2^2)/n$

C. $\hat{\theta}$ 是 θ 的无偏估计, $\text{D}(\hat{\theta}) = (\sigma_1^2 + \sigma_2^2 - 2\rho\sigma_1\sigma_2)/n$

D. $\hat{\theta}$ 不是 θ 的无偏估计, $\text{D}(\hat{\theta}) = (\sigma_1^2 + \sigma_2^2 - 2\rho\sigma_1\sigma_2)/n$

注: $\text{D}(X) = \text{Var}(X)$

答 C.

因为 $\text{E}\hat{\theta} = \text{E}\overline{X} - \text{E}\overline{Y} = \mu_1 - \mu_2$, 所以 $\hat{\theta}$ 是 θ 的无偏估计. 这就排除了选项 B 和 D. 因为 $\{X_i\}$, $\{Y_i\}$ 独立时才有 $\text{D}(\hat{\theta}) = (\sigma_1^2 + \sigma_2^2)/n$, 所以排除了选项 A. 只能选 C.

具体计算如下: 用 $\rho = \text{Cov}(X_i, Y_i)/(\sigma_1\sigma_2)$, 对 $i \neq j$, $\text{Cov}(X_i, Y_j) = 0$ 得到

$$\text{D}(\hat{\theta}) = \text{E}(\hat{\theta} - \theta)^2 = \text{E}[(\overline{X} - \mu_1) - (\overline{Y} - \mu_2)]^2$$

$$= \text{D}(\overline{X}) + \text{D}(\overline{Y}) - 2\text{Cov}(\overline{X}, \overline{Y})$$

$$= \frac{\sigma_1^2}{n} + \frac{\sigma_2^2}{n} - 2\frac{1}{n^2}\sum_{i=1}^{n}\sum_{j=1}^{n}\mathrm{Cov}(X_i, Y_j)$$

$$= (\sigma_1^2 + \sigma_2^2 - 2\rho\sigma_1\sigma_2)/n.$$

注 可用公式 $\mathrm{D}(X \pm Y) = \mathrm{D}(X) + \mathrm{D}(Y) \pm 2\mathrm{Cov}(X, Y)$ 计算.

2021 3 设 $X_1, X_2, \cdots, X_{16}$ 是 $N(11.5, 4)$ 的简单随机样本, $\overline{X}$ 是样本均值. 如果假设 $H_0 : \mu < 10$ vs $H_1 : \mu \geqslant 10$ 的拒绝域是 $\{\overline{X} > 11\}$, 则犯第二类错误的概率为 (   ).

A. $1 - \Phi(0.5)$ B. $1 - \Phi(1)$ C. $1 - \Phi(1.5)$ D. $1 - \Phi(2)$

答 B.

因为 $\overline{X}$ 的标准化 $Z = \dfrac{\overline{X} - 11.5}{2/\sqrt{16}} \sim N(0, 1)$, 所以犯第二类错误的概率为

$$P(\overline{X} \leqslant 11) = P\left(\frac{\overline{X} - 11.5}{1/2} \leqslant \frac{11 - 11.5}{1/2}\right)$$

$$= P(Z \leqslant -1) = 1 - \Phi(1).$$

2021 4 袋 A 和袋 B 中各有两个红球和两个黑球, 从袋 A 中任取一只放入袋 B, 再从袋 B 中任取一球. 用 X, Y 分别表示从袋 A 和袋 B 中取到的红球数, 计算 X, Y 的相关系数.

解 因为 $X = 1$ 或 0 分别表示从袋 A 中取到红球或黑球, 所以 X 服从伯努利分布 $\mathcal{B}(1, 1/2)$, $\mathrm{E}X = 1/2$, $\mathrm{D}(X) = 1/4$. $Y = 1$ 或 0 分别表示从袋 B 中取到红球或黑球, 并且

$$P(X = 1, Y = 1) = P(X = 1)P(Y = 1|X = 1) = (1/2)(3/5) = 0.3,$$

$$P(Y = 1) = P(X = 1)P(Y = 1|X = 1) + P(X = 0)P(Y = 1|X = 0)$$

$$= 0.3 + 0.5 \times (2/5) = 0.5,$$

$$P(Y = 0) = 1 - 0.5 = 0.5,$$

所以 $\mathrm{E}Y = 1/2$, $\mathrm{D}(Y) = 1/4$,

$$\mathrm{Cov}(X, Y) = \mathrm{E}(XY) - (\mathrm{E}X)(\mathrm{E}Y) = P(XY = 1) - (1/2)^2$$

$$= P(X = 1, Y = 1) - (1/2)^2 = 0.3 - 0.25 = 0.05,$$

$$\rho(X, Y) = \frac{\mathrm{Cov}(X, Y)}{1/2 \times 1/2} = 0.2.$$

2021 5 在区间 $(0, 2)$ 中任掷一点, 将其分为两段. 用 X, Y 分别表示较短和较长的一段.

(1) 求 X 的概率密度和 Y 的概率密度;

(2) 求 $Z = Y/X$ 的概率密度;

(3) 计算 $\mathrm{E}(X/Y)$.

解 用 U 表示落点, 则 U 在 $(0,2)$ 中均匀分布, 有概率密度 $f_U(u) = 1/2, u \in (0,2)$. $X = \min\{U, 2-U\}, Y = \max\{U, 2-U\}$.

(1) 因为 X 在 $(0,1)$ 中取值, 对 $x \in (0,1)$ 有

$$P(X = x) = P(X = x, U \leqslant 1) + P(X = x, U > 2)$$
$$= P(U = x) + P(U = 2-x)$$
$$= f_U(x)\mathrm{d}x + f_U(2-x)\mathrm{d}x$$
$$= (1/2 + 1/2)\mathrm{d}x.$$

所以 X 有概率密度 $f_X(x) = 1, x \in (0,1)$.

Y 在 $(1,2)$ 中取值. 因为 $Y = 2 - X$, 对 $y \in (1,2)$ 有 $2 - y \in (0,1)$,

$$P(Y = y) = P(X = 2 - y) = f_X(2-y)\mathrm{d}y = 1 \cdot \mathrm{d}y,$$

所以 Y 有概率密度 $f_Y(y) = 1, y \in (1,2)$.

(2) $Z = Y/X$ 在 $(1, \infty)$ 中取值, 对 $z > 1$ 用 $2z/(1+z) \in (1,2)$ 和 $X = 2 - Y$ 得到

$$P(Z = z) = P\left(\frac{Y}{2-Y} = z\right) = P\left(Y = \frac{2z}{1+z}\right)$$
$$= f_Y\left(\frac{2z}{1+z}\right)\mathrm{d}\left(\frac{2z}{1+z}\right) = \frac{2}{(1+z)^2}\mathrm{d}z.$$

所以 Z 有概率密度 $f_Z(z) = 2/(1+z)^2, z > 1$.

(3) 用 $X = 2 - Y$ 和 $f_Y(y) = 1, y \in (1,2)$ 得到

$$\mathrm{E}(X/Y) = \mathrm{E}\frac{2-Y}{Y} = \int_1^2 \frac{2-y}{y}\mathrm{d}y = 2\ln 2 - 1.$$

2021 6 设 $P(X = 1) = (1-\theta)/2, P(X = 2) = P(X = 3) = (1+\theta)/4$. 给定总体 X 的样本观测值 $1, 3, 2, 2, 1, 3, 1, 2$, θ 的最大似然估计是 (   ).

A. $1/4$ 　　　　B. $3/8$ 　　　　C. $1/2$ 　　　　D. $5/8$

答 A.

因为观测到以上样本的概率为 $p = [P(X=1)]^3[P(X=2)]^3[P(X=3)]^2$, 所以 θ 的似然函数为

$$L(\theta) = [(1-\theta)/2]^3[(1+\theta)/4]^3[(1+\theta)/4]^2 = c_0(1-\theta)^3(1+\theta)^5,$$

其中 c_0 是和 θ 无关的数. 对数似然函数是

$$l(\theta) = \ln L(\theta) = 3\ln(1-\theta) + 5\ln(1+\theta) + c_1.$$

其中 c_1 是和 θ 无关的数. 由

$$l'(\theta) = -\frac{3}{1-\theta} + \frac{5}{1+\theta} = 0$$

得到 θ 的最大似然估计是 $\hat{\theta} = 1/4$.

2022 年

2022 1 设事件 A, B, C 发生的概率都是 $1/3$, 且 A, B 不相容, A, C 不相容, B, C 独立, 计算 $P(B \cup C | A \cup B \cup C)$.

解 因为 A, B, C 发生的概率都是 $1/3$, 所以用加法公式得到

$$P(B \cup C) = P(B) + P(C) - P(B)P(C) = 2/3 - 1/9 = 5/9,$$

$$P(A \cup B \cup C) = 3P(A) - P(B)P(C) = 1 - 1/9 = 8/9,$$

用条件概率公式得到

$$P(B \cup C | A \cup B \cup C) = \frac{P(B \cup C)}{P(A \cup B \cup C)} = \frac{5}{8}.$$

2022 2 设总体 X, Y 都服从指数分布, 且 $\mathrm{E}X = \theta$, $\mathrm{E}Y = 2\theta$. 给定 X 的简单随机样本 $X_1, X_2, \ldots, X_n$, Y 的简单随机样本 $Y_1, Y_2, \ldots, Y_m$, 如果这两个总体独立, 计算 θ 的最大似然估计 $\hat{\theta}$, 并计算 $\mathrm{E}\hat{\theta}, \mathrm{D}(\hat{\theta})$.

解 因为指数分布的数学期望和参数互为倒数, 所以 $X \sim Exp(1/\theta)$, $Y \sim Exp(1/2\theta)$, 概率密度分别为 $f(x) = (1/\theta)\mathrm{e}^{-x/\theta}$, $x > 0$, 和 $g(y) = (1/2\theta)\mathrm{e}^{-y/2\theta}$, $x > 0$. 用 $\overline{X}$ 和 $\overline{Y}$ 分别表示 X 和 Y 的样本均值, 则 θ 的似然函数为

$$L(\theta) = f(X_1)f(X_2) \cdots f(X_n)g(Y_1)g(Y_2) \cdots g(Y_m)$$

$$= 2^{-m}\theta^{-(n+m)} \exp\left(-\frac{1}{\theta}\sum_{i=1}^{n} X_i - \frac{1}{2\theta}\sum_{j=1}^{m} Y_j\right)$$

$$= 2^{-m}\theta^{-(n+m)} \exp\left[-(n\overline{X} + m\overline{Y}/2)/\theta\right].$$

对数似然函数为

$$l(\theta) = -(n+m)\ln\theta - (n\overline{X} + m\overline{Y}/2)/\theta - m\ln 2,$$

由

$$l'(\theta) = -(n+m)/\theta + (n\overline{X} + m\overline{Y}/2)/\theta^2 = 0.$$

得到 θ 的最大似然估计

$$\hat{\theta} = (n\overline{X} + m\overline{Y}/2)/(n+m).$$

并且

$$\mathrm{E}\hat{\theta} = (n\mathrm{E}\overline{X} + m\mathrm{E}\overline{Y}/2)/(n+m) = \theta.$$

$$\mathrm{D}(\hat{\theta}) = \frac{1}{(n+m)^2}\left[n^2\mathrm{D}(\overline{X}) + m^2\mathrm{D}(\overline{Y})/4\right]$$

$$= \frac{1}{(n+m)^2}\left[n^2\theta^2/n + m^2(2\theta)^2/4m\right]$$

$$= \frac{1}{(n+m)^2}\left(n\theta^2 + m\theta^2\right)$$

$$= \frac{\theta^2}{n+m}.$$

2022 3 设 X 在 $(0,3)$ 中均匀分布, Y 服从泊松分布 $\mathcal{P}(2)$, $\mathrm{Cov}(X,Y) = -1$, 则 $\mathrm{D}(2X - Y) = ($　$)$.

A. 1 　　　　B. 5 　　　　C. 9 　　　　D. 12

答 C.

因为 $\mathrm{D}(X) = (3-0)^2/12 = 3/4$, $\mathrm{D}(Y) = 2$, $\mathrm{Cov}(X,Y) = -1$, 所以

$$\begin{aligned}
\mathrm{D}(2X - Y) &= \mathrm{E}[2(X - \mathrm{E}X) - (Y - \mathrm{E}Y)]^2 \\
&= \mathrm{D}(2X) + \mathrm{D}(Y) - 2\mathrm{Cov}(2X, Y) \\
&= 4\mathrm{D}(X) + \mathrm{D}(Y) - 4\mathrm{Cov}(X, Y) \\
&= 4 \times 3/4 + 2 - 4 \times (-1) = 9.
\end{aligned}$$

2022 4 $X_1, X_2, \cdots, X_n$ 独立同分布, 对于 $1,2,3,4$, $\mu_k = \mathrm{E}X^k < \infty$, 则用切比雪夫不等式得到 $P\left(\left|\dfrac{1}{n}\sum\limits_{j=1}^{n} X_j^2 - \mu_2\right| \geqslant \varepsilon\right) \leqslant ($　$)$.

A. $\dfrac{\mu_4 - \mu_2^2}{n\varepsilon^2}$ 　　B. $\dfrac{\mu_4 - \mu_2^2}{\sqrt{n}\varepsilon^2}$ 　　C. $\dfrac{\mu_2 - \mu_1^2}{n\varepsilon^2}$ 　　D. $\dfrac{\mu_2 - \mu_1^2}{\sqrt{n}\varepsilon^2}$

答 A.

设 $Y_j = X_j^2$, 则 $Y_1, Y_2, \cdots, Y_n$ 独立同分布, $\mathrm{E}Y_j = \mu_2$, $\mathrm{D}(Y_j) = \mathrm{E}Y_j^2 - (\mathrm{E}Y_j)^2 = \mu_4 - \mu_2^2$. 用 $\overline{Y}_n$ 表示 Y_i 的样本均值, 由切比雪夫不等式得到

$$P\left(\left|\frac{1}{n}\sum_{j=1}^{n} X_j^2 - \mu_2\right| \geqslant \varepsilon\right) = P(|\overline{Y}_n - \mu_2| \geqslant \varepsilon) \leqslant \frac{\mathrm{D}(\overline{Y}_n)}{\varepsilon^2} = \frac{\mu_4 - \mu_2^2}{n\varepsilon^2}.$$

2022 5 设 $X \sim N(0,1)$, 已知 $X = x$ 时, $Y \sim N(x, 1)$, 则 X, Y 的相关系数为 $($　$)$.

A. $1/4$ 　　　　B. $1/2$ 　　　　C. $1/\sqrt{3}$ 　　　　D. $1/\sqrt{2}$

答 D.

因为 $X \sim N(0,1)$, 所以 $\mathrm{E}X = 0$, $\mathrm{D}(X) = 1$. 因为已知 $X = x$ 时, $Y \sim N(x, 1)$, 所以 $f_{Y|X}(y|x)$ 是 $N(x, 1)$ 的概率密度. 设 $Z \sim N(x, 1)$, 则

$$\int_{-\infty}^{\infty} y f_{Y|X}(y|x)\mathrm{d}y = \mathrm{E}Z = x,$$

$$\int_{-\infty}^{\infty} y^2 f_{Y|X}(y|x)\mathrm{d}y = \mathrm{E}Z^2 = \mathrm{D}(Z) + (\mathrm{E}Z)^2 = 1 + x^2.$$

因为 (X, Y) 有联合密度

$$f(x, y) = \varphi(x) f_{Y|X}(y|x),$$

所以

$$\mathrm{E}Y = \iint_{\mathbf{R}^2} y f(x, y)\mathrm{d}y\mathrm{d}x$$

$$= \int_{-\infty}^{\infty} \Big(\int_{-\infty}^{\infty} y f_{Y|X}(y|x)\mathrm{d}y \Big) \varphi(x)\mathrm{d}x$$

$$= \int_{-\infty}^{\infty} x\varphi(x)\mathrm{d}x = 0.$$

$$\mathrm{D}(Y) = \mathrm{E}Y^2 = \iint_{\mathbf{R}^2} y^2 f(x,y)\mathrm{d}y\mathrm{d}x$$

$$= \int_{-\infty}^{\infty} \Big(\int_{-\infty}^{\infty} y^2 f_{Y|X}(y|x)\mathrm{d}y \Big) \varphi(x)\mathrm{d}x$$

$$= \int_{-\infty}^{\infty} (1+x^2)\varphi(x)\mathrm{d}x = 1 + \mathrm{E}X^2 = 2,$$

$$\mathrm{Cov}(X,Y) = \mathrm{E}(XY) = \iint_{\mathbf{R}^2} xy f(x,y)\mathrm{d}y\mathrm{d}x$$

$$= \int_{-\infty}^{\infty} \Big(\int_{-\infty}^{\infty} y f_{Y|X}(y|x)\mathrm{d}y \Big) x\varphi(x)\mathrm{d}x$$

$$= \int_{-\infty}^{\infty} x^2\varphi(x)\mathrm{d}x = \mathrm{E}X^2 = 1.$$

最后得到

$$\rho(X,Y) = \frac{\mathrm{Cov}(X,Y)}{\sqrt{\mathrm{D}(X)\mathrm{D}(Y)}} = \frac{1}{\sqrt{2}}.$$

图书在版编目（CIP）数据

概率论与数理统计学习辅导与习题全解／何书元主编. -- 北京：高等教育出版社，2022.9
ISBN 978-7-04-059132-3

Ⅰ.①概… Ⅱ.①何… Ⅲ.①概率论－高等学校－教学参考资料②数理统计－高等学校－教学参考资料 Ⅳ.①O21

中国版本图书馆CIP数据核字(2022)第138937号

GAILÜLUN YU SHULI TONGJI XUEXI FUDAO YU XITI QUANJIE

策划编辑　李　茜
责任编辑　李　茜
封面设计　王凌波
版式设计　童　丹
责任绘图　杨伟露
责任校对　刘娟娟
责任印制　存　怡

出版发行	高等教育出版社
社　　址	北京市西城区德外大街4号
邮政编码	100120
购书热线	010-58581118
咨询电话	400-810-0598
网　　址	http://www.hep.edu.cn
	http://www.hep.com.cn
网上订购	http://www.hepmall.com.cn
	http://www.hepmall.com
	http://www.hepmall.cn
印　　刷	北京利丰雅高长城印刷有限公司
开　　本	787mm×1092mm 1/16
印　　张	12
字　　数	240千字
版　　次	2022年9月第1版
印　　次	2022年9月第1次印刷
定　　价	31.30元

本书如有缺页、倒页、脱页等质量问题，请到所购
图书销售部门联系调换